油/田/化/学/丛/书

油田化学工程

YOUTIAN HUAXUE GONGCHENG

马喜平　全红平　编著

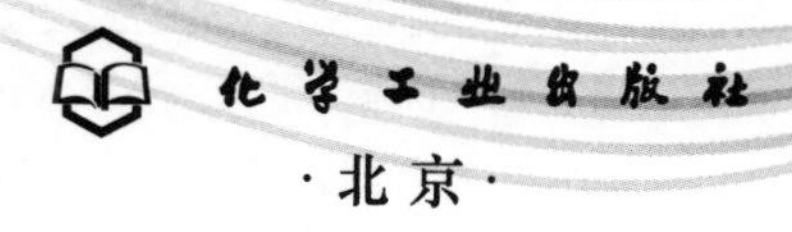

·北京·

本书共分为七章，分别介绍了油气开采过程中的注水、酸化、水力压裂、化学堵水及调剖、原油乳状液与破乳、原油的清防蜡与降凝降黏、化学驱油等方面的原理知识、工艺、各工艺过程中的处理剂和工作液。

本书可作为高等院校与石油工程有关的本科生和研究生的专业教材，也可供从事石油天然气开采和油田化学等工作的工程技术人员、研究人员参考。

图书在版编目（CIP）数据

油田化学工程/马喜平，全红平编著．—北京：化学工业出版社，2018.7
（油田化学丛书）
ISBN 978-7-122-32047-6

Ⅰ.①油…　Ⅱ.①马…　②全…　Ⅲ.①油田化学　Ⅳ.①TE39

中国版本图书馆 CIP 数据核字（2018）第 082555 号

责任编辑：曾照华　　　　文字编辑：李　玥
责任校对：王素芹　　　　装帧设计：刘丽华

出版发行：化学工业出版社（北京市东城区青年湖南街 13 号　邮政编码 100011）
印　　刷：三河市航远印刷有限公司
装　　订：三河市瞰发装订厂
710mm×1000mm　1/16　印张 14¾　字数 298 千字　2018 年 8 月北京第 1 版第 1 次印刷

购书咨询：010-64518888（传真：010-64519686）　售后服务：010-64518899
网　　址：http://www.cip.com.cn
凡购买本书，如有缺损质量问题，本社销售中心负责调换。

定　　价：78.00 元

丛书前言

油田化学是近几十年发展起来的一个交叉学科，针对油气田开发、生产过程中的化学问题，涉及石油钻井、固井、完井、油气增产的酸化、压裂、提高采收率等各方面，是化学和石油工程结合的特殊学科。石油开发中的泥浆工程师、固井工程师、采油工程师、井下作业工程师都要具备油田化学知识。油田化学已经是油气田开发、生产中必需的知识，也是保证油气正常生产的技术。

随着石油化工的发展，一些高性能、专用性的高分子材料、表面活性剂和无机材料相继问世，高分子工业、表面活性剂工业和无机材料有了突飞猛进的发展。由于这些材料具有多种应用功能，在原油勘探开发（钻井、固井）、油井增产、提高采收率、稠油开采输送、石油工程材料保护、油田环境治理中都是必不可少的化学品。目前油田化学方面的丛书很少，为此我们编写了"油田化学丛书"。

本套丛书在高分子、表面活性剂、石油地质及开发知识的基础上，介绍了高分子材料、表面活性剂和无机材料在石油工程各环节中应用研究的最新进展，由西南石油大学油田化学教研室组织编写。作者根据多年来在高分子材料、表面活性剂和无机材料及其在油气田开发中的应用领域不断的探讨，将相关的研究工作和心得融合在书中。本丛书包括《石油化学工程》《油田用聚电解质的合成及应用》《油田化学品的制备及现场应用》《表面活性剂及其在石油工程中的应用》《特殊油气井化学工作液》五册。分别介绍了钻井、固井、完井、酸化、压裂、提高采收率等方面用离子型聚合物的合成、应用、特性、作用机理；油田化学品的主要制备方法，油气田钻井、固井、酸化、压裂、堵水调剖、化学驱油、防垢除垢、腐蚀与保护、集输和水处理方面化学品的制备及现场应用方法；表面活性剂在石油工程各环节中应用研究的最新进展；改善工作液材料、处理剂及工作液配方在固井、酸化、压裂、三次采油等方面的应用。

本套丛书可作为油气田应用化学、石油工程、油气田材料工程等学科的本科高年级学生、研究生课外阅读书籍，也可作为相关油田化学工程技术人员和油田化学助剂生产单位技术人员参考用书。

西南石油大学油田化学教研室

2017 年 2 月

前言

油田化学是一个交叉学科，主要解决油气开发、生产、集输中与化学有关的技术和工程问题。而油田化学添加剂作为工作液的基本处理剂，用于注水、压裂、酸化、堵水调剖、提高采收率、原油破乳脱水和油气集输等多个作业中，应用十分广泛。油田化学处理剂涉及表面化学及表面活性剂、聚合物化学及物理、有机化合物、无机化合物及油气钻采、油层物理、油气地质、油气集输等多种学科知识。

本书主要介绍了油气开采过程中的注水、酸化、水力压裂、化学堵水与调剖、原油乳状液与破乳、原油的清防蜡与降凝降黏和化学驱油等方面的原理知识、工艺、各工艺过程中的处理剂和工作液。本书可作为高等院校石油工程有关的本科生和研究生的专业教材，也可供从事石油天然气开采和油田化学等工作的工程技术人员、研究人员参考。全书共分为 7 章，书中第 1 章至第 4 章由马喜平编写；第 5 章至第 7 章由全红平编写。

本书在编写过程中，参阅了大量文献资料，在此对所引用文献的作者表示感谢！同时，本书在编写过程中得到了西南石油大学化学化工学院油田化学研究所各位同仁的支持与帮助，在此一并感谢！

由于我们水平有限，书中个别观点难免有不当之处，敬请专家、读者批评指正。

编著者

2018 年 1 月

目录

第1章 注水

第2章 酸化

第3章 水力压裂

第4章 化学堵水及调剖

第5章 原油乳状液与破乳

第6章 原油的清防蜡与降凝降黏

第7章 化学驱油

第1章

注水

注水是指通过高压注水泵加压后经注水井把满足一定水质标准的清水或污水注入油层，以补充地层能量，保持油层压力，从而达到提高采油速度、采收率以及延长油井自喷期的目的。其作为提高原油采收率的二次采油方法，是保持油井高产稳产的一项重要技术措施。

随着油田的不断开发，注水已经成了油田提高采收率的一种重要的方法。油田投入开发后，随着开采时间的增长，油层本身能量不断地被消耗，致使油层压力不断地下降，地下原油大量脱气，黏度增加，油井产量大大减少，严重时还会停喷停产。为了弥补原油采出后所造成的地下亏空，保持或提高油层压力，实现油田高产稳产，并获得较高的采收率，必须对油田进行注水。水驱油的目的是向地层补充能量，油、水作为两种不互溶的介质，其界面张力高达30～50mN/m。油层为高度分散体系，界面性质对油水流动有着关键影响，油层岩石是由几何形状和大小极不一致的矿物颗粒所构成的，从而形成复杂的空间网络，加之油层的非均质性，这些都增加了水驱油的复杂性。

1.1 注水水源选择及水质要求

1.1.1 注水水源的选择

水源的选择主要考虑四个问题：一是必须要有充足的水量，水源既能满足油田目前日注水量的要求，又能满足注水设计年限内所需要的总注水量；二是水源水质稳定良好，处理的工艺过程简单；三是要充分地利用含油污水，以减少环境污染；

四是在选择水源时要考虑水的二次利用。

目前，国内各油田作为注水用的水源主要有以下几种类型。

1.1.1.1 地下水

浅层地下水一般产于河流冲积沉积层中，其水量丰富，水质较好，一般不受季节影响，且具有较小腐蚀性。深层地下水的矿化度较地面水高，水中含有铁、锰等离子，对于含铁较高的水应进行除铁。

1.1.1.2 地面水

地面水主要有江河水、湖泊水以及水库水等。江河水水量丰富，矿化度低，但泥砂含量大，用于油田注水时需要澄清处理。湖泊、水库水具有良好的澄清能力，水中泥砂含量较江河水少，但浅水湖泊水或水库水由于水中溶解氧充足，水生动植物大量繁殖，常有异常气味及胶体，用作油田注水时亦需作水质处理。地面水水质和水量受季节影响变化较大。

1.1.1.3 油田污水

油（气）田水与石油、天然气一同被开采出来后，经过原油脱水工艺进行油水分离形成原油脱出水，天然气开采过程分离出游离水，这两部分共称为产出水。产出水又叫油田污水，其保持了油（气）田水的主要特征，由于具有高含盐、高含油的特性，直接外排将会造成环境污染。实际上，油田污水不仅仅是油田产出水，还包括了石油、天然气勘探、开发、集输等生产作业过程中形成的各类污水，如钻井、油田酸化、压裂等作业污水以及注水管线、注水井清洗水等，但油田污水以产出水为主。

（1）采油污水

经过一段时间注水后，注入的水将和与原油天然伴生的地层水一起随原油被带出，随着注水时间的延长，采出流体含油率在不断下降，而含水率不断上升，这样便产生了大量的采油污水。由于采油污水是随着原油一起从油层中被开采出来的，又经过原油收集及粗加工过程，因此，采油污水中杂质种类及性质都和原油地质条件、注入水性质、原油集输条件等因素相关，该类水是含有固体杂质、溶解气体、溶解盐类等多种杂质的废水。

（2）采气污水

在天然气开采过程中随天然气一起被采出的地层水称为采气污水。与采油污水相比，采气污水较为洁净，量也较少。

（3）钻井污水

在钻井作业中，泥浆废液、起下钻作业产生的污水，冲洗地面设备及钻井工具而产生的污水和设备冷却水等统称为钻井污水。钻井污水所含杂质和性质与钻井泥浆有密切关系，即不同的油气田、不同的钻探区、不同的井深、不同的泥浆材料，在钻井过程形成的污水性质亦不尽相同。一般钻井污水中的主要有害物质为悬浮物、油、酚等。

(4) 洗井污水

向油层注水的注水井在经过一段时间运行后，由于注入水中携带有未除净的(或在注水管网输送过程中产生)悬浮固体(腐蚀产物、结垢物、黏土等)、油分、胶体物及细菌等杂物，在注水井吸水端面或注水井井底近井地带形成“堵塞墙”，从而导致注水井注水压力上升，注水量下降。故通道需定期反冲洗，以清除“滤网”上沉积的固体及生物膜等堵塞物，使注水井恢复正常运行，该过程则会产生洗井污水。洗井污水为水质极其恶化的污水，表现为悬浮物浓度高、铁含量高、细菌含量高、颜色深，且含有一定量的原油和硫化氢成分。

(5) 油田作业废水

在原油、天然气的生产过程中，通常要采用酸化、压裂等油田作业措施来提高原油、天然气的产量，在这过程中也会形成一定量的废液或污水。该类废液或污水在油田污水中所占的比例相对较小，但由于水质特殊，其处理起来仍具有较大的难度。

(6) 海水

海湾沿岸和海上油田注水一般会使用海水。由于海水含氧量和含盐量高，腐蚀性强，悬浮固体颗粒随季节变化大，因此，施工过程中通常会在海岸打浅井做水源井，并使用密封系统，使其过滤从而减少水的机械杂质。

1.1.2 注水水质指标

注水水质是指溶解在水中的矿物盐、有机质和气体的总含量，以及水中悬浮物含量及其粒度分布。在注水过程中，当注入水与地层水、储层岩石矿物不配伍，注入条件变化及不溶物造成的地层堵塞均会伤害油层。注水引起的地层损害类型及产生原因和影响如表1-1所示。

表1-1 注水引起的地层损害类型及产生原因和影响

损害类型	产生原因	影响
水敏	注入水引起黏土膨胀	缩小渗流通道、堵塞孔喉
速敏	注水强度过大或操作不平衡(工作制度不合理)	内部微粒运移、堵塞渗流通道
悬浮物堵塞	注入水中含有过量的机械杂质、油污、细菌及系统的腐蚀产物	运移、沉积、堵塞孔喉
结垢	注入水与地层流体不配伍产生的无机垢和有机垢	加剧腐蚀，为细菌提供生长繁殖场所，堵塞渗流通道
腐蚀	由于水质控制不当(包括溶解气和细菌)而引起，腐蚀方式有电化学腐蚀和细菌腐蚀两种	损坏设备，产物堵塞渗流通道
碱敏	注入水pH值高，引起黏土分散	黏土分散、运移、堵塞孔喉

1.1.2.1 注水水质基本要求

在注水过程中控制注水水质是预防地层损害、提高注水效果的最直接和最主要的途径。注水水源除要求水量充足、取水方便和经济合理外，还必须符合以下要求：

① 水质稳定，与油层水相混不产生沉淀；

② 水注入油层后不使黏土产生水化膨胀或产生悬浊；

③ 不得携带大量悬浮物，以防注水时堵塞油层渗滤端面；

④ 对注水设施腐蚀性小；

⑤ 当一种水源量不足，需要采用第二种水源时，应首先进行室内试验，证实两种水的配伍性好，对油层无伤害才可注入。

1.1.2.2 注水水质的指标体系

根据油田注水的特殊用途，对油田注水水质主要考虑以下三个方面。

(1) 注入性

油田注入水的注入性是指注入地层（储层）的难易程度。在储层物性（如渗透率、孔隙结构等）相同的条件下，悬浮固体含量低、固相颗粒粒径小、含油量低、胶体含量少的注入水易注入地层，其注入性好。

(2) 腐蚀性

在油田注水的实施过程中，地面涉及注水设备（如注水泵）、注水装置（如沉降罐、过滤罐等）、注水管网；地下涉及注水井油套管等。这些设备、管网、装置等大多是金属材质，因此，注入水的腐蚀性不仅会影响注水开发的正常运行，且还会影响生产成本。影响注入水腐蚀性的主要因素有：pH 值、含盐量、溶解氧、CO_2、H_2S、细菌和水温。

(3) 配伍性

油田注入水注入地层（储层）后，如果作用结果不影响注水效果或不使储层的物理性质如渗透率变差，则可认为油田注入水与储层的配伍性好，反之则油田注入水与储层的配伍性差。油田注入水与储层的配伍性主要表现为结垢和矿物敏感性两个方面，二者都会造成储层伤害，影响注水量、原油产量及原油采收率。

因此，水质指标可分为三大类，即腐蚀类控制指标、堵塞类控制指标以及检验腐蚀和堵塞控制效果的综合评价指标，表 1-2 为水质指标体系及分类。而对于某一特定的油气层，合格的水质必须满足各项注水水质指标。

表 1-2 水质指标体系及分类

类别	指标项目	内容
堵塞类控制指标	悬浮固相	粒径，含量
	含油量	粒径，含量
	相容性	与油层岩石相容，与油层流体相容
腐蚀类控制指标	溶解气	H_2S，O_2，CO_2
	细菌	SRB，TGB
	pH 值	6～8
综合评价指标	总铁含量	Fe^{3+}
	膜滤系数	根据油层渗透率
	年腐蚀率	小于 0.076mm/a

注入水中的悬浮物会沉积在注水井井底，造成细菌大量繁殖，腐蚀注水井油套管，缩短注水井使用寿命；还能造成注水地层堵塞，使注水压力上升，注水量下降，甚至注不进水。从理论上讲，注入水中悬浮固体的含量越低、粒径越小，其注入性就越好，但其处理难度就越大、处理成本也就越大。因此，注入水中悬浮固体的含量以及粒径大小指标应从储层实际需要、技术可行性与经济可行性三方面来综合考虑。

注水开发过程是一个庞大的系统工程，涉及的金属材质的设备、管网、油套管等数量众多，投资巨大。国内外注水开发油田实践表明，减缓注入水的腐蚀性，对于提高油田注水开发的经济效益意义重大。注入水中的油分产生的危害与悬浮固体类似，主要是堵塞地层，降低水的注入性。油田污水中的油分按油珠粒径大小可分为四类：浮油、分散油、乳化油、溶解油。

注入水膜滤系数的大小与许多因素有关。如悬浮固体的含量以及粒径大小、含油量、胶体与高分子化合物浓度等。膜滤系数越大，注入水的注入性就越好。在油田产出水中本来仅含微量的氧，但在后来的处理过程中，与空气接触而含氧量增加。浅井中的清水、地表水含有较高的溶解氧。在大多数天然水中都含有溶解的 CO_2 气体。油田采出水中 CO_2 主要来自三个方面：由地层中地质化学过程产生，为提高原油采收率而注入 CO_2 气体，采出水中的 HCO_3^- 在减压、升温条件下分解。油田水中的 H_2S 气体，一方面来自含硫油田伴生气在水中的溶解；另一方面来自硫酸还原菌分解。

在适宜的条件下，大多数细菌在污水系统中都可以生长繁殖，其中危害最大的为硫酸还原菌、黏泥形成菌（也称腐生菌或细菌总数）以及铁细菌。

1.1.2.3 注水水质标准

随着人们对油田注水开发认识的深入和对注水油藏保护的逐步重视，碎屑岩油藏注水水质推荐标准由早先的1988版不断修改和完善到现用的2012版。表1-3为2012版碎屑岩油藏注水推荐水质主要控制指标。

表1-3 2012版碎屑岩油藏注水推荐水质主要控制指标（SY/T 5329—2012）

注入层平均空气渗透率/μm^2		<0.01	0.01～0.05	0.05～0.5	0.5～1.5	>1.5
控制指标	悬浮固体含量/(mg/L)	≤1.0	≤2.0	≤5.0	≤10.0	≤30.0
	悬浮物颗粒直径中值/μm	≤1.0	≤1.5	≤3.0	≤4.0	≤5.0
	含油量/(mg/L)	≤5.0	≤6.0	≤15.0	≤30.0	≤50.0
	平均腐蚀率/(mm/a)	≤0.076				
	硫酸盐还原菌(SRB)/(个/mL)	≤10	≤10	≤25	≤25	≤25
	腐生菌(TGB)/(个/mL)	$n\times10^2$	$n\times10^2$	$n\times10^3$	$n\times10^4$	$n\times10^4$
	铁细菌(IB)/(个/mL)	$n\times10^2$	$n\times10^2$	$n\times10^3$	$n\times10^4$	$n\times10^4$

注：$1.1<n<10$。

水质的主要控制指标若已达到注水要求且注水顺利，可以不考虑辅助性指标；如果达不到要求，应查其原因并进一步检测辅助性指标。注水水质辅助性指标包括溶解氧、硫化氢、侵蚀性二氧化碳、铁、pH 值等。表 1-4 为推荐水质辅助性控制指标。

表 1-4　推荐水质辅助性控制指标

辅助性检测项目	控制指标	
	清水	污水
溶解氧含量/(mg/L)	≤0.50	≤0.10
硫化氢含量/(mg/L)	0	≤2.0
侵蚀性二氧化碳含量/(mg/L)	$-1.0 \leqslant \rho_{co2} \leqslant 1.0$	

注：1. 侵蚀性二氧化碳含量等于零时此水稳定；大于零时此水可溶解碳酸钙并对注水设施有腐蚀作用；小于零时有碳酸盐沉淀出现。

2. 水中含亚铁离子时，由于铁细菌作用可将二价铁转化为三价铁而生成氢氧化铁沉淀。当水中含硫化物时，可生成 FeS 沉淀，使水中悬浮物增加。

1.2　注水水处理技术

1.2.1　注水水质处理措施

在水源确定的基础上，一般要进行水质处理。水源不同，水处理的工艺也就不同。常用的水处理措施有沉淀、过滤、杀菌、脱氧、除油、曝晒等。

1.2.1.1　沉淀

来自不同水源的水一般含有一定数量的机械杂质，为了除去这些机械杂质，水质处理的第一步就是进行沉淀。沉淀是让水在沉淀池或罐内停留一定时间，使其中所悬浮的固体颗粒依靠重力作用沉淀下来。经沉淀后的水质，其悬浮物含量＜50mg/L。足够的沉淀时间和快速的下沉速度是水处理质量的保证。为了达到这一目的，一般在沉淀池或罐内安装迂回挡板以增大其流程来延长沉淀时间。同时，在沉淀过程中需要加入絮凝剂以增大颗粒直径来加速水中悬浮物和不溶物的沉淀。

1.2.1.2　过滤

过滤是水质处理的重要措施之一，它是通过过滤设备来除掉水中微小的悬浮颗粒和大量细菌。水质标准分级决定了过滤等级，过滤所用的设备称为过滤罐。按工作压力可将过滤罐分为重力式和压力式滤罐。利用水池的水面和水管的出口或清水池水位的高度差进行过滤的滤罐为重力式滤罐。压力式滤罐是利用水在一定压力下通过完全密封的滤罐进行过滤，油田上常用的是压力式滤罐。经过滤后的水质其机械杂质含量应＜2mg/L，方可算为有效的过滤。

1.2.1.3　杀菌

任何水系统都含有不同程度的细菌，油田水中常见的有害细菌主要有硫酸盐还原菌（SRB）、腐生菌（TGB）和铁细菌（FB）。这些细菌都会对注水设备造成腐蚀，并且菌体与腐蚀产物会对地层造成堵塞。因此当这三种细菌含量超标时，必须进行杀菌处理。杀菌方法有化学法和物理法两种。化学法是通过向注入水中添加适当的化学药剂来进行杀菌，物理法主要是利用紫外线进行杀菌。目前，油田水处理系统应用最为广泛的杀菌方法是化学法。

1.2.1.4 脱氧

地面水源因与空气接触常溶有一定量的氧，有的水源的水还含有二氧化碳和硫化氢气体。在一定的条件之下，这些气体对金属和水泥均有腐蚀性，因此注水前需用物理法或化学法除去注入水中所溶解的氧气、二氧化碳和硫化氢气体。物理法脱氧主要方法有真空脱氧和气提脱氧。真空脱氧的原理是抽真空设备将脱氧塔内压力降低，由于气体在液体中的溶解能力与系统的压力成正比，随着压力降低，溶解气含量降低，从而使塔内水中的氧分离出来并被抽掉。气提脱氧是利用天然气或氮气作为气提气对水进行逆流冲刷使水表面氧的分压降低从而脱除氧气，但气提脱氧不易达到较高的最终脱氧指标，有时采用化学脱氧来弥补。化学脱氧是在水中投加化学药剂，通过其与水中氧反应生成无腐蚀性且易溶解产物从而达到除去水中溶解氧的目的。

1.2.1.5 除油

目前油田注水的含油污水回注量已占油田总注水量的70%～80%，而污水中含油量一般在100～200mg/L，这种污水如果直接用来回注会伤害地层。因此，在回注前除了除去水中大量悬浮物外还必须对其进行除油处理，使其达到注水水质标准方可用来回注。通常采用两种方法进行除油，一是筛选出适用的高效破乳剂；二是采用粗粒化，让极细的油滴互相聚合成大油滴而从水中分离出来。目前，常用的除油装置有重力除油装置和气浮选槽除油装置。

1.2.1.6 曝晒

当水源水含有大量的过饱和碳酸盐（重碳酸钙、重碳酸镁和重硫酸亚铁等）时，因为其化学性质不稳定，注入地层后因温度升高可能产生碳酸盐沉淀而堵塞孔道。因此，在注入地层前用曝晒法使其沉淀除去。

1.2.2 注水水质处理设备

油田水处理一般包括除油和过滤两个方面。近年来国内外都在设备的研发上做了很多的工作，在对原有设备改进的基础上也出现了许多新的设备。如各种浮选设备、水力旋流器以及过滤设备等。这些设备的成功开发对提高含油废水的处理效果，对改进设备的处理效能以及实现处理设备功能的一体化都具有重大意义。

1.2.2.1 除油沉降设备

(1) 除油罐

除油罐是一种重力分离型除油构筑物，它是利用油粒在油水中的相对密度差，使粒径较小的油粒随水流动，不断碰撞聚成大的油珠而上浮以达到油水分离的目的。除油罐是目前应用最广，数量最多的除油设备。

(2) 水力旋流器

水力旋流器是国外20世纪80年代末开发的一种高效除油设备，其能实现油水分离。21世纪早期，国内就已引进数套用于污水除油的水力旋流器，同时也已开展相关的国产化研究，目前已在胜利等油田得到应用。这种设备具有体积小、效率高、投资和操作费用较低等优点，已成为采出水处理的一种常规设备。但是，当油水密度差≤0.05g/mL时，水力旋流器的除油效果则较差。目前，国外研究出了一种油-水-固三相分离的旋流器，与除油和除砂旋流器相比，三相旋流器同样具有体积小、效率高、投资和操作费用较低等特点，是一种集除油和除砂为一体的新型分离设备，适用于海上和陆上油田采出水的处理。

(3) 气浮设备

气浮是我国在20世纪80年代由国外引进，当乳化严重时其处理效果比旋流分离器要好。目前，在含油污水的处理中应用较多的有加压溶气浮选法、叶轮浮选法和射流浮选法。

1.2.2.2 过滤设备

(1) 石英砂、核桃壳过滤器

石英砂、核桃壳过滤器是目前我国油田水处理站中应用最广，处理效果较好的两种过滤器。核桃壳过滤器最早由江汉机械研究所开发并成功地应用于大港油田的污水精细过滤，并逐步完善各种配套设施。核桃壳滤料具有亲水疏油性能，容易洗涤再生，污水中含油低于100mg/L时过滤效果良好，核桃壳过滤器已成为污水处理中主要的过滤设备。

(2) 纤维球过滤器

纤维球过滤器是我国近几年发展起来的深床高精度过滤器，其滤料纤维细密，过滤时可以形成上大下小的理想滤料空隙分布，纳污能力强，去除悬浮物的效果优于石英砂、核桃壳滤料，且反洗时不会出现滤料流失的现象。目前，某些低渗透油田已有应用，但是由于滤料的亲油性，反洗时需采用清洗剂。

(3) 滤芯过滤器

过滤器中的滤芯是由特殊材料经特殊加工的微孔膜制成的柱状过滤件，用于油田水处理的滤芯有有机和无机两大类。金属膜过滤器是目前油田使用较多的无机膜过滤器，金属膜包括不锈钢膜、Ag膜、Ni膜、Ti膜等。滤芯过滤器在我国油田已有应用，过滤精度较高，但对悬浮物粒径的控制却仍有一定限度，而且过滤组件的清洗不能彻底解决，使得组件的拆装及更换等长期投资费用过大，从而限制了该技术的推广应用。

1.2.3 注水系统

注水系统是指从水源到注水井的全套设备和流程，通常包括水源本泵站、水处理站、注水站、配水间和注水井。

1.2.3.1 注水站

注水站的主要设施有储水罐、高压泵组、流量计和分水器。注水站为注水系统的核心，主要是将经处理后符合质量标准的水升压，使其满足注水井注入压力的要求。储水罐为注水泵储备一定水量，防止因停水而造成缺水停泵现象；避免供水管网压力不稳定而影响注水泵正常工作及其他系统的供水量及水质。与此同时，储水罐还可使水中较大的固体颗粒物质、砂石等沉降于罐底，含油污水中较大颗粒的油滴可浮于水面，便于集中回收处理。高压泵组常见的有多级离心泵和柱塞泵，主要用于给注入水增压。流量计的作用是计量水量。分水器的作用是将高压水分配给各配水间。

注水站设计包括确定总注水量和设计注水压力两部分，且需要规划站内工艺流程。注水站规模是指该站高压泵送出水量的大小。设计注水站时，注水用量主要是根据注水站管辖范围油田产油量、产水量和注水井洗井、作业用水量、生活与环境用水量来确定。注水工艺流程主要考虑满足注水水质、计量、操作管理及分层注水等方面的要求。其基本流程为：来水进站→计量→水质处理→储水灌→泵出。

注水压力是由油层注水压力决定的，是决定注水管道与设备的最重要参数之一。合理地确定注水压力，是设计注水工艺的前提，是经济合理、高效注水开发油田的基本环节。注水压力可通过试注求压获得，也可以对比油层特点和原油特性、油层深度等资料选取相似或相近性质的油田的注入压力，作为初定注水压力。为防止压力过高破坏地层结构，井底的最大注水压力不得大于地层破碎压力的85％。

1.2.3.2 配水间

配水间的任务是调节、控制和计量各注水井的注水量。其主要设施有分水器、正常注水和旁通备用管汇、压力表和流量计。配水间一般分为单井配水间和多井配水间。单井配水间是用来控制和调节一口注水井注入量的操作间。多井配水间一般可控制2～7口井。单井配水间的流程较简单，而多井配水间的流程则相对复杂。

1.2.3.3 注水井

注水井是地面进入地层的通道，主要设施有井口装置和井下注水管柱。井口装置的主要作用是悬挂井内管柱；密封油、套环形空间；控制注水和洗井方式，如正注、反注、合注、正洗、反洗和井下作业。注水井可以是生产井转成的或专门为此目的而钻的井。一般将低产井、特高含水油井或边缘井转换成注水井。注水井的井下管柱结构、井下工具遵循简单原则。一般情况下，注水井仅需配置一套管柱和一个封隔器。多个注水井构成注水井组，注水井组的注入由配水间来完成。连接注水站、配水间、注水井的是注水管线。对于一个油田或区块，可能有几座或十几座注水站同时供水，它们可能相互独立、自我封闭，也可能相互连接组成网络系统。合理确定注水井的位置及数目是管网设计的重要内容。

1.2.4 注水井投注

注水井从完钻到正常注水，一般要经过排液、洗井、试注之后才能转入正常注水。

1.2.4.1 排液

试注前需做好排液作业，排液的目的是清除油层内的堵塞物，在井底附近造成低压带，为注水创造有利条件，同时还可以采出部分原油；采出部分弹性油量，减少注水井或注水井附近的能量损失，有利于注水井排拉成水线。油层性质不同，排液的目的也不同。对于均质地层，排液的目的主要是清除井底附近油层内部的堵塞物，使井底周围畅通。而渗透率较低的地层由于存在吸水能力差，启动压力高和不易吸水等特点，故排液的目的在于造成一个低压带。排液时间可根据油层性质和开发方案来决定，排液强度以不伤害油层结构为原则。

1.2.4.2 洗井

排液后必须洗井，洗井的目的是把井筒内的腐蚀物、杂质等污物冲洗出，避免油层被污物堵塞影响注水。洗井主要有正洗和反洗两种方式。正洗是指水从油管进井，从油套环形空间返回地面。反洗则是水从油套环形空间进井，从油管返回地面。洗井时排量由小到大，但不能大于 $30m^3/h$，进出口排量应平衡或出口略高于进口排量。洗井前一般要先洗地面管线，必须达到进口、出口、井底水质一致才算合格。除了注水井的定期洗井外，当出现注水井停注 24h 以上，正常注水井油层吸水能力显著下降，注入水水质不合格或改变水源，水型不能混合以及改换流程等情况时，都应进行洗井。

1.2.4.3 试注

洗井合格后，即可进行试注。试注是为了了解地层的吸水能力，确定配注压力。洗井后要对注水井进行分层测试，根据分层指示曲线确定地层的吸水指数，并根据配注量来确定配注压力。为防止黏土颗粒的膨胀和运移，在注水井投注或油井转注前需进行防膨处理，且在投注前需进行解堵预处理。

1.2.4.4 转注

注水井通过排液、洗井、试注，取全、取准试注的各项资料，再经过配水就可以转为正常注水。

1.2.5 水处理工艺

1.2.5.1 地下水处理工艺

地下水常含有铁质，主要为二价铁。二价铁极易水解，易堵塞地层，故对用地下水为水源的注水井，需要先除铁。目前应用较多的为锰砂除铁滤罐，其在除铁的同时也可将大部分悬浮物除去，从而达到高渗透油田注水水质标准。锰砂除铁滤罐用于低渗透油田注水时，还需在除铁后再进行深度处理。地下水处理工艺流程如图1-1所示。

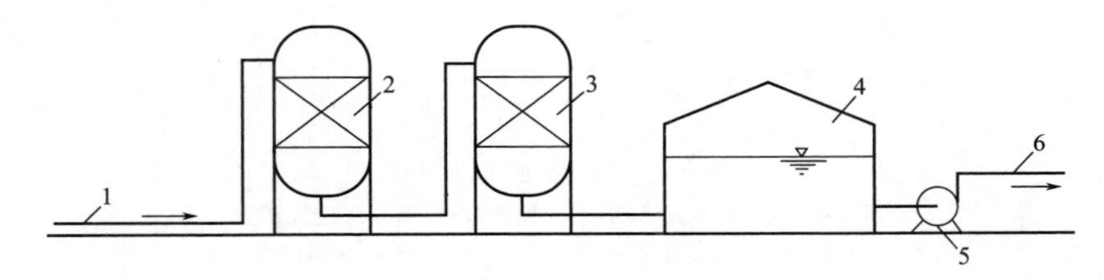

图 1-1 地下水处理工艺流程

1—地下水源井来水；2—锰砂除铁滤罐；3—石英砂滤罐（精细过滤罐）；
4—缓冲水罐；5—输水泵；6—输水管线

1.2.5.2 地面水处理工艺

地面水是指江河、湖泊、水库内的水，常常含有少量的机械杂质、细菌等，需要进行沉淀、过滤与杀菌等处理，经处理的水沿输水管道送到注水泵站。图1-2为地面水处理工艺流程。该流程随着对处理后水质的要求不同而有所变化，当水中泥沙含量高时，应考虑在反应沉淀池前加预沉池。

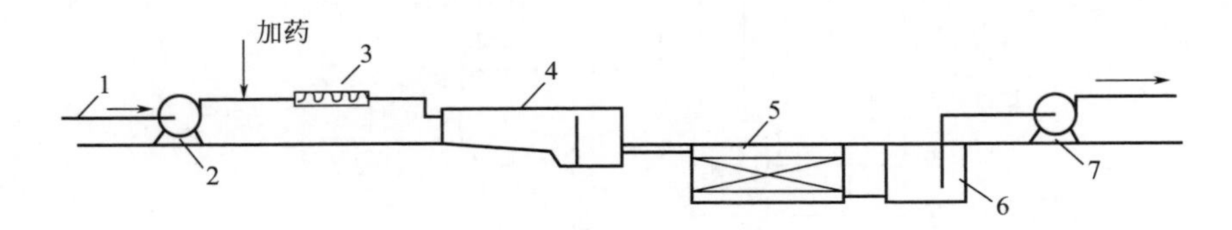

图 1-2 地面水处理工艺流程

1—地面水源来水；2—取水泵；3—药水混合器；4—反应沉淀池；
5—滤池；6—吸水池；7—输水泵

1.2.5.3 含油污水处理工艺

含油污水的处理主要是除去油及悬浮物。除油、过滤、杀菌是基本的处理措施。图 1-3 是目前油田上常用的重力式混凝除油、石英砂压力过滤处理含油污水工艺流程。

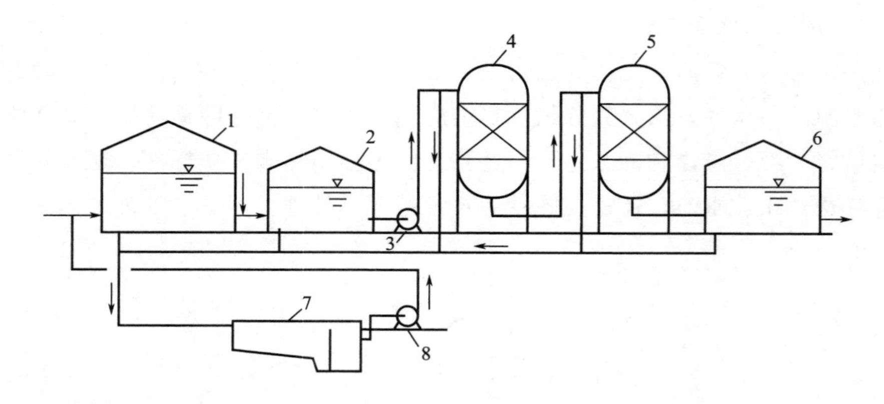

图 1-3　含油污水工艺流程

1—除油罐；2—沉降罐；3—提升泵；4—一级过滤罐；
5—二级过滤罐；6—净水水罐；7—污水回收池；8—回收水泵

1.2.5.4　海水处理工艺

海水中氧气和悬浮物含量较高，故脱氧和净化是海水处理的基本措施。脱氧部分主要是真空、气提和化学脱氧。净化部分目前一般采用多级过滤净化处理，依次为砂滤器、硅藻土滤器和金属网状筒式过滤器三级过滤。图 1-4 为海水处理工艺流程。

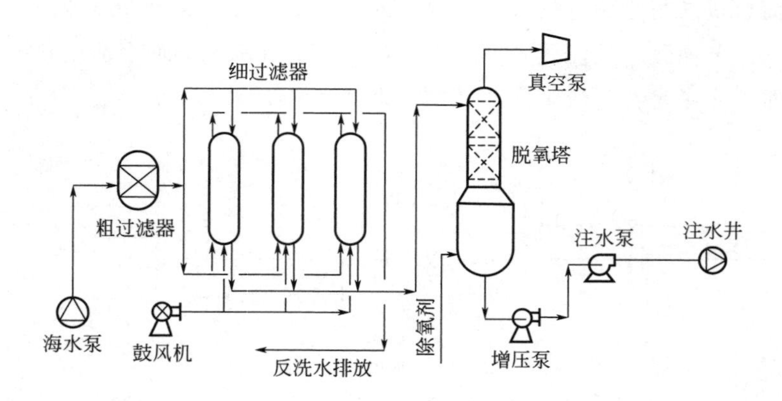

图 1-4　海水处理工艺流程

对于低渗透油田注水，水质要求高，水处理应强化深度处理，必要时水质经基本处理后，还可在井口再增加一级精细过滤器。对于特低渗透油层的保持压力措施，也可采取注气的方式。

1.3 水处理化学剂

1.3.1 絮凝剂

目前我国水资源污染严重，水环境的恶化促使人们不断寻找更好的废水治理方法。絮凝作为废水处理的一种重要方法，是一种应用最广泛、经济、简便的水处理技术。通过絮凝作用，可使污水中悬浮微粒形成矾花，并在沉降过程中互相碰撞，使絮状物颗粒变大逐渐沉淀于底部，最后经水处理构筑物将其分离除去，达到净化水的目的。污水中的悬浮固体主要为黏土颗粒，由于黏土颗粒表面带负电，互相排斥，所以它们不易聚结、下沉。因此在水中加入絮凝剂可使它与水中悬浮物发生物理化学作用，使絮凝颗粒粗大化，形成絮凝沉淀物。

絮凝剂可分为无机絮凝剂、高分子絮凝剂、微生物絮凝剂和复合絮凝剂。

1.3.1.1 无机絮凝剂

无机盐类絮凝剂主要分为铝盐絮凝剂和铁盐絮凝剂，最常用的铝盐絮凝剂有硫酸铝、铝酸钠、聚氯化铝、聚硅硫酸铝等。而硫酸铝是世界上使用最早、最多的铝盐絮凝剂，其具有运用便利、效果明显等优点。铝盐的絮凝机理主要是其水解过程的中间产物能与水中不同阴离子和负电溶胶形成聚合体，即 Al^{3+} 水解生成 $Al(OH)_3$ 胶体，从而吸附水中的杂质以达到絮凝的目的。铝盐在运用过程中主要受药剂投加量、pH 及颗粒物表面积、浓度等参数的影响。铝盐作为一种有效的絮凝剂，在饮用水处理中占有重要地位，但其 pH 值适用范围较窄，一般在 5.5～8.0 之间。

铁盐絮凝剂包括聚合氯化铁、液体聚合硫酸铁、氯化铁、聚合磷酸类复合铁盐、聚合硅酸类复合铁盐、铝铁共聚复合絮凝剂等。铁盐絮凝的机理是其水解产物能与水体颗粒物进行电中和脱稳、吸附架桥或黏附网捕卷扫，从而形成粗大絮体，通过对絮体的去除，达到对水体的净化。常用的铁盐絮凝剂主要是三氯化铁水合物，极易溶于水，易沉降，处理低温水的效果比铝盐好。三氯化铁通过水解生成氢氧化铁胶体，从而吸附水中的杂质以达到絮凝的目的。三氯化铁水合物作为絮凝剂的优点是适用 pH 值范围较广，一般在 5～11 之间，但其水溶液亦具有较强的腐蚀性。

1.3.1.2 高分子絮凝剂

高分子絮凝剂主要分为天然高分子絮凝剂和无机高分子絮凝剂。天然高分子絮凝剂包括壳聚糖、淀粉、纤维素、含胶植物、木质素、鞣质、多糖类和蛋白质等类别及其衍生物。其主要通过改性来提高絮凝效果，改性后的该类絮凝剂与化学合成类絮凝剂相比，具有以下优点：①原料来源丰富，制备成本低，价格便宜，产泥量少，属可再生资源；②无毒、易生化降解，本身或中间降解产物对人体无毒，不造成二次污染；③种类较多，分子内活性基团多，可选择性大，易根据需要采用不同的制备方法进行改性。

淀粉磷酸酯和淀粉黄原酸酯也是良好的絮凝剂。壳聚糖、甲壳素类絮凝剂作为水处理剂在工业上已大量应用，絮凝剂除了对水中的固体悬浮物有较好的絮凝作用外，还对水中的色度和重金属离子等有较好的去除效果。由于该类聚合物具有无毒无味、抗菌、可生物降解等优点使其被大量应用于工业废水处理中。

常用的无机高分子絮凝剂有聚合氯化铝，其有较大的分子量，对高浊度、高色度以及低温水都有较好的絮凝效果，且形成絮体快，颗粒大，易沉淀，投加量比硫酸铝低，适用的pH值范围较宽，一般在5～9之间。

有机高分子絮凝剂投加量少，一般在2%以下，效果好，形成的絮体大，而且强度大，不易破碎，不增加泥量，可降低热值，无腐蚀性。常用有机絮凝剂有聚丙烯酰胺、聚丙烯酸钠、聚氧乙烯、聚乙烯胺、聚乙烯磺酸盐等，其中聚丙烯酰胺的应用最多，占高分子絮凝剂的80%左右。聚丙烯酰胺在水中对胶粒有较强的吸附作用，其与铝盐或铁盐配合使用，絮凝效果显著。然而这一类絮凝剂由于存在着一定量的残余单体——丙烯酰胺，不可避免地带来毒性，所以限制了它的应用。

1.3.1.3 微生物絮凝剂

微生物絮凝剂是一类由微生物或其分泌物产生的代谢产物，它是利用微生物技术，通过细菌、真菌等微生物发酵、提取、精制而得的，是具有生物分解性和安全性的高效、无毒、无二次污染的水处理剂。它主要由微生物代谢产生的各种多聚糖类、蛋白质，或是蛋白质和糖类参与形成的高分子化合物，能产生微生物絮凝剂的微生物种类很多，它们大量存在于土壤、活性污泥和沉积物中。由于絮凝剂的分子量较大，一个絮凝剂分子可同时与多个悬浮颗粒结合，在适宜条件下迅速形成网状结构而沉积，从而表现出强的絮凝能力。微生物絮凝性能与分子结构、分子量、活性基团等多种内部环境因素有关，且其受到外界环境因素如pH值、温度、离子种类、离子强度等的影响。微生物絮凝剂广泛应用于畜产废水的处理、染料废水的脱色、高浓度无机物悬浮液废水的处理、活性污泥的沉降性能的改善、污泥脱水、浮化液的油水分离等方面。

1.3.1.4 复合絮凝剂

复合絮凝剂是近年才开始研制的新型絮凝剂，能克服使用单一絮凝剂的许多不足，适应范围广，对低浓度或高浓度水质、有色废水、多种工业废水都有良好的净水效果，脱污泥性好，pH值适用范围大。然而复合絮凝剂在制备上较为复杂，成本较高，并有可能存在二次污染。目前还未见复合絮凝剂有工业化生产和使用的报道。

为了提高絮凝效果，有时需要加入一定量的助凝剂。助凝剂是能桥接在固体悬浮物表面上，加大絮凝颗粒的密度和质量，使它们迅速下沉的化学剂。常使用的助凝剂有聚丙烯酰胺、部分水解聚丙烯酰胺、聚乙二醇、聚乙烯醇、羧甲基淀粉、羟乙基淀粉、羧甲基纤维素、羟乙基纤维素、瓜尔胶、羧甲基瓜尔胶、羟乙基瓜尔胶、褐藻胶等，这些水溶性聚合物都是线型聚合物，可通过吸附而桥接在颗粒表面，使其聚结在一起。

絮凝剂的选择主要取决于胶体和细微悬浮物的性质、浓度。絮凝剂和助凝剂都存在最优浓度，该浓度下的絮凝剂溶液通常具有最佳效果。同时，在加入顺序上，应先加入絮凝剂，接触了固体颗粒表面的负电性，再加入助凝剂。阳离子型聚合物兼有混凝剂和助凝剂的作用，因此可单独使用。

1.3.2 杀菌剂

杀菌剂是指能够有效杀死细菌的化学药剂。我国油田注水系统杀菌剂的研究起步于20世纪60年代，广泛使用则从20世纪80年代初期开始，经过三十多年的努力，在注水杀菌剂研制方面已取得了一定的成绩。杀菌剂按化学结构可分为无机杀菌剂和有机杀菌剂两类。按对细菌的作用可分为氧化型杀菌剂和非氧化型杀菌剂两类。

1.3.2.1 氧化型杀菌剂

氧化型杀菌剂在水中能分解出新生态氧[O]，通过与细菌体内的代谢酶发生强烈的氧化作用，破坏细胞的原生质结构或氧化细胞结构中的一些活性基团而产生杀菌作用。这类杀菌剂常用的有：氯气（Cl_2）、臭氧（O_3）、次氯酸钙[$Ca(ClO)_2$]、稳定性二氧化氯（ClO_2）、二氯异三聚氰酸、三氯异三聚氰酸等。其中，二氯异三聚氰酸、三氯异三聚氰酸的分子结构如下所示：

二氯异三聚氰酸

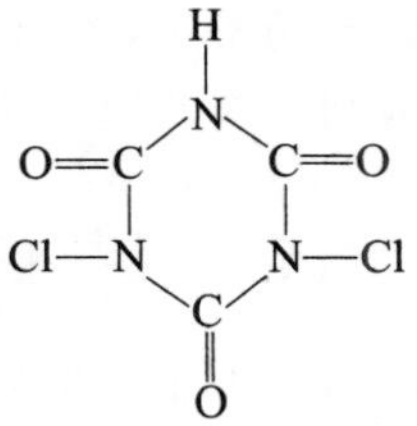

```
          H
          |
          N
        /   \
  O═C         C═O
      |        |
Cl—N          N—Cl
        \   /
          C
          ‖
          O
```

三氯异三聚氰酸

```
          Cl
          |
          N
        /   \
  O═C         C═O
      |        |
Cl—N          N—Cl
        \   /
          C
          ‖
          O
```

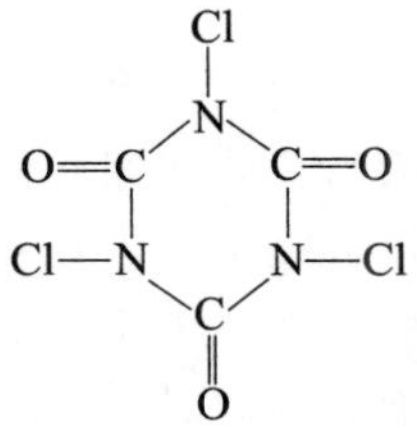

含氯化合物的杀菌作用主要有三点：①氯在水中生成分子状态的次氯酸，次氯酸为很小的中性分子，它能通过扩散到带负电荷的菌体表面，并通过细胞壁穿透到菌体内部起氧化作用，破坏细菌的磷酸脱氢酶，使糖代谢失衡而致细菌死亡；②新生态氧的作用，由次氯酸分解形成新生态氧，将菌体蛋白质氧化；③氯化作用，氯

通过与细胞膜蛋白质结合，形成氮氯化合物，从而干扰细胞的代谢，最后引起细菌的死亡。

用氯杀菌，pH 值最佳条件为 6.5～7.5，当 pH 值大于 7.5 时，HClO 会加速电离为 H^+ 和 ClO^-，ClO^- 的杀菌率只有次氯酸的 1/20。故在同等条件下，添加到水中的氯以次氯酸的形式存在的比例越高，杀菌效果越好。用氯作为杀菌剂的杀菌机理如下所示：

$$Cl_2 + H_2O \longrightarrow HClO + HCl$$
$$HClO \longrightarrow [O] + HCl$$

氯气是我国各油田早期注水常用的杀菌剂。这种杀菌剂通常具有来源丰富、价格便宜、使用方便、作用快、杀菌致死时间短、可清除管壁附着的菌落、防止垢下腐蚀、污染较小等优点。但其药效维持时间短，在碱性和高 pH 值条件下，用量大，且易与水中的氨生成毒性很大的氯氨，造成严重的环境污染，目前已很少采用。

ClO_2 具有广谱抗微生物作用，而且对高等动物细胞无致癌、致畸、致突变作用，具有高度的安全性，被世界卫生组织列为 A1 级广谱、安全、高效杀菌消毒剂，我国也已批准其作为食品添加剂。但 ClO_2 性质不稳定，易分解，具有较强的腐蚀性，使用安全性较差，须在使用地点制造，难以作为一种商品包装和储运，其应用受到了一定限制。而稳定态 ClO_2 克服了该缺点，同时具有高效、广谱的杀菌效果，从而使其应用打开了一个更广阔的市场。

臭氧是一种强氧化剂，臭氧依靠其强氧化性使微生物体内酶发生氧化而杀灭细菌、微生物等。臭氧的特点是作用快，污染小，缺点是氧化能力过强，几乎没有缓蚀剂和阻垢剂能与之相配，且需要现场发生，导致成本过高。

高铁酸钾是一种强氧化型杀菌剂，杀菌速度快、效果好，没有任何公害和污染问题，但制备过程复杂，成本较高。

1.3.2.2 非氧化型杀菌剂

目前，我国油田所使用的杀菌剂多为非氧化型杀菌剂，根据它们的杀菌作用基团及作用机理，通常可分为以下几类。

(1) 季铵盐类

季铵盐类杀菌剂是我国各大油田使用最多，应用最广的一类杀菌剂。其主要是通过在细菌表面的吸附，影响细菌的新陈代谢而起到杀菌作用。同时，季铵盐类杀菌剂对黏泥也有很强的剥离作用，可以杀死生长在黏泥下面的硫酸盐还原菌。这类杀菌剂具有高效、低毒、不易受 pH 值变化的影响、使用方便、化学性能稳定、兼有缓蚀作用等特点。但季铵盐类杀菌剂同时亦存在易起泡沫、受矿化度影响、易吸附损失、长期单独使用易产生抗药性等缺点。

季铵盐类化合物的杀菌机理有以下四点：①改变细胞的渗透性，水分进入使菌体肿胀破裂；②具有良好的表面活性作用，可高度聚集于菌体表面，影响细菌的新陈代谢；③进入细胞内部，使细胞酶钝化，蛋白质酶不能产生，使蛋白质变性；④

灭活菌细胞内的脱氢酶、氧化酶，以及能分解葡萄糖、琥珀酸盐、丙酮酸盐等的酶系统，从而阻止了细菌的呼吸和糖酵解作用。以下为几种常见的季铵盐类杀菌剂：

a. *N*,*N*,*N*,*N*-二甲基十二烷基苄基氯化铵（商业名称 1227）

$$\left[C_{12}H_{25}-\overset{\displaystyle CH_3}{\underset{\displaystyle CH_3}{\overset{|}{\underset{|}{N}}}}-CH_2-C_6H_5 \right]Cl$$

b. *N*,*N*,*N*,*N*-二甲基十二烷基苄基溴化铵

$$\left[C_{12}H_{25}-\overset{\displaystyle CH_3}{\underset{\displaystyle CH_3}{\overset{|}{\underset{|}{N}}}}-CH_2-C_6H_5 \right]Br$$

c. 氯化十六烷基吡啶

$$[C_{16}H_{33}-NC_5H_5]Cl$$

d. 溴化十六烷基吡啶

$$[C_{16}H_{33}-NC_5H_5]Br$$

e. *N*,*N*,*N*,*N*-三甲基烷基氯化铵

$$\left[R-\overset{\displaystyle CH_3}{\underset{\displaystyle CH_3}{\overset{|}{\underset{|}{N}}}}-CH_3 \right]Cl$$

f. 双烷基二甲基氯化铵

$$\left[R_1-\overset{\displaystyle CH_3}{\underset{\displaystyle CH_3}{\overset{|}{\underset{|}{N}}}}-R_2 \right]Cl$$

g. 溴化(*N*,*N*′双烷基-*N*,*N*,*N*′,*N*′四甲基)-1,3-丙二铵

$$BrR-\overset{\displaystyle CH_3}{\underset{\displaystyle CH_3}{\overset{|}{\underset{|}{N}}}}\quad CH_2CH_2CH_2\overset{\displaystyle CH_3}{\underset{\displaystyle CH_3}{\overset{|}{\underset{|}{N}}}}-RBr$$

h. 溴化(*N*,*N*′双烷基-*N*,*N*,*N*′,*N*′四甲基)二铵乙基醚

$$BrR-\overset{\displaystyle CH_3}{\underset{\displaystyle CH_3}{\overset{|}{\underset{|}{N}}}}\quad CH_2CH_2OCH_2CH_2\overset{\displaystyle CH_3}{\underset{\displaystyle CH_3}{\overset{|}{\underset{|}{N}}}}-RBr$$

i. 溴化(*N*,*N*′双烷基-*N*,*N*,*N*′,*N*′四甲基)对苯二甲铵

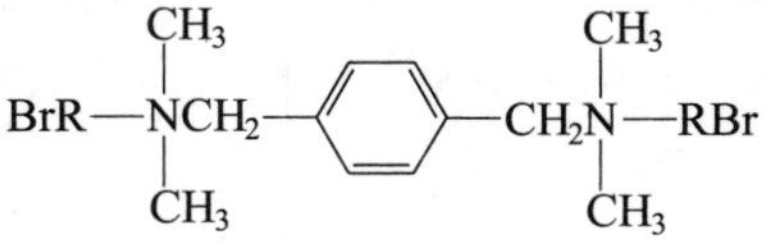

$$BrR-N(CH_3)_2-CH_2-C_6H_4-CH_2-N(CH_3)_2-RBr$$

(2) 有机醛类杀菌剂

有机醛类杀菌剂具有较强的渗透作用，能透过细胞的细胞壁进入细胞质中，破坏菌体内的生物合成，引起代谢系统紊乱，从而起杀菌作用。有机醛类杀菌剂主要包括：甲醛、异丁醛、丙烯醛、肉桂醛、苯甲醛、乙二醛、戊二醛等。这类杀菌剂的杀菌效果与其结构有关，效果较好、使用较多的是戊二醛、甲醛和丙烯醛。其中丙烯醛确有较好的效果，但其毒性及刺激性都极大，而甲醛的杀菌浓度高达几百毫克/升，且刺激性大，很难为现场所接受。典型产品为戊二醛，戊二醛几乎无毒，适合 pH 值范围广，耐高温，商品纯度有 15%及 45%两种，15%纯度的加药量为 100mg/L，主要的用途在于控制水中细菌、霉菌和藻类的生长，戊二醛的杀菌效果很快，平均 1～3h 就能杀菌达 99%以上，温度越高，杀菌效果就越好，是杀硫酸盐还原菌的特效药，且其本身可降解。戊二醛的缺点是灭菌时间长，灭菌一般要达到 10h，并能与铵盐化合物反应而失去活性。

戊二醛的杀菌原理主要有四点：①醛基与蛋白质上的氨基、亚氨基和巯基等活性基团发生加成反应，使蛋白质受到破坏而杀死微生物；②戊二醛能与微生物细胞壁中的肽聚糖发生作用，肽聚糖含量越高，戊二醛杀菌作用越容易进行；③戊二醛还能与细胞质组分及细胞膜相互作用，作用于外层胞膜，大概是脂蛋白和球蛋白层；④改变细胞的渗透性，破坏酶系统，抑制 DNA、RNA 和蛋白质的合成。

以下是几种主要有机醛类杀菌剂：

a. 甲醛

$$CH_2O$$

b. 丙烯醛

$$CH_2=CHCHO$$

c. 2-甲基丙醛

$$CH_3-CH(CH_3)-CHO$$

d. 乙二醛

$$OHC-CHO$$

e. 丙二醛

$$OHC-CH_2-CHO$$

f. 1,5-戊二醛

$$CHO-CH_2-CH_2-CH_2-CHO$$

g. 苯基丙烯醛

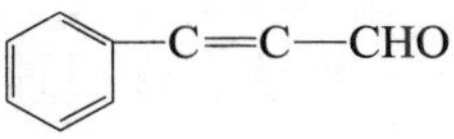

$$C_6H_5-C=C-CHO$$

h. 苯甲醛

$$C_6H_5-CHO$$

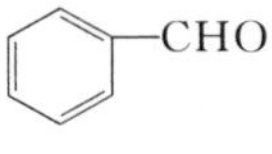

(3) 氰类化合物

氰类化合物同样具有较强的渗透作用，能透过细胞的细胞壁进入细胞质中，破坏菌体内的生物合成，引起代谢系统紊乱，从而起杀菌作用。这类杀菌剂杀菌效率高，价格便宜，但在碱性条件下易于分解且毒性较大。由于氰类化合物本身溶解性较差，通常需要加入一些表面活性剂，以增加溶解性能，提高杀菌效率。这类杀菌剂中较为突出的是二硫氰基甲烷，是近年来被推荐使用的一种广谱性杀菌剂。其杀菌效果好，用量低，尤其对 SRB 的杀菌效果最好，与其他杀菌剂复配使用时具有良好的协同增效作用，但二硫氰基甲烷的生物降解性较差。以下是几种常用的氰类化合物杀菌剂：

a. 二硫氰基甲烷

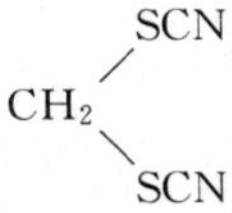

$$CH_2(SCN)_2$$

b. 2-硫氰基甲基硫苯并噻唑

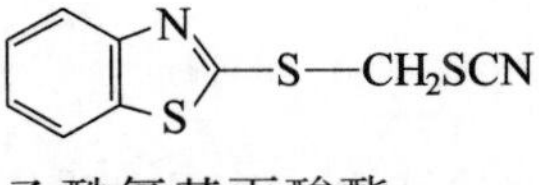

$$C_7H_4NS-S-CH_2SCN$$

c. *N*-(2-氰基-2-甲氧亚氨)乙酰氨基丙酸酯

$$CH_3ON=C(CN)CONHCH_2CH_2COOR$$

d. 2-氰基-3-氨基-3-苯基丙烯酸乙酯

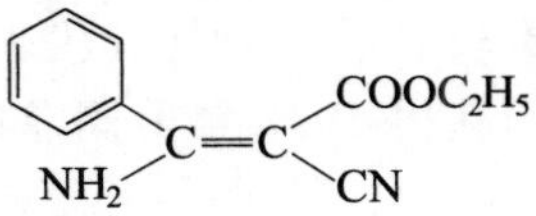

$$C_6H_5(NH_2)C=C(COOC_2H_5)(CN)$$

(4) 氯酚及其衍生物

氯酚及其衍生物是一类非氧化型杀菌灭藻剂，由于苯酚分子结构中引入了氯原子，其杀菌灭藻能力被提高。这类化合物都不易降解，对水生生物和哺乳动物都有毒害作用，因此污染问题必须引起足够的重视。氯酚类药剂不宜与阳离子药剂（如季铵盐等）共用，但与某些阴离子表面活性剂复合使用时，能够显著降低它的用量，并提高杀菌效果。氯酚及其衍生物的杀菌机理主要是通过吸附在微生物细胞壁上，然后扩散到细胞结构中，在细胞内生成胶态溶液，使蛋白质沉淀，从而破坏蛋白质杀死细菌。常用种类有二氯酚、五氯酚、五氯苯酚钠等，其结构如下所示：

a. 二氯酚

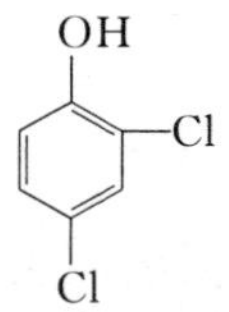

OH
Cl
Cl

b. 五氯酚

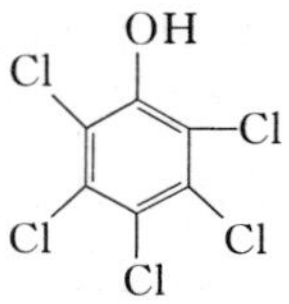

OH
Cl Cl
Cl Cl
Cl

c. 五氯苯酚钠

ONa
Cl Cl
Cl Cl
Cl

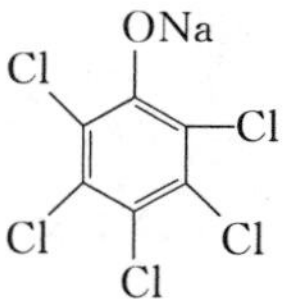

1.3.2.3 新型杀菌剂

（1）季鏻盐类

这类化合物与季铵盐有相似的结构，其用含磷的阳离子代替含氮的阳离子。季鏻盐类化合物主要通过破坏细菌的呼吸和糖酵解作用或使蛋白质变性、破坏细胞膜、细胞壁的结构达到杀菌的作用。季鏻盐类杀菌剂具有高效、广谱、强的表面活性、强的黏泥剥离清洗效果、低的发泡性、低剂量、低毒、无环境污染、良好的配伍性、较宽的 pH 值使用范围（pH 值为 2～12）和好的化学稳定性等优点。但此类产品生产工艺复杂，生产成本较高。其中具有代表意义的是四羟乙基鏻硫酸盐，它因低毒、高效、易生物降解而获得 1997 年美国总统绿色化学挑战奖。以下是四种常用的季鏻盐杀菌剂：

a. 四羟乙基鏻硫酸盐

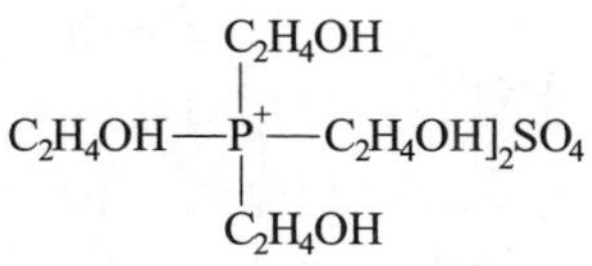

$$[(HOC_2H_4)_3P^{+}—C_2H_4OH]_2SO_4$$

b. 十六烷基三羟丙基氯化𬭸

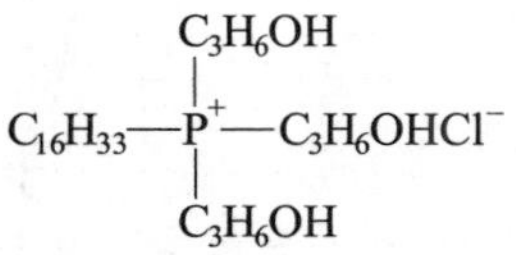

$$C_{16}H_{33}—P^{+}(C_3H_6OH)_2—C_3H_6OH\ Cl^{-}$$

c. 十四烷基三丁基氯化𬭸

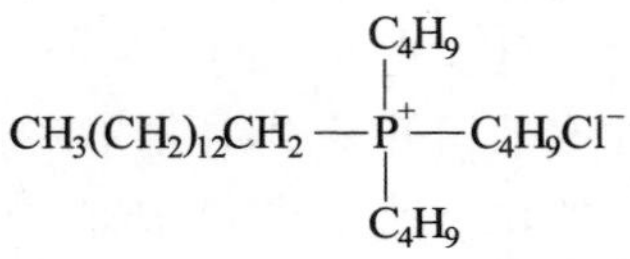

$$CH_3(CH_2)_{12}CH_2—P^{+}(C_4H_9)_2—C_4H_9\ Cl^{-}$$

d. （十二烷氧甲基）三丁基氯化𬭸

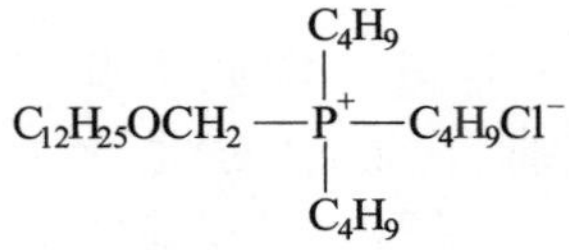

$$C_{12}H_{25}OCH_2—P^{+}(C_4H_9)_2—C_4H_9\ Cl^{-}$$

（2）聚季铵盐和聚季𬭸盐

聚季铵盐和聚季𬭸盐是20世纪90年代出现的新型杀菌剂，具有较好的抗菌性能，而且已初步在多方面有所应用，其特点是用量低、毒性低、广谱高效，尤其是较高的分子量使它们在水中的溶解度低，从而显示出缓释、长效的功能。相同烷基结构的聚季𬭸盐与聚季铵盐相比，前者的抗菌活性较后者高出约两个数量级。

a. 聚季铵盐

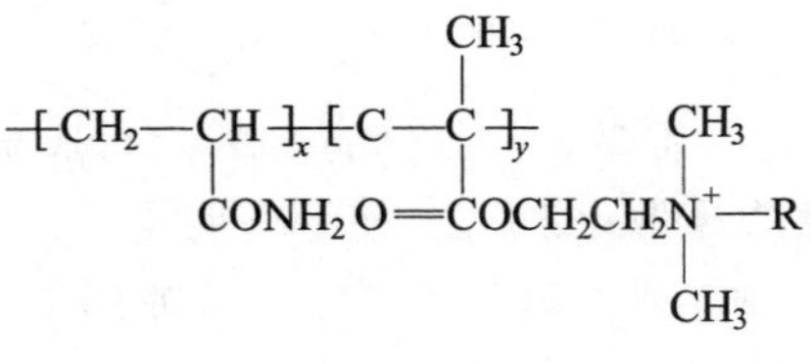

$$\text{-}[CH_2—CH(CONH_2)]_x\text{-}[C—C(CH_3)(COOCH_2CH_2N^{+}(CH_3)_2—R)]_y\text{-}$$

b. 聚季𬭸盐

$$\text{-}[CH_2—CH(C_6H_4—CH_2—P^{+}R_1R_2R_3)]_x\text{-}$$

$$\text{-}[(CH_2)_x—P^{+}(C_6H_5)_2—(CH_2)_y—P^{+}(C_6H_5)_2]_n\text{-}$$

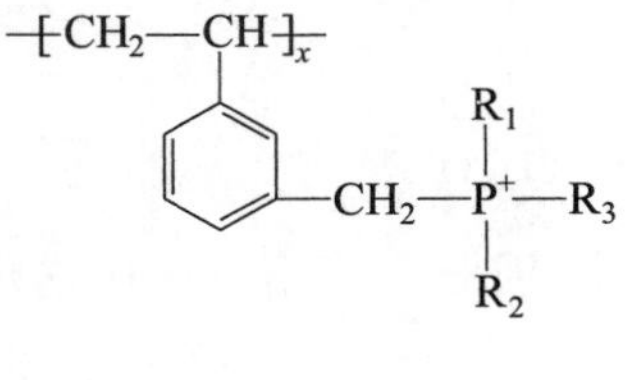

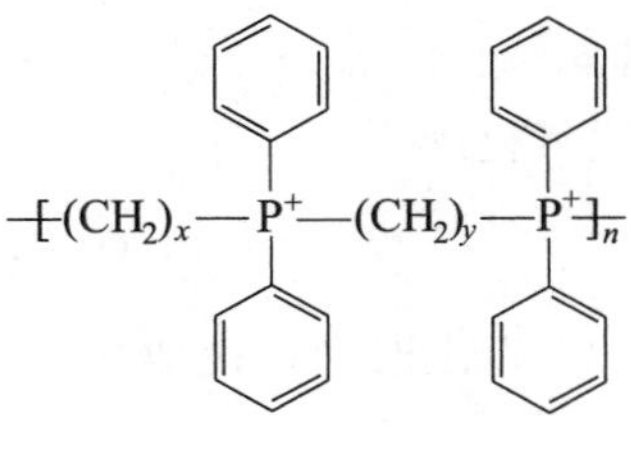

在使用杀菌剂时必须交替使用，因长期使用一种杀菌剂会使细菌产生抗药性而显著降低杀菌效果。杀菌剂开始使用时浓度要高，在细菌数量处在控制之下时，则可改为低浓度，即能有效地控制细菌的繁殖。杀菌剂可连续投放或间歇加入，连续投放时杀菌剂的浓度一般为 10～50mg/L，间歇加入时杀菌剂的浓度一般为 100～200mg/L。杀菌剂多复配使用，复配杀菌剂的效果要好于单一杀菌剂的效果。

1.3.3 除氧剂

在注水油田开发中，注入水源主要来自于采出污水、海水和部分补充清水，无论何种水源均含有一定量的溶解氧，尤以清水最为严重。水中溶解氧的存在导致注水系统腐蚀速度加快，产生的腐蚀产物随注入水一起注入储层，日积月累造成储层堵塞对储层造成伤害，特别是对低渗透油田的开发会带来致命的伤害，严重的会使其过早失去开采价值。因此注水油田开发中注入水的除氧问题是油田开发中重要的工作之一。能除去水中溶解氧的化学药剂被称为除氧剂，除氧剂都是还原剂，常用的除氧剂有亚硫酸盐、二氧化硫、联氨等。

1.3.3.1 亚硫酸钠或亚硫酸氢铵

无水 Na_2SO_3 是一种广泛应用的低成本除氧剂，美国于 1935 年首次将 Na_2SO_3 用作除氧剂并广泛使用，其除氧机理是：

$$2Na_2SO_3 + O_2 \longrightarrow 2Na_2SO_4$$

理论上需要 8×10^{-6} Na_2SO_3 与 1×10^{-6} 的 O_2 起反应，实际上常用的比率是 10∶1。在正常操作温度下，亚硫酸钠或亚硫酸氢铵与氧的反应通常是非常慢的，因此一般需要加催化剂。硫酸钴是最常用的一种催化剂。

1.3.3.2 二氧化硫

二氧化硫的除氧机理为：

$$2SO_2 + 2H_2O + O_2 \longrightarrow 2H_2SO_4$$

该反应中，1×10^{-6}的氧需要 4×10^{-6}的 SO_2。与亚硫酸钠一样，反应通常需要某些化学物质如硫酸钴作为催化剂。二氧化硫是气体，它比亚硫酸钠价格低，用量也较少，但其通常使用在需要大量除氧剂之处。使用二氧化硫作除氧剂时，不宜过量，否则会降低水的 pH 值，产生腐蚀。

1.3.3.3 联氨

联氨的脱氧机理为：

$$N_2H_4 + O_2 \longrightarrow N_2 + 2H_2O$$

联氨在 90℃以上时会迅速地与氧发生反应，因此主要用于高压锅炉高温除氧。

而在正常操作温度下，联氨与氧的反应非常慢，油田一般不使用。

1.3.4 缓蚀剂

缓蚀剂是能抑制或延缓金属腐蚀的化学剂。按其作用机理，缓蚀剂可分为氧化膜型、沉淀膜型和吸附膜型。氧化膜型缓蚀剂是通过氧化产生致密的保护膜，而起到缓蚀作用，如重铬酸盐、钼酸盐及亚硝酸盐等。沉淀膜型缓蚀剂则是通过在电化腐蚀的阴极表面形成沉淀膜而起到缓蚀作用，如硅酸钠、硫酸锌、磷酸钠、磷酸二氢钠、磷酸氢二钠和三聚磷酸钠等。吸附膜型缓蚀剂是通过在电化腐蚀的阳极和阴极表面形成吸附膜起到缓蚀作用，如咪唑啉类缓蚀剂。前两类主要是无机缓蚀剂，吸附膜型缓蚀剂为有机缓蚀剂。在有机缓蚀剂分子中通常含有 N、O、S 等元素，它们带有孤对电子，与铁原子的空轨道形成配位吸附，加之分子中含有疏水基团，在金属表面形成输水的吸附膜，使腐蚀介质与金属表面隔离开，起到腐蚀防护作用。

目前油田注水系统中使用的缓蚀剂主要是吸附膜型有机缓蚀剂。该类缓蚀剂具有缓蚀效果较好，投加剂量较低，使用成本低等优点，同时也具有杀菌作用，部分吸附膜型有机缓蚀剂还能降低界面张力，有利于将水注入地层而提高注水速度，加之其毒性小，因而环境限制较小。

国内外各油田都将注水系统设计成闭式系统，使注入水中氧含量降低，再辅以 Na_2SO_3 等除氧剂，可使水中溶解氧降低至 0.02～0.05mg/L。这样就使油田污水的主要腐蚀类型从氧腐蚀转化成弱酸性的环境腐蚀（主要是 H_2S 和 CO_2 的腐蚀），然后再使用缓蚀剂进行防腐。

1.3.4.1 含氮缓蚀剂

含氮类缓蚀剂为盐水体系中常用的是有机胺类吸附型缓蚀剂，该类缓蚀剂是通过氮原子吸附到钢铁表面而疏水基团伸展于水相形成一种致密的物理膜，阻挡介质与钢铁表面的接触，从而降低腐蚀速度。正是由于起作用的是物理膜，其应用存在较大的局限性，如高温条件会发生物理膜脱附而失去缓蚀效果，它也阻挡不了氯离子的穿透。这类缓蚀剂的代表是季铵盐类、胺类、酰胺类的直链及环状化合物。

聚乙烯亚胺（PEI）是发现较早的具有明显缓蚀性能的有机聚合物之一，其分子中亚甲基的数目影响—C—N—C—的键角，进而影响其抑制腐蚀的能力。聚乙烯吡咯烷酮（PVP）也具有良好的缓蚀作用，它可以抑制铝在盐酸介质、铁在硫酸介质及铜在硝酸介质中的腐蚀。高分子量的聚乙烯吡咯烷酮及聚乙烯亚胺可以作为磷酸中低碳钢的缓蚀剂，且在很宽的磷酸浓度范围内，它们都具有较好的缓蚀效果。这两种聚合物均为混合型缓蚀剂，可以同时抑制腐蚀反应的阳极过程和阴极过程，而且对阴极过程的抑制作用更强。PEI 与 PVP 两种聚合物均有良好的缓蚀作用，在实验的硫酸浓度范围内，PVP 的缓蚀效率高于 PEI。PVP 在铜表面的吸附是通过氧原子，而 PEI 的吸附是通过氮原子的配位作用。PEI 与 PVP 的分子结构如下所示：

a. 聚乙烯亚胺（PEI）

b. 聚乙烯吡咯烷酮（PVP）

1.3.4.2 含硫缓蚀剂

含硫缓蚀剂主要是指硫氰酸盐及硫脲类化合物。该类缓蚀剂主要应用在高温环境中，而在低温（低于 120℃）下，其缓蚀率不超过 50%。该类缓蚀剂的作用机理尚无统一结论，一般认为，硫原子在一定的温度下与金属发生化学反应形成一层保护膜，后者在高温条件下稳定性良好，因此含硫缓蚀剂通常在高温条件下都具有优良的缓蚀效果。但含硫的化合物排放到土壤中，能使土壤酸化结块影响植物的生长，从而造成严重的环境污染。以下是几种主要的含硫缓蚀剂的分子结构：

a. 硫脲

$$NH_2-\overset{\overset{S}{\|}}{C}-NH_2$$

b. 1,3-二甲基硫脲

$$NHCH_3-\overset{\overset{S}{\|}}{C}-NHCH_3$$

c. N,N'-二苯基硫脲

$$C_6H_5-NH-\overset{\overset{S}{\|}}{C}-NH-C_6H_5$$

d. 4-聚异丁基-1,2-二硫杂环戊烯-3-硫

$$(CH_3)_2C{=}CH{+}C(CH_3)_2-CH_2{+}_n\text{(dithiolyl)}-C{=}S$$

e. 4-新戊基-5-叔丁基-1,2-二硫杂环戊烯-3-硫酮

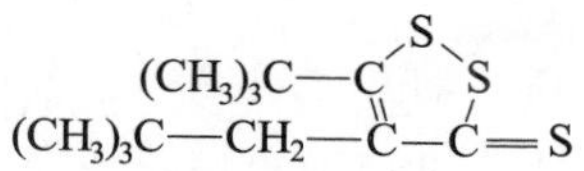

$$\begin{array}{l} (CH_3)_3C—C \quad S—S \\ (CH_3)_3C—CH_2—C—C=S \end{array}$$

f. 1-氨乙基-2-辛巯乙基咪唑啉烯-3-硫酮

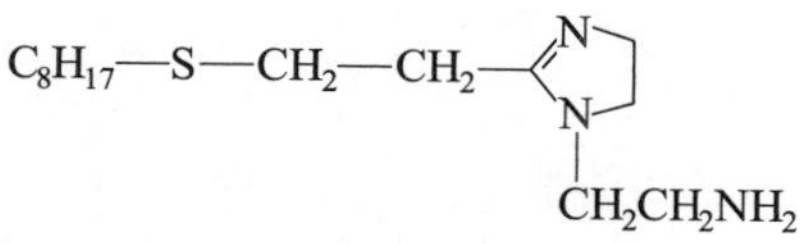

$$C_8H_{17}—S—CH_2—CH_2—\text{(imidazoline: N, N)}—CH_2CH_2NH_2$$

g. 4-聚氧乙烯酚醚基-1，2-二硫杂环戊

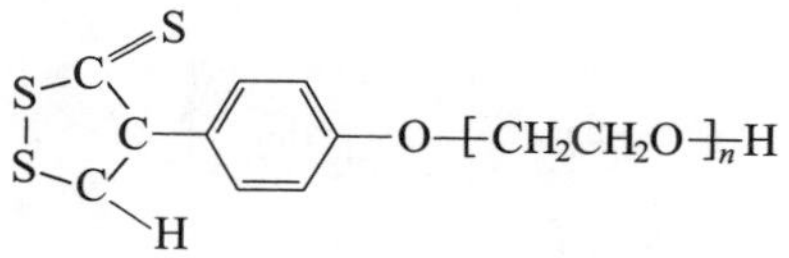

$$\text{(S—C(=S)—C—C(H)—S ring)}—C_6H_4—O\!\!\left[CH_2CH_2O\right]_nH$$

h. 十二烷基二甲胺甲基硫醚

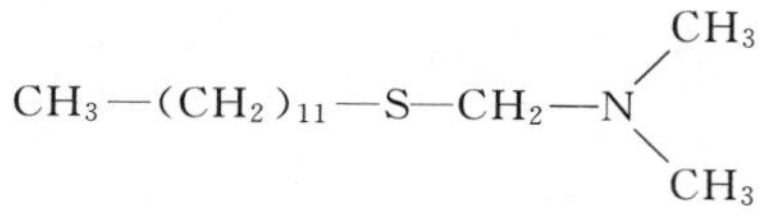

$$CH_3—(CH_2)_{11}—S—CH_2—N(CH_3)_2$$

i. 异丙苯甲基亚磺酰乙酸

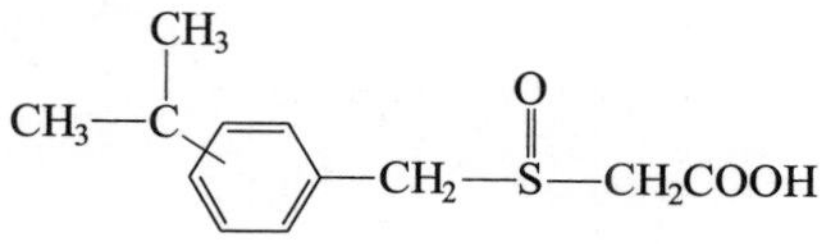

$$(CH_3)_2CH—C_6H_4—CH_2—\overset{O}{\overset{\|}{S}}—CH_2COOH$$

1.3.4.3 乙烯基聚合物缓蚀剂

聚丙烯酸（PPA）是较早作为金属缓蚀剂应用的乙烯基聚合物，它可以阻止铁在盐酸或硫酸等酸性介质中的腐蚀。丙烯酸类共聚物的缓蚀阻垢作用源于其分子中大量$—COO^-$的存在，后者对Ca^{2+}、Mg^{2+}等离子具有较强的螯合能力。研究发现聚丙烯酸的缓蚀效率还与其分子量有关，并存在最佳分子量范围（2400～5000），聚合物分子量超过此范围，缓蚀效率下降。链状烯烃共聚单体的疏水基有助于提高缓蚀效率。

1.3.5 阻垢剂

阻垢剂是指能起到延缓、减少或抑制结垢的作用的化学剂。使用防垢剂是油田防垢最为常用的方法，其具有高效、简便、易行等特点。在油田中，结垢首先是水中含有不溶性盐类的离子，外界条件的变化则是引起结垢的主要因素。结垢主要分为垢晶的析出、垢晶长大和沉积三个阶段。垢也同样可在固体表面的某些活性点直接析出长大，而不经过沉积阶段。结垢可发生在地层、井筒、地面管线和设备表面。地层结垢会使注水压力升高，油井产量下降。井筒和管线结垢不仅会使流体的流动阻力上升，且导致垢下腐蚀严重。加热设备结垢会影响传热效果，容易造成事故隐患。目前，常用的防垢剂可分为有机多元膦酸（盐）、氨基多元羧酸（盐）和聚羧酸（盐）三种类型。

1.3.5.1 有机多元膦酸（盐）

以下是几种常见的有机多元膦酸（盐）阻垢剂：

a. 甲胺二亚甲基膦酸盐（MADMP）

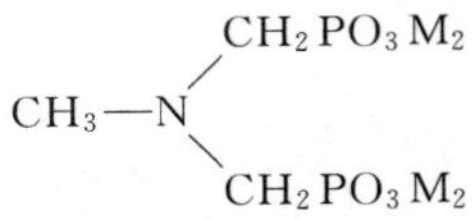

$$CH_3-N(CH_2PO_3M_2)_2$$

b. 氨基三亚甲基膦酸盐（ATMP）

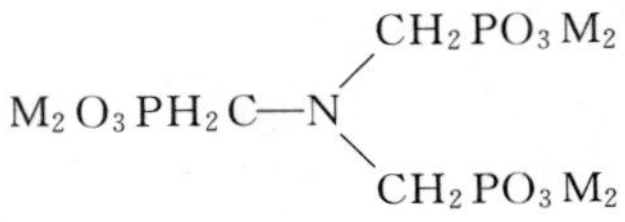

$$M_2O_3PH_2C-N(CH_2PO_3M_2)_2$$

c. 1-羟基亚乙基-1,1-二膦酸盐（HEDP）

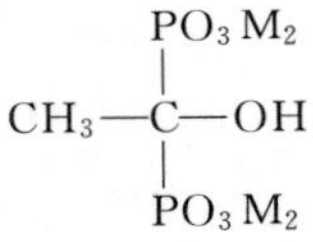

$$CH_3-C(PO_3M_2)_2-OH$$

d. 1-氨基亚乙基-1,1-二膦酸盐（AEDP）

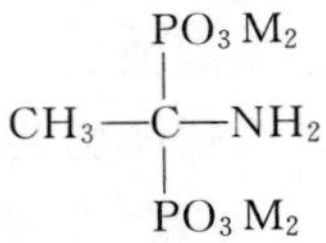

$$CH_3-C(PO_3M_2)_2-NH_2$$

e. 乙二胺四亚甲基膦酸盐（EDTMP）

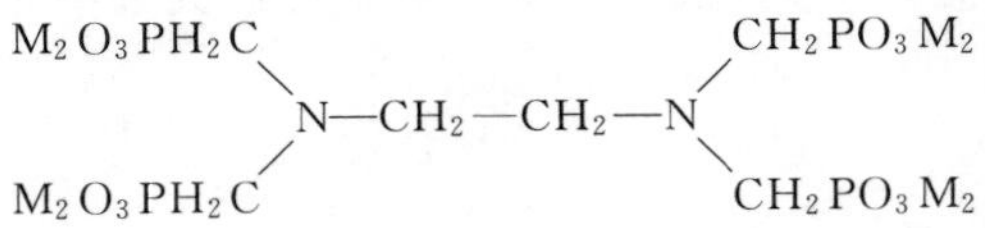

$$(M_2O_3PH_2C)_2N-CH_2-CH_2-N(CH_2PO_3M_2)_2$$

f. 己二胺四亚甲基膦酸盐（HMDTMP）

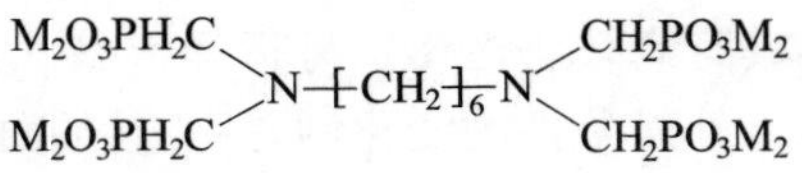

$$(M_2O_3PH_2C)_2N-(CH_2)_6-N(CH_2PO_3M_2)_2$$

g. 二乙三胺五亚甲基膦酸盐（DETPMP）

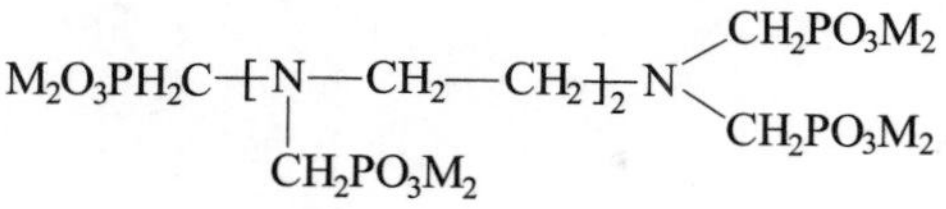

$$M_2O_3PH_2C-\!\!\!\left[\begin{array}{c}N\\|\\CH_2PO_3M_2\end{array}-CH_2-CH_2\right]_2\!N\begin{array}{l}\diagup CH_2PO_3M_2\\ \diagdown CH_2PO_3M_2\end{array}$$

h. 1,2-环己二胺四亚甲基膦酸盐

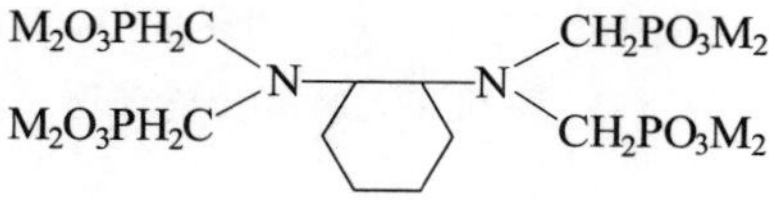

$$\begin{array}{r}M_2O_3PH_2C\diagdown\\ M_2O_3PH_2C\diagup\end{array}N-C_6H_{10}-N\begin{array}{l}\diagup CH_2PO_3M_2\\ \diagdown CH_2PO_3M_2\end{array}$$

膦酸盐可由多氨基化合物与三氯化磷、甲醛反应得到，或由多氨基化合物与甲醛和亚磷酸反应，再用碱中和生成。如乙二胺四亚甲基膦酸盐（EDTMP）可通过下列反应得到：

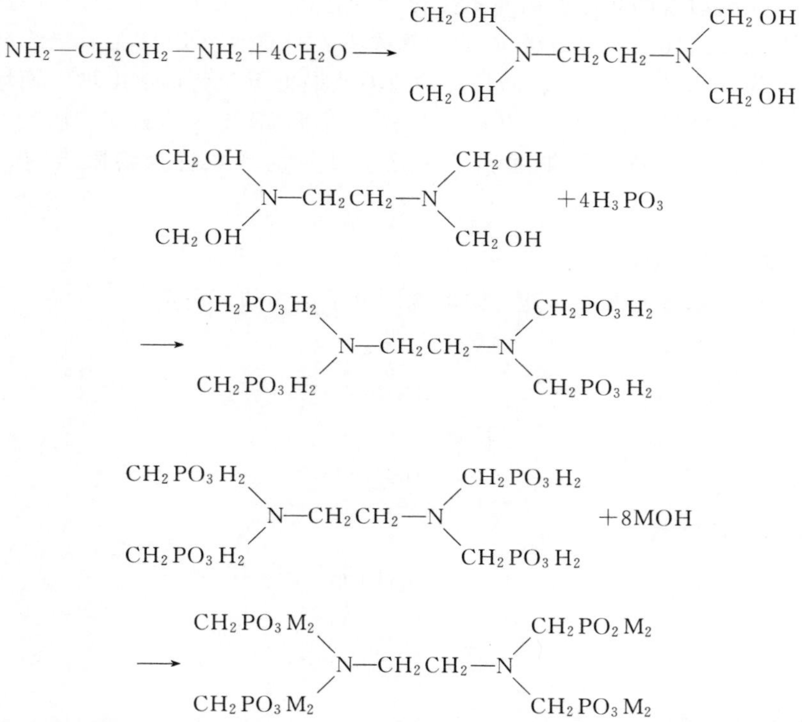

$$NH_2-CH_2CH_2-NH_2+4CH_2O\longrightarrow\begin{array}{r}CH_2OH\diagdown\\ CH_2OH\diagup\end{array}N-CH_2CH_2-N\begin{array}{l}\diagup CH_2OH\\ \diagdown CH_2OH\end{array}$$

$$\begin{array}{r}CH_2OH\diagdown\\ CH_2OH\diagup\end{array}N-CH_2CH_2-N\begin{array}{l}\diagup CH_2OH\\ \diagdown CH_2OH\end{array}+4H_3PO_3$$

$$\longrightarrow\begin{array}{r}CH_2PO_3H_2\diagdown\\ CH_2PO_3H_2\diagup\end{array}N-CH_2CH_2-N\begin{array}{l}\diagup CH_2PO_3H_2\\ \diagdown CH_2PO_3H_2\end{array}$$

$$\begin{array}{r}CH_2PO_3H_2\diagdown\\ CH_2PO_3H_2\diagup\end{array}N-CH_2CH_2-N\begin{array}{l}\diagup CH_2PO_3H_2\\ \diagdown CH_2PO_3H_2\end{array}+8MOH$$

$$\longrightarrow\begin{array}{r}CH_2PO_3M_2\diagdown\\ CH_2PO_3M_2\diagup\end{array}N-CH_2CH_2-N\begin{array}{l}\diagup CH_2PO_2M_2\\ \diagdown CH_2PO_3M_2\end{array}$$

有机多元膦酸盐开发于20世纪60年代后期，是近40年被广泛应用的一类防垢剂。它们的作用机理较为复杂，通过分子中的活性中心与金属离子形成环状的螯合物，螯合物结构如图1-5所示。

除了形成平面结构的环状螯合物，有机多元膦酸盐还可与两个或两个以上的金属离子螯合，形成立体结构的双环或多环螯合物。这种大分子的螯合物以疏松的结构分散在水中，或者混入原来已结出的钙垢中，使得钙垢正常晶体破坏，从而使原

(a) HEDP与金属离子形成六元环螯合物

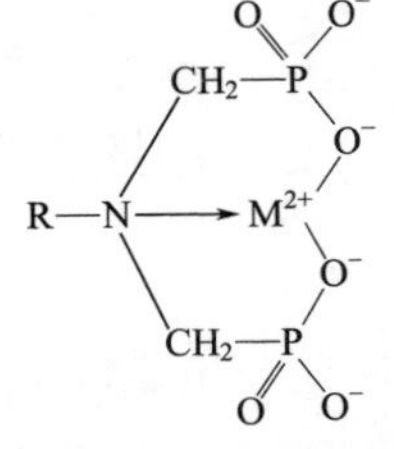

(b) 亚甲基膦酸盐和金属离子形成双五元环螯合物

图 1-5　有机多元膦酸盐螯合物

来结成的硬垢变成了软垢或极软垢。它们在较低浓度（如 0.1～30mg/L）下即可达到 50%～80%的防垢率。与其他添加剂复配时，有机多元膦酸盐总防垢率可达到 90%以上。有机多元膦酸盐同时亦具有较好的热稳定性能，可以在 200℃以上的温度使用。

有机多元膦酸盐的防垢作用并不按化学计量进行，往往 1mg/L 的药剂可以阻止数千甚至几万$\times 10^{-6}$钙离子形成碳酸钙硬垢，且这种作用只在一定浓度范围内产生，一般为 0.25～10mg/L。而且这种防垢效果也不随药剂浓度增大而增加，当浓度大到一定程度后，防垢率变化不大，甚至还可能降低。有机多元膦酸盐的这种在一定浓度范围内，防垢效果远远大于化学计量的现象称为溶限效应，也称阈效应。

1.3.5.2　氨基多元羧酸（盐）

几种常用氨基多元羧酸（盐）防垢剂的分子结构如下所示：

a. 氨基二乙酸盐

$$HN(CH_2COOM)_2$$

b. 甲胺二乙酸盐

$$CH_3—N(CH_2COOM)_2$$

c. 苯胺二乙酸盐

$$C_6H_5—N(CH_2COOM)_2$$

d. 氨基三乙酸盐

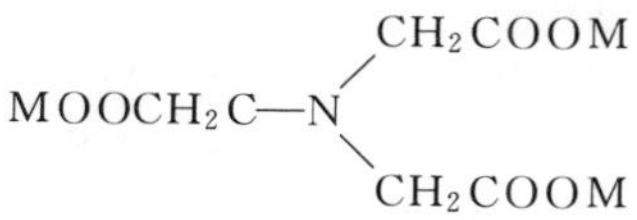

$$MOOCH_2C-N\begin{matrix} CH_2COOM \\ CH_2COOM \end{matrix}$$

e. 乙二胺四乙酸盐

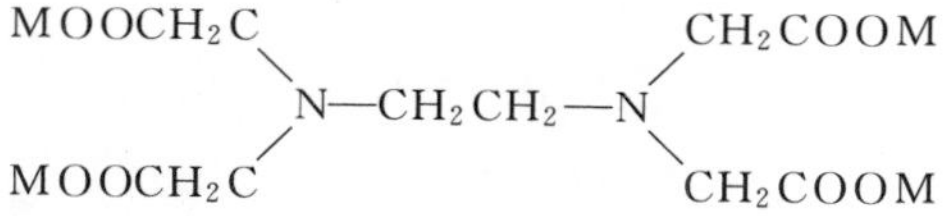

$$\begin{matrix} MOOCH_2C \\ MOOCH_2C \end{matrix} N-CH_2CH_2-N \begin{matrix} CH_2COOM \\ CH_2COOM \end{matrix}$$

f. 二乙三胺五乙酸盐

$$MOOCH_2C-\!\!\left[\underset{|}{\overset{CH_2COOM}{N}}-CH_2CH_2\right]_2 N\begin{matrix} CH_2COOM \\ CH_2COOM \end{matrix}$$

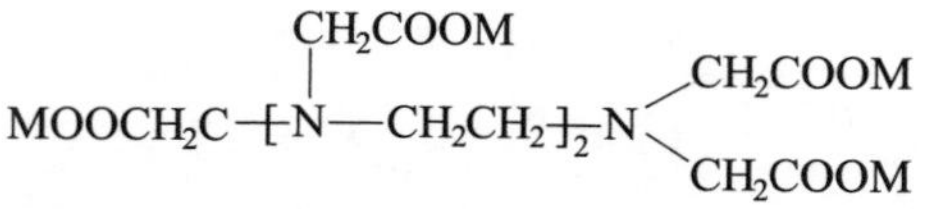

氨基多羧酸盐是由多氨基化合物与氯乙酸在碱性条件下反应生成，如乙二胺四乙酸盐（EDTA）可通过下列反应得到：

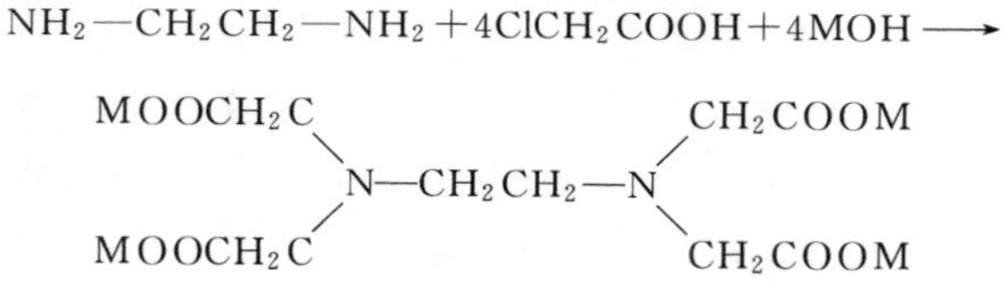

$$NH_2-CH_2CH_2-NH_2+4ClCH_2COOH+4MOH \longrightarrow$$

$$\begin{matrix} MOOCH_2C \\ MOOCH_2C \end{matrix} N-CH_2CH_2-N \begin{matrix} CH_2COOM \\ CH_2COOM \end{matrix}$$

氨基多元羧酸防垢剂是通过螯合机理起防垢作用的，如 EDTA 可按下面的结构以化学计量式与钙离子进行螯合：

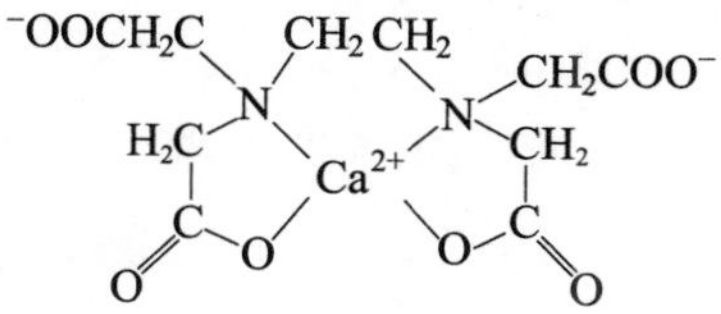

$$\begin{matrix} ^{-}OOCH_2C & & CH_2CH_2 & & \\ & N & & N & CH_2COO^{-} \\ H_2C & & Ca^{2+} & & CH_2 \\ | & & & & | \\ C & -O & & O- & C \\ O\!\!= & & & & =\!\!O \end{matrix}$$

1.3.5.3 聚羧酸（盐）

用于防垢的聚羧酸（盐）的分子量通常在 10^4 左右。这类防垢剂同样具有溶限效应，在现场使用时通常只要几毫克/升就能使结垢情况得到较好的控制。当它们与有机多元膦酸复合使用时，防垢效果会因协同效应而得到提高。聚羧酸（盐）不仅有防垢作用，还有除垢作用。它们能使热交换器壁上的垢层由硬垢或极硬垢转变为软垢或极软垢，从而使垢层易于在水流的冲刷下脱落下来。以下是两种常见聚羧酸（盐）防垢剂的合成方程式：

a. 聚天冬氨酸（PASP）

$$\underset{NH_2-CH-COOH}{\overset{CH_2-COOH}{|}} \xrightarrow{\text{催化剂}} NH_2\left[\overset{O}{\underset{CH_2-\underset{O}{\overset{\|}{C}}}{\overset{CH-\overset{\|}{C}}{|}}}\!>N\right]_n-\underset{CH_2-COOH}{\overset{CH-COOH}{|}} \xrightarrow{NaOH}$$

$$NH_2\!\left[\underset{\underset{COO^-}{\overset{|}{CH_2}}}{\overset{|}{CH}}-\overset{O}{\overset{\|}{C}}-NH\right]_n\!\left[\underset{COO^-}{\overset{|}{CH}}-CH_2-\overset{O}{\overset{\|}{C}}-NH\right]_m\!\underset{CH_2-COOH}{\overset{|}{CH}}-COOH$$

b. 聚环氧琥珀酸（PESC）

$$\text{顺丁烯二酸酐} \xrightarrow{NaOH} \underset{CH-COONa}{\overset{CH-COONa}{\|}} \xrightarrow[\text{催化剂}]{[O]}$$

$$O\!<\!\underset{CH-COONa}{\overset{CH-COONa}{|}} \xrightarrow{\text{催化剂}} \left[O-\underset{NaOOC}{\overset{|}{CH}}-\underset{COONa}{\overset{|}{CH}}\right]_n$$

聚羧酸（盐）的防垢机理较为复杂。一般认为其在水中解离而带负电，并可在垢晶微粒上吸附，吸附的结果会产生有两种作用：一是使垢晶微粒表面带负电，防止了微粒的聚集，即分散作用；二是会影响垢晶的正常发育，即晶格畸变作用。两种作用皆可对垢的形成起到抑制作用。

另外，聚丙烯酸等能在传热面上形成一种与垢层共沉淀的膜，当这种膜增加到一定厚度时，从传热面上破裂，并带着一定大小的垢层离开传热面，起到除垢作用。

参 考 文 献

[1] 郭伟，孔博昌，刘远征，等．“气浮＋过滤＋杀菌工艺”在大港油田某采出水处理站的应用．现代化工，2017（4）：214-216.

[2] 杨鹏辉，张宇翔，李霆，等．油田注水杀菌剂研究进展．山东化工，2015，44（3）：52-54.

[3] 沈哲，杨鸿鹰，闫旭涛，等．油田注水系统高效阻垢剂的研制．石油与天然气化工，2012，41（3）：317-319.

[4] 顾婷．油田注水系统缓释型缓蚀阻垢剂的研制及性能研究．上海：上海大学，2014.

[5] 曹博．油田注水系统无机垢的形成．西安：西安石油大学，2017.

[6] 曹嘉斌，苟颖琦．油田注水用化学阻垢剂及化学杀菌剂研究．当代化工，2017，46（5）：886-889.

[7] 詹宁宁．油田注水用杀菌剂在我国的应用及发展．中国新技术新产品，2015（1）：72-72.

[8] 柴凤忠．油田注水长效防膨技术研究．长春：吉林大学，2006.

[9] 徐勇，王卫忠，高锋博，等．油田注水阻垢剂研究进展．广州化工，2014（18）：43-44.

[10] 王茹．长庆油田采油废水回注工程技术研究．西安：西北大学，2014.

[11] 刘合，裴晓含，罗凯，等．中国油气田开发分层注水工艺技术现状与发展趋势．石油勘探与开发，

2013，40（6）：733-737.
[12] 张颖，董国强，胡凌艳．注水介质中喹啉缓蚀剂对管线钢的缓蚀作用研究．表面技术，2015（6）：88-92.
[13] 常象春，赵万春，徐佑德，等．注水开发过程中原油的生物降解与水洗作用．石油与天然气地质，2017，38（3）：617-625.
[14] 刘宇，郭书海，朱月娥，等．采油污水回用注水伴采系统缓蚀阻垢剂研究．工业水处理，2008，28（6）：43-46.
[15] 王晗，胡兴华，张博廉．复合配方杀菌剂在气田回注水应用研究．四川环境，2016，35（2）：10-13.
[16] 范峥，屈端，黄风林，等．合水油田注水管线腐蚀成因与缓蚀措施．腐蚀与防护，2015，36（9）：888-892.
[17] 杨海燕，李建波，王庆．硫酸钡防垢剂 MPS-1 的性能研究．精细石油化工，2017，34（2）：1-4.
[18] 徐豪飞，马宏伟，尹相荣，等．新疆油田超低渗透油藏注水开发储层损害研究．岩性油气藏，2013，25（2）：100-106.
[19] 林木．提高注水系统效率的理论与方法研究．青岛中国石油大学，2008.
[20] 王瑛，张小明．油田用新型高效杀菌剂的合成与评价．石化技术，2015，22（11）.
[21] 周琳佳．污水处理站絮凝剂添加配比优化研究．大庆：东北石油大学，2012.
[22] 乔英存．油田注水井堵塞机理与化学解堵研究．长春：吉林大学，2016.
[23] 张锐．油田注水开发效果评价方法．北京：石油工业出版社，2010.

第2章

酸化

2.1 酸化增产原理

酸化是一种使油气井或注水井增注的有效方法。它是通过井眼向地层注入一种或几种酸液或酸液混合液，利用酸与地层中部分矿物的化学反应，溶蚀储层中的连通孔隙或天然裂缝壁面岩石，增加孔隙和裂缝的导流能力，从而使油气井增产或注水井增注的一种工艺措施。

与此同时，在常规酸化施工中也存在一些缺点对施工效果造成影响：

① 酸岩反应速率较快，导致酸液有效穿透距离缩短，只能消除近井地带的地层伤害；

② 提高酸的浓度可延长酸液的穿透距离，但同时高浓度酸对管壁、设备的腐蚀加重，给防腐带来困难；

③ 经土酸处理后的砂岩，黏土中其他微粒的运移会堵塞油流通道，造成酸化初期产量增加但后期产量递减的问题，导致酸化施工的增产有效期缩短。

因此在酸化工艺和技术发展的过程中，新型酸液及添加剂的应用着重是降低酸对金属管线和设备的腐蚀、控制酸岩反应速率、提高酸化效果、防止地层污染和降低施工成本。

2.1.1 酸处理工艺分类

酸化是利用酸液增产增注的一类工艺方法的统称。根据酸化施工的方式和目的，其工艺过程可分为酸洗、基质酸化和酸化压裂三种。

2.1.1.1 酸洗

酸洗是一种清除井筒中的酸溶性结垢或疏通射孔孔眼的工艺。它是将少量酸液定点注入预定井段，溶解井壁结垢物或射孔孔眼堵塞物并及时返排酸液，以防止酸不溶物重新堵塞孔眼和井壁，从而提高油气井产能。

2.1.1.2 基质酸化

基质酸化是指在低于地层破裂压力条件下将配方酸液注入地层孔隙空间，利用酸液溶蚀近井地带的堵塞物来恢复地层渗透率或者用酸液溶解孔隙中的细小颗粒、胶结物等来扩大孔隙空间、提高地层渗透率。

选用基质酸化的原因大体有以下几点：清楚地层堵塞；降低地层在压裂前的破裂压力；均匀疏通射孔孔眼；不破坏隔层；减少施工成本。

酸液在砂岩储层，通过径向渗入来溶解孔隙空间内的颗粒及堵塞物，扩大孔隙空间，破坏泥浆、水泥及岩石碎屑等堵塞物的结构，清除井筒附近污染，恢复或提高基质渗透率，从而达到恢复油气井产能和增产的目的。

对于碳酸盐岩储层，酸液则主要通过溶解微裂缝中堵塞物或溶蚀裂缝壁面来扩大裂缝。在某些情况下会形成类似于蚯蚓的孔道，简称为酸蚀蚓孔，从而改善地层渗流条件。

2.1.1.3 酸化压裂

酸化压裂（酸压）是指在高于储层破裂压力或天然裂缝的闭合压力下，将酸液挤入储层，在储层中形成裂缝，同时酸液与裂缝壁面岩石发生反应，非均匀刻蚀缝壁岩石，形成沟槽状或凹凸不平的刻蚀裂缝，施工结束裂缝不完全闭合，最终形成具有一定几何尺寸和导流能力的人工裂缝，改善油气井的渗流状况，从而使油气井增产。

酸压和水力压裂增产的基本原理和目的相同，都是为了产生有足够长度和导流能力的裂缝，减少油气水渗流阻力，主要差别在于如何实现其导流性。对于水力压裂，裂缝内的支撑剂阻止停泵后裂缝闭合；酸压一般不使用支撑剂，而是依靠酸液对裂缝壁面的非均匀刻蚀产生一定的导流能力，这种非均匀刻蚀是由岩石的矿物分布和渗透性的不均一所致。酸液沿着裂缝壁面流动反应，有些地方的矿物极易溶解（如方解石），有些地方则难以被酸所溶解，甚至不溶解（如石膏、砂等）。易溶解的地方刻蚀得厉害，形成较深的凹坑或沟槽，难溶解的地方则凹坑较浅，不溶解的地方保持原状。此外，渗透率好的壁面易形成较深的凹坑，甚至是酸蚀孔道，从而进一步加重非均匀刻蚀。酸化施工结束后，由于裂缝壁面凹凸不平，裂缝在许多支撑点的作用下，不能完全闭合，最终形成具有一定几何尺寸和导流能力的人工裂缝。

2.1.2 酸化增产原理

近井地带储层受污染后的表皮系数可用Hawkins（1956）公式表示。

$$S=K/K_{\rm d}-\ln(r_{\rm d}/r_{\rm w}) \tag{2-1}$$

式中　K——地层渗透率，$10^{-3}\mu m^2$；

K_d——伤害渗透率，$10^{-3}\mu m^2$；

r_d——伤害带半径，m；

r_w——井筒半径，m。

此式常用于评估渗透率污染的相对程度和污染深度。式（2-1）表明，渗透率污染对表皮系数的影响比污染深度的影响要大得多。由试井得到的表皮系数基本上是由近井地带的渗透率污染引起的。

2.1.2.1　基质酸化增产原理

基质酸化增产作用主要表现在：①酸液挤入孔隙或天然裂缝与其发生反应，溶蚀孔壁或裂缝壁面，增大孔径或扩大裂缝，提高储层的渗流能力；②溶蚀孔道或天然裂缝中的堵塞物质，破坏泥浆、水泥及岩石碎屑等堵塞物的结构，疏通流动通道，解除堵塞物的影响，恢复储层原有的渗流能力。

储层流体（油、气、水）从储层径向流入井内时，压力损耗在井底附近呈漏斗形状（俗称压力漏斗）。对于气井，由于气体随压力降低而膨胀，所以靠近井底其流速增加比油井更加显著，摩擦阻力更大，压力损耗也更大。一般距井筒周围10m以内，油气井的压力损耗要占全部压力降的80%～90%。因此，提高井底附近的渗流能力，降低压力损耗，在生产压差不变时，可显著提高油气产量。

如式（2-2）所示，介于井半径r_w与污染半径r_d之间的污染带渗透率为K_d，介于r_d与泄流半径r_e之间的储层渗透率为K_0（图2-1），Muskat（1947）给出了这类井的产能与储层渗透率为K_0的同类井的产能之比：

$$J_d/J_0=\frac{X_d\ln(r_e/r_w)}{\ln(r_d/r_w)+X_d\ln(r_e/r_d)} \tag{2-2}$$

式中　X_d——污染带渗透率与原始渗透率比值，$X_d=K_d/K_0$；

J_0、J_d——无污染井采油指数和污染井采油指数。

假设r_e为300m，r_w为0.12m，污染深度r_d-r_w值为0～0.33m，上述关系如式（2-2）所示。已知污染半径及渗透率比值（图2-2），由式（2-2）中使可计算出消除污染后获得的增产量。

酸化后采油指数与酸化前采油指数之比称为酸化增产倍比，对于污染井：

$$\frac{J_i}{J_0}=1+\left(\frac{1}{X_d}-1\right)\frac{\ln(r_d/r_w)}{\ln(r_e/r_w)} \tag{2-3}$$

对于未污染井：

$$\frac{J_i}{J_0}=\frac{\ln(r_d/r_w)}{1+[(1/X_i)-1][\ln(r_e/r_w)/\ln(r_e/r_w)]} \tag{2-4}$$

式中　X_i——酸化后的渗透率与原始渗透率的比值，$X_i=K_i/K_0$；

J_i——酸化后的采油指数。

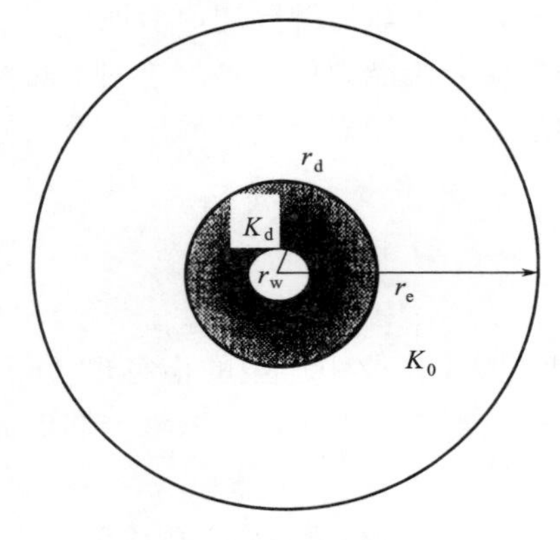

图 2-1 封闭油藏污染井

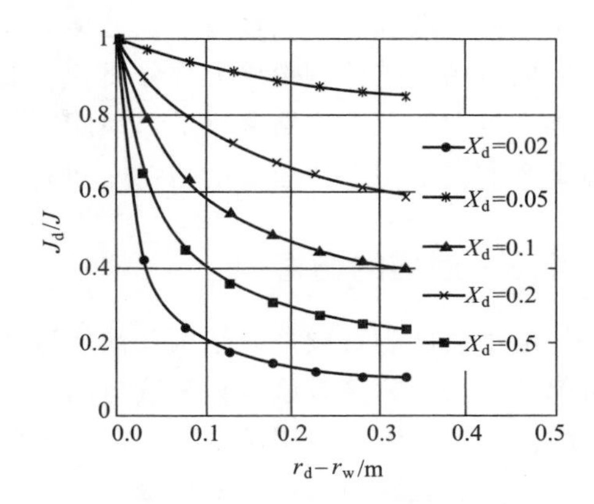

图 2-2 储层污染引起的产量下降

假定严重污染井 X_d 为 5%，表皮系数是 26，由式（2-3）计算可知，当酸化解除污染时可使采油指数增加 4.5 倍。对未污染井，酸化处理使井筒周围 0.4m 半径范围的渗透率增加 20 倍，即 X_i 为 20，表皮系数从 0 下降到 −1.2 左右，通过式（2-4）计算表明，采油指数只能增加 21%。

由此可以看出，对于无污染地层，均匀地提高井底地层的渗透率可使油气井增产百分之几十到百分之一百以上，最多不超过百分之二百，从经济角度出发，均匀改善区的面积不应过大。

2.1.2.2 酸化压裂增产原理

酸化压裂是碳酸盐岩储层增产措施中应用最广的酸处理工艺。酸化压裂施工中酸液壁面的非均匀刻蚀是由于岩石的矿物分布和渗透性的不均一。渗透率好的壁面易形成较深的凹坑，甚至是酸蚀孔道，从而进一步加重非均匀刻蚀。酸化施工结束后，由于裂缝壁面凹凸不平，裂缝在许多支撑点的作用下不能完全闭合，最终形成具有一定几何尺寸和导流能力的人工裂缝，大大提高了储层的渗流能力。

与水力压裂技术类似，酸化压裂的增产原理主要表现在：

① 酸化压裂裂缝增大油气向井内渗流的渗流面积，改善油气的流动方式，增大井附近油气层的渗流能力；

② 消除井壁附近的储层污染；

③ 沟通远离井筒的高渗透带、储层深部裂缝系统及油气区。

无论是在近井污染带内形成通道，或改变储层中的流型都可获得增产效果。小酸量处理可消除井筒污染，恢复油气井天然产量，大规模深部酸压处理可使油气井大幅度增产。

酸压工艺不能用于砂岩储层，其原因是砂岩储层的胶结一般比较疏松，酸压可能由于大量溶蚀，致使岩石松散，引起油井过早出砂；可能压破储层边界以及水、气层边界，造成储层能量亏空或过早见水、见气；由于酸沿缝壁均匀溶蚀岩石，不能形成沟槽，酸压后裂缝大部分闭合，形成的裂缝导流能力低，且由于用土酸酸压可能产生大量沉淀物堵塞流道。因此，砂岩储层一般不能冒险进行酸压，要大幅度提高产能需采用水力压裂措施。

2.1.3 地层的伤害

由于油层岩石成分、结构及油层流体不同，酸化作业中产生的伤害也不相同。引起酸化伤害的主要原因是酸液与油层矿物不配伍产生二次沉淀；酸液与油层流体不配伍产生酸渣；使用添加剂不当；酸化设计施工不当。

（1）酸液与油层矿物不配伍

酸化是油田作业中比较典型的化学反应过程，在中、高渗透性油田，其作业目的主要是洗井、解堵（消除泥浆污染或注水井中的污染物、除垢等）。对低渗透油层则主要是基质酸化，在酸化解堵作业中，可能发生井筒中污物的溶解，在基质酸化作业中，将发生油层矿物的溶解，但与此同时，由于有害副反应的存在，酸化作业往往伴随沉淀堵塞造成地层伤害。

地层中铁离子最容易形成沉淀，堵塞孔隙。地层含铁矿物有碳酸盐岩（铁方解石、铁白云石等）、黑云母、黄铁矿、硫化铁、黏土矿物（绿泥石、蒙脱石、高岭石等）等。它们以 Fe^{2+} 和 Fe^{3+} 的状态存在，对酸化作用影响很大。

土酸与方解石、白云石等碳酸盐矿物容易生成 CaF_2，但如果油层有足量的 Al^{3+} 可使 CaF_2 溶解。土酸与地层矿物反应将产生氟硅酸和氟铝酸，它们与酸岩体系中的钾、钠等离子反应产生难溶的氟硅酸盐和氟铝酸盐沉淀，它们吸附在岩石表面，造成严重伤害。同时，土酸与砂岩矿物反应产生水化硅[$Si(OH)_4$]沉淀。

（2）酸液与油层流体不配伍产生酸渣

当酸液与油层流体接触时，主要存在两种伤害机理，即微乳液的形成以及沥青烯淤泥的沉积。根据原油重质组分的特性，可将其划分为石蜡质原油或沥青质原油。沥青质原油中存在大量沥青烯，它们以胶态分散体系的形式存在，属非晶体。沥青烯胶束以胶溶的高分子量的聚芳烃分子为核心，并被分子量较低的中性树脂和芳香烃类化合物所环绕，每个胶束均由多个环圈层组成，5 个圈层堆积起来就形成沥青烯颗粒。人们称酸处理作业中由原油与酸接触而产生的沥青烯淤泥为酸渣，这种酸渣与自然生成的沥青烯沉积不同，它是一种胶状的不溶性产物。酸渣一旦产生，会对油层带来永久性伤害，一般很难消除。酸渣形成的主要原因是使用高浓度酸液、油层中有三价铁离子等。当油层水中含有 K^+、Na^+、Ca^{2+} 和 Mg^{2+} 等离子时，酸液特别是含氢氟酸的土酸将与这些离子作用产生有害沉淀。

（3）添加剂选用不当

针对不同油层岩石和流体，酸液中应加入相应的添加剂，添加剂应在类型、配伍性和用量上认真筛选和实验。当酸液中的添加剂与油层矿物、油层流体不配伍，或添加剂与添加剂之间不配伍，将产生油层伤害，达不到酸化效果。

（4）酸化设计施工不当

酸化施工参数包括酸浓度、施工泵压、排量、酸液用量、关井时间等。这些参数使用不当，酸化效果大打折扣，特别是对低渗储层的基质酸化，应根据油层吸酸能力限制泵压，不能压破油层，如果压破油层后，酸要随新形成的裂缝流动，酸化结束后，裂缝闭合，不能形成酸蚀裂缝，导致产生的沉淀物和颗粒不能排出油层，造成新的伤害。

2.2 酸液体系

酸液及添加剂体系的合理使用对酸化效果起着重要的作用，其选择的关键在于是否能够了解各类酸液及添加剂的作用及其适用范围。

2.2.1 酸液类型及选择

酸化时必须针对施工井层的具体情况选择适当的酸液，选用的酸液应满足以下要求：

① 溶蚀能力强，与油气层岩石反应所生成的产物能够溶解于残酸水中；

② 加入化学添加剂后所配制成的酸液其物理、化学性质能够满足施工要求；

③ 施工方便，安全，易于返排；

④ 价格便宜，货源广。

目前油气井酸化常用的酸液主要有无机酸、液体有机酸、粉状有机酸、多组分酸（或混合酸）以及缓速酸等类型，每类酸的常用品种见表 2-1。

表 2-1 酸化常用酸液类型

酸类	名称	特点	适用条件
无机酸	盐酸	溶解力强，价格便宜，货源广；反应速率快，腐蚀严重	碳酸盐岩储层酸化或者碳酸盐含量高的砂岩储层酸化
	氟硼酸	反应缓慢，水解速度受温度影响较大，处理范围广	砂岩储层深部解堵酸化
	磷酸	反应速率慢，用以解除硫化物、腐蚀产物、碳酸盐类堵塞物	碳酸盐和泥质含量高，含有水敏及酸敏性黏土矿物，污染较重，不能用土酸处理的砂岩储层
液体有机酸	甲酸（蚁酸）	反应慢，腐蚀性弱	高温碳酸盐岩储层酸化
	乙酸（冰醋酸）		

续表

酸类	名称	特点	适用条件
粉状有机酸	氨基磺酸	反应速率慢，腐蚀性弱，运输方便；溶蚀能力低，易在高温下水解生成不溶物	温度低于70℃的碳酸盐岩储层解堵酸化
	氯乙酸	反应慢，腐蚀性弱，运输方便；溶蚀能力低，较氨基磺酸酸性强而稳定	碳酸盐岩储层解堵酸化
多组分酸	盐酸-氢氟酸（土酸）	溶解力强，反应速率快，易产生二次污染	砂岩储层基质酸化
	乙酸-盐酸混合酸	可保证较强的溶解力，能够很好地实现深部酸化	高温碳酸盐岩储层的深部酸化
	甲酸-盐酸混合酸		
缓速酸	稠化酸	缓速效果好，滤失量小；高温下稳定性差，不易返排	中、低温碳酸盐岩储层的酸化
	乳化酸	缓速效果好，腐蚀性弱；摩擦阻力（摩阻）较大，排量受限	碳酸盐岩储层
	胶化酸	缓速效果好，滤失量小；高温下稳定性差，未破胶对储层伤害严重	碳酸盐岩储层
	化学缓速酸	缓速效果好，施工难度大	碳酸盐岩储层
	泡沫酸	缓速效果好，滤失量小，对储层污染小；成本高，施工困难	低压、低渗水敏性碳酸盐岩储层酸压

2.2.2 盐酸

盐酸是无机强酸，是氯化氢的水溶液，是一种具有强腐蚀性的强酸还原剂。酸化用盐酸一般都是工业酸，质量浓度为30%～34%。盐酸能够溶蚀白云岩、石灰岩以及其他碳酸盐岩，能够解除因氢氧化钙沉淀、硫化物及氧化铁沉淀造成的近井地带污染，恢复地层的渗透率。同时，盐酸也可作为土酸酸化砂岩的前置液和碳酸盐含量较高的砂岩酸化液。

盐酸一直被沿用至今的原因是其成本低，对储层的溶蚀力强，反应生成物（氯化钙、氯化镁及二氧化碳）可溶。

最初由于缺乏缓蚀剂，而过高的酸浓度会造成井下管柱腐蚀，因此当时曾采用浓度为15%的盐酸，一般称为常规盐酸。随着缓蚀剂的改进，高浓度盐酸广泛应用于现场施工，其优点如下：

① 酸岩反应速率相对变慢，有效作用范围增大；

② 单位体积盐酸可产生较多的二氧化碳，利于残酸的排出；

③ 单位体积盐酸可产生较多的氯化钙、氯化镁，提高残酸的黏度，控制酸岩的反应速率，并有利于悬浮、携带固体颗粒从储层中排出；

④ 受地层水稀释的影响较小。

盐酸的主要缺点是与石灰岩反应速率太快，特别是高温深井，由于储层温度高，盐酸与储层岩石反应速率太快，处理范围有限，因而处理不到地层深处。与此同时，盐酸对井中管柱等金属具有很强的腐蚀性，温度高时腐蚀性更强，防腐费用很大，而且容易引起钢材的清脆断裂。

盐酸的密度和浓度是配制酸液时常用的数据，在常温下其相对密度随浓度的增加而增加，具体关系参见有关手册，也可采用近似公式计算：

$$\gamma_{HCl}=1+c/2 \tag{2-5}$$

式中 γ_{HCl}——盐酸相对密度；

c——盐酸浓度，用小数表示。

盐酸酸液的管路摩阻损失近似等于水的磨损乘以盐酸的相对密度。盐酸的用量很难在理论上进行计算，现有的近似公式意义也不大。一般可根据处理方式、地层性质，结合地区施工实践的经验数据加以确定。

当按照设计要求确定了盐酸浓度和用量后，可按式（2-6）计算出配制该盐酸溶液所需的商品盐酸用量。

$$V_1=\frac{\gamma_2 c_2}{\gamma_1 c_1}V_2 \tag{2-6}$$

式中 V_1、V_2——商品盐酸和需配制的稀酸的体积，m^3；

γ_1、γ_2——商品盐酸和需配制的稀酸的相对密度；

c_1、c_2——商品盐酸和需配制稀酸的浓度,%。

配制稀酸酸液所需的清水量则由公式（2-7）计算得出：

$$V_{清水}=V_2-V_1-V_3 \tag{2-7}$$

式中 $V_{清水}$——清水体积，m^3；

V_3——除商品盐酸和清水外加入酸液中的其他添加剂总体积，m^3。

2.2.3 盐酸-氢氟酸（土酸）及多组分酸

土酸是盐酸和氢氟酸的混合酸，可用于砂岩地层的酸化。虽然氢氟酸作为一种强酸，能与许多金属、石英、黏土、页岩、长石、淤泥及钻井泥浆等含硅物质反应，但实际上它是不能单独使用的。这是因为：①当氢氟酸与硅酸盐或者碳酸盐反应时，会生成不少难溶性物质重新堵塞储层，如 CaF_2 等。由于 CaF_2 在低 pH 值时为溶解状态，高 pH 值时会沉淀堵塞孔道，当酸液中有盐酸存在时，能够抑制或减少 CaF_2 沉淀的发生。②与其他成分的反应相比，氢氟酸与碳酸盐的反应速率最快。如果单独使用氢氟酸，大部分氢氟酸与碳酸盐反应，可能产生不溶性物质堵塞地层，且不能充分发挥氢氟酸溶蚀泥质等成分的作用。混合液中的盐酸先溶蚀掉碳酸盐后，氢氟酸可充分发挥其溶蚀泥质等成分的作用，以节约成本较高的氢氟酸。

土酸的酸化反应如下：

① 黏土矿物

$$Al_2Si_4O_{10}(OH)_2+36HF \longrightarrow 4H_2SiF_6+2H_3AlF_6+12H_2O$$

其中高岭石：

$$Al_2O_3\cdot 2SiO_2\cdot 2H_2O+18HF \longrightarrow 2H_2SiF_6+2AlF_3+9H_2O$$

② 碳酸盐

白云石：$(Ca,Mg)[CO_3]_2+4HF \longrightarrow MgF_2\downarrow+CaF_2\downarrow+2CO_2\uparrow+2H_2O$

由于土酸酸液一般由 HCl 与 HF 组成，其中 HF 浓度较低，土酸与硅质矿物的反应较弱，反应过程如下：

$$SiO_2+6HF = H_2SiF_6+2H_2O$$

从上述分析可知，土酸与砂岩作用后会出现一次沉淀物 CaF_2 和 MgF_2，会对地层造成伤害。因此在土酸酸化之前必须使用盐酸作为前置酸，对油层进行预处理，这在较大程度上抑制土酸主体酸化时 CaF_2 和 MgF_2 沉淀的产生。但是上述反应产物之间的二次反应会形成二次沉淀，特别是 H_2SiF_6 与 K^+、Na^+、Ba^{2+} 等形成氟硅酸盐沉淀物，反应如下：

$$H_2SiF_6+K(2Na^+,Ba^{2+}) \longrightarrow K_2SiF_6(Na_2SiF_6,BaSiF_6)+2H^+$$

与土酸类似，由一种或多种酸组成的混合物统称为多组分酸。例如乙酸-盐酸，甲酸-盐酸等。这些酸液能够用于高温地层，既利用了有机酸在高温情况下具有缓蚀和缓速的优点，又通过使用盐酸达到降低成本的目的。

2.2.4 甲酸和乙酸

甲酸和乙酸均为有机酸，其在高温下反应速率慢、腐蚀性较弱，易于缓速和缓蚀。它主要用于特殊储层的酸处理以及酸液与油管接触时间较长的带酸射孔等作业。可供使用的有机酸品种繁多，但在酸处理中乙酸和甲酸使用较为广泛。

甲酸又名蚁酸，为无色透明状液体，易溶于水，有刺激性气味，熔点为 8.4℃。甲酸的解离常数为 $K_a=1.75\times10^{-4}$，我国的甲酸工业浓度在 90%以上。乙酸又名醋酸，为无色透明状液体，极易溶于水，熔点为 16.6℃。乙酸的解离常数为 $K_a=1.8\times10^{-5}$，工业品乙酸中，乙酸的浓度在 98%以上，因为乙酸在低温时会凝成像冰一样的固态，故俗称为冰醋酸。

甲酸和乙酸电离度小，与同浓度盐酸相比腐蚀性小，反应速率慢，有效作用半径大。在完全相同的情况下，其溶蚀能力比盐酸小 1.5～2 倍。由于其价格高昂，欲达到与盐酸相同的溶蚀效果，酸液用量大，增加作业成本。此外，酸压时，甲酸均匀溶蚀裂缝壁面，裂缝导流能力小。因此，只有在高温（120℃以上）井中，盐酸酸液的缓速和缓蚀问题无法解决时，才使用它们进行碳酸盐岩储层酸化。在使用甲酸或乙酸进行酸处理时，采用的浓度不宜太高，一般甲酸浓度不超过 10%，乙酸的浓度不超过 15%，这是因为其与碳酸盐作用会生成溶解度较小的盐类，生成沉淀堵塞渗流通道。

2.2.5 粉状酸

酸化用粉状酸主要包括氨基磺酸、氯乙酸和固体硝酸等。粉状酸以悬浮液状态注入注水井以解除铁质和钙质的污染。粉状酸较盐酸具有使用方便、有效期长、不破坏地层孔隙结构、能酸化较深地层等优点。

氨基磺酸在85℃下易水解，不宜用于高温。其酸化和水解反应如下：

$$FeS+2H_2NSO_3H \longrightarrow Fe(H_2SO_3)_2+H_2S\uparrow$$

$$Fe_2O_3+6H_2NSO_3H \longrightarrow 2Fe(H_2SO_3)_3+3H_2O$$

$$CaCO_3+2H_2NSO_3H \longrightarrow Ca(H_2NSO_3)_2+CO_2\uparrow+H_2O$$

对于既存在硅质堵塞，又存在铁、钙质堵塞的注水井，可使用粉状酸与氟化氢铵交替注入来消除污染。同时，氨基磺酸也可以作为酸敏性大分子凝胶的破胶剂，具有延缓破胶的功能。氯乙酸的酸性比氨基磺酸强，且温性好，使用时其浓度可达36%以上，浓度越高，酸岩反应速率越慢。

固体硝酸粉末是通过化学反应固化了的硝酸。硝酸粉末以乳状液或者悬浮液的形式注入井中，在井内条件下逐渐生成硝酸，起到酸化解堵的作用。

2.2.6 其他无机酸

① 硫酸。由于在很宽的浓度范围内，硫酸与灰岩的反应速率比盐酸慢得多，因此硫酸常用于处理高温灰岩油气层。硫酸与灰岩反应的产物——硫酸钙为微细颗粒，悬浮在酸液中，最后随残液返排出来。随着硫酸钙浓度的上升，酸液的有效黏度增加，从而使高深透层的水力阻力增大，迫使后来的酸液依此进入较低渗透层段，实现多层酸化。硫酸的酸化反应如下：

$$CaCO_3+H_2SO_4 = CaSO_4+CO_2\uparrow+H_2O$$

$$CaCO_3\cdot MgCO_3+2H_2SO_4 = CaSO_4+MgSO_4+2CO_2\uparrow+2H_2O$$

② 碳酸。碳酸可以溶蚀碳酸盐，产物溶于水。碳酸可用于注水井酸化。

$$CaCO_3+H_2CO_3 = Ca(HCO_3)_2$$

③ 磷酸。磷酸是中等强度酸，$K_a=7.5\times10^{-3}$（25℃），其酸岩反应如下：

$CaCO_3+2H_3PO_4 = Ca(H_2PO_4)_2+CO_2\uparrow+H_2O$（反应物包括硫化物或$Fe_2O_3$）

由于多元酸的强弱由一级电离常数K_1（K_a）决定。因此，磷酸比盐酸酸岩反应速率慢得多。H_3PO_4和反应产物$Ca(H_2PO_4)_2$形成缓冲溶液。酸液pH值在一定时间内保持较低值（pH≤3），使其自身成为缓速酸，且对二次沉淀有抑制作用。磷酸适合于钙质含量高的砂岩油水井酸化，也可以同氟化氢铵或氟化铵混合对砂岩油水井进行深部酸化。

2.2.7 缓速酸

缓速酸是一种通过将酸稠化或向酸液中加入亲油性表面活性剂或乳化剂，从而延缓酸与地层反应速率的酸液。缓速酸包括稠化酸、自生酸、泡沫酸、活性酸、乳化酸等。

2.2.7.1 稠化酸

稠化酸又称为胶凝酸，是通过加入稠化剂提高酸的黏度。稠化酸是一种高分子溶液，属于亲液溶胶，具有很高的黏度。稠化酸的主要技术特点是在酸化液中加入高分子聚合物（胶凝剂）后，使之成为亲液溶胶而降低 H^+ 的扩散速度，从而降低酸岩反应速率及酸液滤失速度，增加活性酸穿透距离，达到深度酸化的目的。国外BJ公司研制出了系列胶凝酸，Dowell公司研制出DSGA胶凝剂，Halliburton公司研制出SGA-HT系列胶凝剂。国内中国石油勘探开发科学研究院、四川石油管理局天然气研究院、井下作业处等单位也进行了稠化酸配方研究和现场应用，其中天然气研究院已经研究出适用于中、高温井（60～120℃）酸化压裂的油井用胶凝酸配方和气井用胶凝酸配方及一系列配套技术，并在注入工艺方面成功地采用了前置液＋胶凝酸、前置液＋胶凝酸＋常规酸等技术。对砂岩和碳酸盐岩地层进行了岩体酸化和酸化压裂施工实践，经长庆油田、辽河油田、四川油田百余井次现场施工表明，天然气研究院研制的CT系列胶凝酸明显地减缓了酸岩反应速率，增大了酸化作用半径，延伸了裂缝长度，有效地解除了井筒中水锁、乳堵以及其他堵塞，沟通了油气通道，提高了酸化效果。

2.2.7.2 自生酸

自生酸是指在地层条件下利用酸母体通过化学反应就地生成活性酸，这类酸性体特别适用于高温地层，不仅可避免酸液在高温下快速失活的问题，还可以防止管材及设备腐蚀。不同的自生酸可以产生HCl或HF两者的混合物。这些物质主要为氯羧酸盐、卤代烃（卤代烷，烃、卤代烯烃、卤代炔烃和卤代芳烃）、卤盐（主要是卤的碱金属和铵盐，但这类物质必须使用引发剂如醛、酸才能生成相应的酸）、含胺酸及盐（主要是氟硼酸 HBF_4、氟磷酸、氟磺酸等以及氟硼酸、六氟磷酸、二氟磷酸和氟磺酸的水溶性碱金属和铵盐等）、脂肪酸酐和酰卤等。利用自生酸可对那些以前酸化工艺无法处理的高温层进行酸化。用地下生成酸的卤代盐作为释放游离酸者，由于加入化学添加剂，因此生成酸的速率很小。从而使酸化岩石的速率减慢，增加酸耗时间，穿透距离大大增加，同时也能缓和泵入过程中的金属设备的腐蚀，不易引入铁离子，避免铁离子引起沉淀产生，损害地层。

2.2.7.3 泡沫酸

泡沫酸是用充气或汽化了的酸液来代替常规酸液，以降低酸岩反应速率，实现深穿透。泡沫酸由酸液、气体、起泡剂、稳泡剂、水溶性聚合物等组成，它含液量低、表观黏度高、滤失量小，可有效地减缓酸岩反应速率并迅速返排。国外在20世纪90年代中期，又开发出新型泡沫酸，它除含有部分水解聚丙烯酰胺和负电性的多糖外，还含有丙三醇、异丙醇类互溶剂和氯氮化铵类黏土稳定剂。

2.2.7.4 活性酸

为了延缓酸的反应速率，可以在酸液中添加缓速剂，其中加入表面活性剂就是方法之一。在酸中加入表面活性剂就为活性酸。酸中的表面活性剂可以吸附在岩石表面，通过控制酸与岩石表面的反应以达到缓速的目的。凡能与酸配位并易吸附在岩石表面的表面活性剂，均可用于配制活性酸。活性酸的缓速过程为：当酸与地层接触时，初时酸浓度大，表面活性剂浓度也大，因而能有效地缓速；随着酸向地层深处推移、酸浓度减少，表面活性剂浓度也因吸附而减少，酸仍然能有效地对地层作用。但随着表面活性剂浓度减小，就很难有效地控制酸中氢离子扩散半径变小，对岩石表面有特殊作用力的 H^+ 的攻击抑制变小，因而降低反应速率的能力也减少。

2.2.7.5 乳化酸

乳化酸是最早用于深度酸化的缓速体系之一，是在乳化剂及助乳剂作用下，将油和酸按一定比例配制而成的油包酸型乳状液，即油为连续相，酸为分散相，乳化剂（一般为阳离子表面活性剂与非离子复配的表面活性剂）能使乳化酸在酸压施工过程中保持稳定。目前，国外已有 Dowell 公司开发的 Super X 乳化酸，Halliburton 公司研制的 HV60 乳化酸和 Nowsco 公司开发的 LAD 乳化酸，90 年代中期，国外通过在乳化酸中加入油溶性树脂，开发出增能乳化酸系列，进一步提高了酸化效果。乳化酸摩擦阻力较高，妨碍了乳化酸在现场的推广应用，很难适用于高温地层。R. C. Navarrete 等研究了高温乳化酸酸液体系，结果表明：该酸液体系适用于 120～176℃的高温地层，室温下稳定 4～5 天，黏度可保持在 70mPa·s 左右，124℃的高温条件下乳化酸的稳定时间超过 2h，149℃下稳定时间超过了 1h；现场配制的乳化酸的乳滴大小在 1～77μm 之间，该数据要比实验室观测到的微乳相中的液滴要大；该乳化酸在高闭合应力储层中较其他直接与地层反应的酸液可以产生更大的非均匀溶蚀缝宽，从而获得更高的导流能力，提高酸液的有效性；新型高温乳化酸在 120～176℃下，酸压可以延缓反应速率 14～19 倍，基质酸化时延缓反应速率 6.6 倍。国内已有新疆油田、中原油田、华北油田、大港油田、江汉油田、四川油田等油田开展过乳化酸的研究与应用，并取得了一定的施工成功率。其中四川石油管理局天然气研究院在 20 世纪 90 年代初研制出以有机酸、有机胺及表面活性剂为原料的复合型乳化剂 CT1-11，它在柴油和酸液体系中具有强乳化性，在残酸和原油体系中具有防乳破乳性，用其配制乳化酸克服了以往乳化酸泵注难、配制难、乳液稳定性不好、残液返排难的难题。该酸在 60～80℃的井温下施工，缓速率是空白酸的 4～6 倍，已在川中大安寨低渗透碳酸盐岩油田进行了 100 余次酸化施工作业，施工成功率达 100%，有效率达 80%以上，油气增产效果显著，具有良好的应用前景。

2.3 酸液添加剂

2.3.1 酸液添加剂及选择

改善酸液的性能和防止酸液在地层中产生有害的影响，酸化作业时需要在酸液中加入某些化学物质，这些化学物质统称为添加剂。常用添加剂的种类有：缓蚀剂、铁稳定剂、防乳破乳剂、互溶剂、降滤失剂、黏土防膨剂、微粒悬浮剂、醇类、暂堵剂以及助排剂、消泡剂和抗渣剂等。

对酸液添加剂的总的要求是：

① 效能高，处理效果好；

② 与酸液、储层流体及储层配伍性好；

③ 来源广，价格便宜；

④ 使用安全方便，不会造成环境污染。

随着酸化工艺技术的发展，国内外采用的酸液添加剂越来越多，类型和品种也在不断改进，本节就常用的主要添加剂类型作简单介绍。

2.3.2 缓蚀剂

在进行酸化作业时，由于酸液直接与储罐、压裂设备、井下油管、套管等接触，特别是高温深井采用高浓度酸施工或酸化施工时间较长时，都可能对设备和管线产生严重的腐蚀。如果不加入有效的缓蚀剂，不但会损坏设备，缩短使用寿命，甚至会造成事故，同时被酸溶蚀的金属铁成为离子在一定条件下还会造成对地层的伤害。目前酸处理时，采用的缓蚀方法很多。概括来说不外乎三个方面：采用缓蚀酸液、采用缓蚀工艺、添加缓蚀剂。所谓缓蚀剂是指添加于腐蚀介质中能明显降低金属腐蚀速度的物质，它是目前油井酸化防腐蚀的主要手段，其费用占酸化总成本比例较大。

盐酸与金属铁的反应如下：

$$2HCl + Fe \longrightarrow FeCl_2 + H_2 \uparrow$$

$FeCl_2$ 易溶于水，但当酸的浓度降低到一定程度后，$FeCl_2$ 水解生成 $Fe(OH)_2$，其反应为：

$$FeCl_2 + 2H_2O \longrightarrow Fe(OH)_2 \downarrow + 2HCl$$

$Fe(OH)_2$ 是絮凝状沉淀，很难把它排出储层，对渗流影响较大，因此必须解决防腐问题。缓蚀剂是通过物理吸附或化学吸附而吸附在金属表面，从而把金属表面覆盖，酸溶液中的 H^+ 难以接近，结果使腐蚀速度降低。例如季铵盐 $R_4N^+Cl^-$ 在溶液中离解为带正电荷的阳离子 $[R_4N]^+$，这些阳离子与金属接触时，就被金属表面带负电荷的部分所吸附，这就是所谓的物理吸附。这样就使得金属表面好像带正电荷一样，酸溶液中的 H^+ 因为带正电就受到排斥，难于接近，结果使腐蚀速度降低。又如甲醛，由于甲醛的极性基的中心原子 O 有两对独对电子，它与 Fe 的 d 电子轨道进行配位结合而吸附在金属表面，像这种通过配位结合的方式，而吸附在金属表面就是所谓的化学吸附。

尽管以往曾广泛使用的砷化合物缓蚀剂（如亚砷酸钠、三氯化砷等无机缓蚀剂）在高温260℃下仍具有良好的缓蚀性能，而且价格低廉，但是由于其对人体的毒害和对炼油催化剂的毒化，目前已不再使用。

目前大量使用的是有机物缓蚀剂，可分以下几种类型。

(1) 醛类

醛类缓蚀剂主要使用的是甲醛。由于醛类具有极性基团—CHO，其中心原子O有两对孤对电子，它与Fe的d电子轨道形成配位键而吸附在金属表面从而抑制了金属的腐蚀。

例如：CH_2O　　$CH_2=CH—CHO$　　$OH_2C(CH_2)_nCH_2O$ ($n=0\sim5$)

(2) 含硫类活性剂

硫醇：R—SH，$R=C_{12}\sim C_{18}$

硫脲类：$C_6H_5-NH-C(=S)-NH-C_6H_5$　　$H_2N-C(=S)-NH_2$

(3) 含氧类活性剂

$R-C_6H_4-O-(CH_2CH_2O)_n-H$，$R=C_8\sim C_{12}$；$n>5$　　$R-O(CH_2CH_2O)_n-H$，$R=C_{12}\sim C_{18}$；$n>5$

表面活性剂的非极性基定向排列成了疏水膜保护层。膜的强度与碳链长度有关，膜厚而致密则屏蔽效应好，但随碳链增长，它在水中或酸中溶解性降低。

(4) 磺酸盐活性剂

烷基磺酸钠：$R—SO_3Na$，$R=C_{12}\sim C_{18}$

烷基苯磺酸钠：$R-C_6H_4-SO_3Na$，$R=C_8\sim C_{14}$

(5) 胺类

胺类化合物的氮原子有自由电子对，使其具有亲核性。

例如：RNH_2，$R=C_{10}\sim C_{20}$

(6) 吡啶类缓蚀剂

吡啶类缓蚀剂是目前国内外广泛使用的酸液缓蚀剂。我国各油田常用的7701、7623和7461-102都是吡啶类缓蚀剂。例如：7701缓蚀剂主要成分为氯化苄基吡啶，是由制药厂的吡啶釜渣在乙醇等试剂中与氯化苄反应制得。如果用喹啉替换吡啶，就可得到类似的缓蚀剂氯化苄基喹啉季铵盐。

(7) 炔醇类

与吡啶类一样，炔醇类缓蚀剂是应用最为广泛的一类有机缓蚀剂。它性能稳定，尤其适用于高温。国内外常用的炔醇类缓蚀剂有：乙炔醇（$CH\equiv COH$）、丁炔二醇（$HOCH_2C\equiv CCH_2OH$）、丙炔醇（$HOCH_2C\equiv CH$）、己炔醇[$C_3H_7CH(OH)C\equiv CH$]、辛炔醇[$CH_3(CH_2)_4CH(OH)C\equiv CH$]以及由炔醇同胺类、醛（酮）类合成的多元化合物。其中乙炔醇、丙炔醇及其衍生物最常用，如美国的A-130、A-170，我国的7801等。炔醇类缓蚀剂常与胺类缓蚀剂及碘化钾、碘化亚铜复配使用，可用于200～260℃温度范围。

炔醇类缓蚀剂的作用机理被认为是炔烃通过π键与金属铁表面形成络合薄膜，从而防止了酸的侵蚀。用红外光谱分析了辛炔醇在钢表面上形成的薄膜之后发现，被吸附的炔醇在酸介质中与钢铁表面首先在炔键处加氢形成烯醇，然后脱水生成共轭二烯，共轭二烯能发生聚合反应生成齐聚膜，存在于钢表面上的齐聚膜是类似于煤油脂一样的黏稠状物质，其中也存在有未作用的辛炔醇。由于聚合成膜作用，辛炔醇牢固吸附于钢铁表面，甚至高温和浓盐酸都很难破坏吸附膜。随温度增加，辛炔醇缓蚀效果更为明显，而且在浓酸中的效果更优于稀酸。

(8) 曼尼希碱

高温（120～210℃）、高浓度的条件下，可用曼尼希碱（胺甲基化反应产物，如甲基酮、甲醛与二甲胺反应物；苯乙酮、甲醛与环己胺反应产物或苯乙酮、甲醛与松香胺的反应产物）与炔醇或曼尼希碱、炔醇与含氮化合物复配作缓蚀剂。通常对盐酸适用的缓蚀剂同样适用于氢氟酸。对氢氟酸，含氮含硫化合物（如二苯基硫脲、二苄基亚砜、2-巯基苯并三唑）和炔醇化合物［如1-氯-3-（β-羟基-乙氧基）-3-甲基-1-丁炔］有特别好的缓蚀作用。

2.3.2.1 缓蚀增效剂

某些添加剂的作用不同于缓蚀剂，但它们可提高有机缓蚀剂的效率，这类添加剂称为缓蚀增效剂。常用的缓蚀增效剂有碘化钾、钾化亚铜、氯化亚铜和甲酸。将这些添加剂加到含有缓蚀剂的配方中可大幅度提高缓蚀剂的效率和使用温度。

2.3.2.2 缓蚀剂与其他添加剂的配伍性

任何能改变缓蚀剂在钢表面吸附趋势的添加剂均能改变缓蚀剂的有效性。例如，因各种目的而加到酸中的表面活性剂可能形成溶解缓蚀剂的胶束，这可以降低缓蚀剂在金属表面的吸附趋势，无机盐互溶剂也能影响缓蚀剂的吸附。因此，应尽可能将那些能降低缓蚀剂性能的添加剂加到前置液和后置液中，而不应加到酸溶液中。目前，国内外有很多商品化的缓蚀剂可供选用，性能和价格各异。一般应根据下列处理条件及井况进行选用：酸型及浓度；与酸液接触的金属类型；最高温度；酸液与管件的接触时间。

有时也要考虑诸如硫化物引起的强度破坏（如硫化氢产生的氢脆）等其他因素。为了保险起见，应根据具体使用的酸液配方、储层温度条件等进行试验选择，一般来说，能用于HCl的缓蚀剂，大多也能用于土酸等其他酸液，但最好做试验确定。此外，研究和应用实践表明：有机缓蚀剂比无机缓蚀剂效能好；同时缓蚀剂存在最佳用量问题，用量大反而不好，其用量应由试验确定；单一缓蚀剂的效果不如复合配方好，应由试验筛选最佳复配配方。酸化施工时，随着注液过程的进行，井筒温度及井壁附近温度降低幅度大。因此，注液后期选用较便宜的低温缓蚀剂，既扩大其选用范围，也大大节约了成本，对其他添加剂的选择也可采用类似的方法。

2.3.3 铁离子稳定剂

2.3.3.1 稳定机理

在油气层酸化处理过程中，由于酸液与施工设备、井下管柱的金属（Fe）以及铁锈（Fe_2O_3）相接触，因而在酸液中引入铁离子（Fe^{2+}和Fe^{3+}）。酸液还可能与地层中含铁矿物和黏土矿物（如菱铁矿、赤铁矿、磁铁矿、黄铁矿和绿泥石）等含铁成分作用而使溶液中有Fe^{3+}和Fe^{2+}存在，通常认为$Fe^{2+}:Fe^{3+}=5:1$是具有代表性的比例。溶解的铁以离子状态保留在酸液中，直到活性酸耗尽。当残酸的pH值上升到一定值时，将产生氢氧化铁沉淀，会严重堵塞经酸化施工新打开的流动孔道。一般来说，当pH值大于1.86时，Fe^{3+}会水解生成凝胶状$Fe(OH)_3$沉淀；当pH值大于6.84时，Fe^{2+}会水解生成凝胶状$Fe(OH)_2$沉淀。由于残酸的pH值一般不会超过6.84，故酸化施工中不考虑$Fe(OH)_2$沉淀。若酸液中存在三价铁离子，由于残酸的pH值一般都超过1.86，必须考虑三价铁离子的沉淀问题。在酸化作业中，既有Fe^{2+}，也有Fe^{3+}，但由于金属铁的存在，在酸液和金属铁构成的强还原性环境中，Fe^{3+}能很快被还原成为Fe^{2+}。因此，从设备及管道中进入酸液的铁离子主要是Fe^{2+}。但是由于储层中没有金属铁的存在，因此不能发生三价铁离子向二价铁离子的转变。当pH值上升到3.3～3.5以上时，就会产生$Fe(OH)_3$沉淀堵塞储层，因此，真正有危害的是储层的三价铁，实际中应根据岩心分析确定储层中Fe^{3+}的含量来选择铁离子稳定剂。

此外，铁离子还会增强残酸乳化液的稳定性，给排酸带来困难；加剧酸渣的产生，给油层带来新的伤害。综上所述，在酸化施工中（包括酸液造成的微粒运移）引起油层渗透率降低的现象称为酸敏。为此，需要在酸液中加入铁稳定剂。

2.3.3.2 稳定剂的种类及应用

为了减少氢氧化铁沉淀堵塞储层的现象而加入的某些化学物质叫作铁离子稳定剂。稳定剂能与酸液铁离子结合生成溶于水的络合物，从而减少了生成氢氧化铁沉淀的机会。常用铁离子稳定剂及选用条件列入表2-2。

表2-2 常用铁离子稳定剂及选用条件

名称	优点	缺点	用量/g
乙酸	不存在形成乙酸钙沉淀的问题	仅当温度约为65℃才有效	102.5
柠檬酸	有效温度达205℃	过量会出现柠檬酸钙沉淀	41.2
乙二胺四乙酸钠	可大量使用且不产生钙盐沉淀	价格昂贵	69.7
氨三乙酸	温度205℃仍有效，比EDTA的溶解度大，可使用较高浓度，费用比EDTA低	—	35.3
乳酸	即使使用浓度过量，形成乳酸钙沉淀的可能性很小	温度高于40℃后，性能较低	44.8
柠檬酸-乙酸	低温时十分有效	即使对于指定的量，易形成柠檬酸钙沉淀，除非残酸中的铁浓度高于2000mg/L，温度高于65℃后性能迅速降低	柠檬酸：11.8 乙酸：20.5

续表

名称	优点	缺点	用量/g
葡萄糖酸	形成葡萄糖酸钙的可能性很小	仅当温度达65℃才有效，费用高	82.4
异抗坏血酸钠	用量少，温度达205℃仍有效	为某种应用需增加缓蚀剂浓度，不能用于HF中，在HF中应使用异抗坏血酸	5.4

2.3.4 表面活性剂

在酸液中加入表面活性剂，其作用是多方面的。按其作用可分为以下几类。

（1）界面张力降低剂

主要采用阴离子型或非离子型表面活性剂及其调配物，将其添加剂加到酸液中以降低酸液和原油之间的界面张力，降低毛管阻力，调整岩石润湿性，帮助残酸返排，提高近井作业效果。常用的表面张力降低剂有烷基芳基磺酸盐（阴离子型）、氧化乙基烷基醛（非离子型），可与互溶剂一起使用，以增加表面活性剂进入储层的深度。

（2）破乳剂

在酸液中加入表面活性剂，可以抵消原油中原有的天然乳化剂（石油酸等）的作用，防止酸与储层原油乳化，此类表面活性剂为破乳剂。常见的酸液破乳剂有阳离子型的有机胺、季铵盐和非离子型的表面活性剂。由于地层条件的复杂性（即高温、高压、地层离子等因素）和在液酸中使用，单一的地面原油破乳剂难以达到理想的效果，通常采用两种或多种破乳剂复配，利用其协同效应满足施工要求。四川的油井酸化施工中具有显著效果的防乳化破乳剂就是由国产非离子表面活性剂22040和9901复配而成。这两种破乳剂都属于聚氧乙烯聚氧丙烯嵌段共聚物，其破乳性能受pH值影响较小。SD-1的研究表明：在强酸性条件下，22040对固体微粒以及某些在强酸性介质中才能显示出良好乳化性能的天然乳化剂具有极好的防乳破乳作用，而在此条件下，9901的防乳作用是次要的。随酸作用时间增长，活性酸不断消耗，在酸液浓度接近残酸时，乳化能力较强的是环烷酸。在此阶段，9901的防乳化破乳能力则高于22040，而且9901具有良好的絮凝能力。由于上述非离子表面活性剂22040和9901的协同作用使酸化过程中从液酸到残酸，SD-1对原油乳化液的生成都有良好的抑制作用，并优于单独使用其中一种破乳剂。上述结果是通过在混合油中分别添加不同的天然乳化剂并适当调整酸液浓度，然后加入破乳剂，按APIRP42标准中的评价方法进行试验后得出的。

预防酸化施工后产生乳化液的另一方法是通过加入互溶剂，使已经变为油湿性或部分油湿性的固相微粒表面恢复为水湿性。例如用加有乙二醇丁醚的互溶土酸进行砂岩酸化，在我国华北油田等运用此方法已取得预期的良好效果。

（3）互溶剂

互溶剂是一类无论在油中还是在水中都有一定溶解能力的物质。使用互溶剂能降低固体微粒对乳化的稳定作用，从而减少因乳化液而引起的地层伤害以及对残酸从地层返回井筒的阻碍。互溶剂主要使用乙二醇类，常用的有乙二醇单丁醚（EGMBE），双乙二醇单丁醚（EGMEB）及丁氧基三乙醇（BOTP）等，将其加入前置液或后置液中，可保持岩石呈水润湿状态，减少酸液中表面活性剂在储层固相颗粒的吸附损失，增强酸中各种添加剂的配伍性。

互溶剂多用于砂岩酸化，也可用于碳酸盐岩层，在挤注盐酸前用EGMBE来预洗石灰岩储层，起清洗剂及除油剂的作用，使酸处理效果得到改善。

（4）分散剂及悬浮剂

由于在酸化过程中，酸液未溶解的黏土、淤泥等杂质颗粒会从原来的位置上松散下来，形成絮凝团，这些团块移动并可能聚集，以致堵塞储层孔隙。因此，应设法使杂质悬浮在酸液中，随残酸排出，为达到此目的而加入的一种添加剂称为悬浮剂。使残酸液的杂质颗粒保持分散而不聚集加入的添加剂称为分散剂。常用的悬浮剂和分散剂是非离子型和阴离子型表面活性剂的复配。

（5）缓速剂

为了延缓酸岩反应速率，在酸液中加入一种表面活性剂，其在岩石表面吸附，使岩石具有油湿性。岩石表面被油膜覆盖后，阻止了H^+与岩面接触，降低酸岩反应速率。用于此目的的表面活性剂称为缓速剂。必须指出，岩石吸附了大量表面活性剂，水湿储层转变为油湿储层后，将会影响油的流动及最终采收率，对油田开发不利。

（6）抗酸渣剂

在酸液中加入阴离子烷基芳香基磺酸盐与非离子表面活性剂的复配物，并添加芳香族溶剂以及能在酸性条件下络合铁离子的络合剂，将其加入酸液或前置液中，可防止沥青质原油在酸化时形成酸渣堵塞。常用抗酸渣剂有烷基芳香基磺酸盐、芳香族互溶剂、乙二醇醚类等。其中，烷基芳香基磺酸盐在酸中溶解度非常小，加入非离子表面活性剂可增加其溶解度，此外它与原油接触将产生乳状液，因此还必须加入优良的防乳化剂。

必须强调，表面活性剂是一剂多能，不加分析地将各种表面活性剂罗列进酸液中，不但不能很好发挥表面活性剂的作用，相反会带来副作用。特别要注意加入的表面活性剂与缓蚀剂及其他添加剂的配伍性。实际中，最好针对具体储层条件，对选用的酸液进行添加剂的筛选，确定最佳的酸液及添加剂配方。

2.3.5 黏土稳定剂

在酸液中加入黏土稳定剂的作用是防止酸化过程中酸液引起储层中黏土膨胀、分散、运移，造成对储层的污染。常用的黏土稳定剂如下。

（1）简单阳离子类黏土稳定剂

简单阳离子类黏土稳定剂主要是K^+、Na^+、NH_4^+等氯化物，如KCl、

NH_4Cl 等，添加在酸液中依靠离子交换作用稳定黏土。但其效果不佳，一般已不在酸液中使用，而用在前置液或后置液中。

(2) 无机聚阳离子类黏土稳定剂

无机聚阳离子类黏土稳定剂如羟基铝及锆盐、氢氧化锆可加在酸液中使用，羟基铝在酸处理后的后置液中，能起较好地防止黏土分散、膨胀作用。

(3) 聚季铵盐

聚季铵盐加在酸液中，兼有稠化和缓速酸液的作用，用于前置液或后置液中，该类黏土稳定剂可用于温度高达200℃的井中，稳定效果好。目前，许多油田均广泛将其用于压裂、酸化施工作业中，取得显著的效果。

其他类型的黏土稳定剂还包括聚胺类黏土稳定剂、季铵盐类等，但因其可使岩石油湿，导致酸后产水量上升，已较少使用。

2.3.6 增黏剂和降阻剂

由于高黏度酸液能够实现：①在酸压时增大动态裂缝宽度、降低裂缝的面容比；②降低 H^+ 传质速度；③降低酸液滤失等。因而高黏度酸液能够延缓酸岩反应速率，增大酸液有效作用距离。

在酸液中加入的能够提高酸液黏度的物质，称为增黏剂或稠化剂。常用的增黏剂有聚丙烯酰胺、羟乙基纤维素和瓜胶。增黏剂同时又是很好的降阻剂，能够在注酸时有效地降低酸液在井筒中的摩阻。虽然许多人造聚合物有降阻的作用，但不一定能够使酸液增黏。

2.4 酸化工艺

2.4.1 酸化处理井层的选择

井层的选择是决定酸化作业好坏的一个关键环节，酸化处理选井选层的目的是客观地描述储层的油气储集性能、渗滤特征及堵塞特征，改造中低渗透层，提高油气井产能或注水井注水能力。

为了能够正确选井选层，需要对井层的具体情况有充分的了解，包括矿物组成、油气层岩性、油气层压力、含水情况和油气井低产的原因等。

一般情况下，为了能够取得较为理想的酸化效果，选井选层应遵循以下原则：

① 储层含油气饱和度高、储层能量较为充足；

② 产层受污染的井；

③ 优先选择邻井高产而本井低产的井；

④ 优先选择在钻井过程中油气显示好，而试油（气）效果差的井层；

⑤ 对套管破裂变形等不宜酸处理的井，应先进行修复，待井况改善后再处理；

⑥ 油、气、水边界清楚；

⑦ 对于多产层位的井，一般应进行暂堵（分层）酸化，首先处理低渗透地层；

⑧ 对于生产史较长的老井，应临时堵塞开采程度高、地层压力已衰减的层位，选择处理开采程度低的层位。

在考虑具体井的酸化方式和酸化规模时，应对井的动态阻力和静态阻力进行综合分析，确定储层物性参数，并根据物性参数及油井的历史情况综合分析，准确确定出油气井产量下降或低产（水井欠注）的原因以及该井可改造的程度，为酸化作业提供地质依据。

2.4.2 常用酸化工艺

酸化工艺作为一种增产措施，自应用以来，为了满足不同现场情况的要求，得到了不断发展与完善，形成了不同的类型。酸化工艺按照岩性主要可分为碳酸盐岩和砂岩储层酸化技术。考虑到水平井酸化的特殊性，本部分对水平井酸化工艺也做了简单介绍。

2.4.2.1 碳酸盐岩储层酸化工艺

在碳酸盐岩储层酸化改造中，主要形成和发展了基质酸化技术和酸化压裂技术，习惯上用酸化表示基质酸化，用酸压表示酸化压裂。

(1) 基质酸化工艺

基质酸化也称为常规酸化或解堵酸化，如前所述，其基本特征是在施工压力小于储层岩石破裂压力的条件下，将酸液注入储层。碳酸盐岩基质酸化的重要特征是酸蚀蚓孔的形成和微裂缝的扩大，其增产机理与蚓孔密切相关。

(2) 酸压工艺

控制酸压效果的主要参数是酸蚀裂缝导流能力和酸蚀缝长。影响酸蚀缝长的最大障碍有：①酸蚀缝长因酸液快速反应而受到限制；②酸压流体的滤失影响酸压效果。另外，为产生适足的导流能力、酸必须与裂缝面反应并溶解足够的储层矿物量。因此，为了获得好的酸压效果，提高裂缝导流能力和酸蚀缝长，可从降低酸压过程中酸液滤失、降低酸岩反应速率、提高酸蚀裂缝导流能力等几个方面入手。

酸压过程中酸液的滤失问题通常考虑从滤失添加剂和工艺两方面着手；降低酸岩反应速率也可以使用缓速剂及酸化工艺进行；加入缓速剂，使用胶凝酸、乳化酸、泡沫酸和有机酸并结合有效的酸化工艺可起到较好的缓速效果；提高裂缝导流能力可从选择酸液类型和酸化工艺着手，其原则是有效溶蚀和非均匀刻蚀。

酸化压裂工艺以能否实现滤失控制，延缓酸岩反应速率形成长的酸蚀裂缝和非均匀刻蚀划分为普通酸压和深度酸压及特殊酸压工艺。

普通酸压工艺指以常规酸液直接压开储层的酸化工艺。酸液既是压开储层裂缝的流体，又是与储层反应的流体，由于酸液滤失控制差，反应速率较快，有效作用距离短，只能对近井地带裂缝系统进行改造。一般在储层污染比较严重、堵塞范围较大，而基质酸化工艺不能实现解堵目标时选用该工艺。

深度酸压工艺以获得较长的酸蚀裂缝为目的而采用的不同于普通酸压工艺的酸压工艺称为深度酸压工艺。

前置液酸压工艺是先向储层注入高黏非反应性前置压裂液，压开储层形成裂缝，然后注入酸液对裂缝进行溶蚀，从而获得较高导流能力，使油气井增产。前置液的主要作用表现为：压裂造缝、降低裂缝表面温度、降低裂缝壁面滤失。这些作用能够减缓酸岩反应速率，增加酸液的有效作用距离。前置液的表观黏度比酸液高几十倍到几百倍，当酸液进入充满高黏前置液的裂缝时，由于两种液体的黏度差异，黏度很小的酸液在前置液中形成指进现象，减小了酸液与裂缝壁面的接触面积，如图 2-3 所示，这增强酸液非均匀刻蚀裂缝的条件。

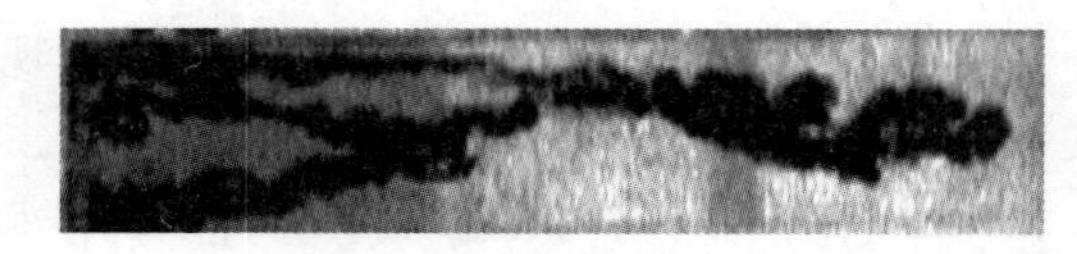

图 2-3　酸液在压裂液中的指进现象（西南石油大学模拟实验）

前置液酸压工艺可采用多种酸液类型搭配，除了前置液与常规盐酸搭配使用外，前置液还可与胶凝酸、乳化酸或泡沫酸进行搭配应用。上述搭配有各自的特点和应用范围，现场应用中可根据储层和井的情况进行选择。

缓速酸酸压技术在工艺特点上与普通酸压技术相同，不同之处在于其采用的酸液是胶凝酸、乳化酸、化学缓速酸或泡沫酸等缓速酸，通过缓速酸的缓速性能达到酸液深穿透的目的。不同缓速酸的特点参见酸液类型部分。

Coulter、Crowe 等（1976）提出前置液与酸液交替注入的一种酸压工艺，即多级交替注入酸压工艺，此工艺类似前置液酸压工艺，但其降滤失性及对储层的不均匀刻蚀程度优于前置液酸压。此工艺 80 年代中期后开始得到较为广泛的应用，90 年代成为实现深度酸压的主流技术。它适用于滤失系数较大的储层，对储层压力小，岩性均一的地层。如果能有好的返排技术，可取得较好的效果。为获得理想的酸液有效作用距离，有时交替次数多达 8 次。这一工艺在中、低渗孔隙性及裂缝不太发育储层，或滤失性大、重复压裂储层均有较好成效。

美国在棉花谷低渗白云岩储层、卡顿伍注湾油田曾在大型重复酸压中采用了该项技术，油藏模拟表明有效酸蚀裂缝长度达到 91～244m，增产效果显著。国内在长庆气田、塔河油田、塔里木轮南油田、普光气田和川东等气田等增产改造中取得了显著效果。

(3) 特殊酸压工艺

针对某些特殊类型储层或为实现特定要求，提出了一些不同于上述酸压工艺、具有独特理论及工艺特点的一些特殊酸压工艺，如闭合酸压、平衡酸压、变黏酸酸压及不同酸化技术的复合工艺。限于篇幅，在此简要介绍目前应用较多的闭合酸压工艺。

某些油气层用上述酸压工艺不能创造出满意的必需的流动通道和高导流能力，这类储层主要特征如下：

a. 酸裂缝面溶解不均一，不能产生明显的流道，也不能获得必需的裂缝导流能力；

b. 油层被酸不均匀刻蚀后，产生了理想的沟槽，但由于油层太软或是因为大量的酸滤失使整个裂缝面软化，刻蚀的流道在裂缝闭合时被压碎；

c. 高泵注排量下，酸与裂缝面的反应时间不足，酸岩反应不彻底，难于实现为获得适当裂缝导流能力所必需的非均匀刻蚀。

为克服这些困难，获得高的酸蚀裂缝导流能力，提出了闭合酸压工艺，工艺原理是在实施酸压处理的地层或已处理的地层中的闭合或部分闭合的裂缝中注入酸液，其特点是井底注入压力大于闭合压力，而又小于破裂压力。其优点是注入速度低、排量小、窄缝易形成湍流，有助于提高由于大面积刻蚀后因闭合应力而损失的导流能力，裂缝既可是水力压裂的裂缝，也可是地层本身存在的裂缝。

2.4.2.2 砂岩储层酸化工艺

砂岩酸化主要是进行基质酸化。为了满足不同的储层特性、污染类型及增产的实际需要，目前发展了多种砂岩酸化工艺，不同的工艺其不同之处主要体现在处理液和工序上。按其注入处理液的类型及能否实现深穿透可分为常规酸化和深部酸化技术，不同的工艺其注液顺序也不同。

(1) 常规土酸酸化

常规土酸酸化用常规土酸作为处理液，是使用时间最早，也是最为典型的砂岩酸化工艺。该酸化工艺用液包括：前置液、处理液、后置液和顶替液。

① 前置液。一般用3%～15%HCl作为前置液，具有以下作用：

a. 前置液中盐酸把大部分碳酸盐溶解掉，减少 CaF_2 沉淀，充分发挥土酸对黏土、石英、长石的溶蚀作用；

b. 盐酸将储层水顶替走，隔离氢氟酸与储层水，防止储层水中的 Na^+、K^+ 与 H_2SiF_6 作用形成氟硅酸钠、氟硅酸钾沉淀，减少由氟硅酸盐引起的储层污染；

c. 维持低pH值，以防 CaF_2 等反应产物的沉淀；

d. 清洗近井地带油垢（添加高级溶剂清洗重烃及污物）。

② 处理液。处理液（土酸）主要实现对储层基质及堵塞物质的溶解、沟通并扩大孔道，提高渗透性。

③ 后置液。后置液的作用在于将处理液驱离井眼附近，否则，残酸中的反应产物沉淀会降低油气井产能。

一般后置液采用：对油井，一般用5%～12%HCl、NH_4Cl 水溶液或柴油；对气井，一般用5%～12%HCl或 NH_4Cl 水溶液。

④ 顶替液。顶替液一般是由盐水或淡水加表面活性剂组成的活性水，其作用

是将井筒中的酸液顶入储层。

（2）砂岩深部酸化工艺

砂岩储层深部酸化是为获得较常规酸化工艺更深的穿透深度而开发的工艺，其基本原理是注入本身不含 HF 的化学剂进入储层后发生化学反应，缓慢生成 HF，从而增加活性酸的穿透深度，解除储层深部的黏土堵塞，达到深部解堵目的。砂岩深部酸化工艺主要包括 SHF 工艺、SGMA 工艺、BRMA 工艺、HBF_4 工艺及磷酸酸化工艺等。

① 顺序注盐酸-氟化铵工艺。该工艺利用黏土的天然离子交换性能，向储层注入 HCl 和 NH_4F，这两种物质本身不含 HF，但注入储层的两种溶液混合后，在黏土表面生成 HF 而就地溶解黏土。注液时，HCl 和 NH_4F 可根据需要多次重复使用，以达到预期的酸化深度，SHF 法的处理深度取决于 HCl 和 NH_4F 的用量和浓度。SHF 工艺对不含黏土的储层无作用，在提高储层渗透率和穿透深度方面都优于常规土酸酸化工艺。该方法的优点是工作剂成本较低，穿透深度较深，适用于由于黏土造成的污染储层处理，缺点是工艺较复杂，溶解能力较低。

② 自生土酸酸化工艺。该工艺是向储层注入一种含 F^- 的溶液和另一种能水解后生成有机酸的脂类，两者在储层中相互反应缓慢生成 HF，由于水解反应比 HF 的生成速度和黏土溶解速度慢得多，故可达到缓速和深度酸化目的，脂类化合物按储层温度条件进行选择。如甲酸甲脂的作用原理：

$$HOOCCH_3 + H_2O \longrightarrow HCOOH + CH_3OH$$

$$HCOOH + NH_4F \longrightarrow NH_4^+ + HCOO^- + HF$$

其他如 SG-MA（乙酸甲酯）、SG-CA（一氯乙酸铵）等脂类水解后与 F^- 结合产生 HF，与黏土就地反应。自生氢氟酸酸化工艺的特点是，注入混合处理液后关井时间较长，待酸反应后再缓慢投产。这样长时间选择添加剂难度大，工艺不当易造成二次污染，应慎重选用。该系统酸化适用于泥质砂岩储层，成功的 SG-MA 酸化可获得较长的稳产期。

③ 缓冲调节土酸工艺。该系统由有机酸、铵盐和氟化铵按一定比例组成，通过弱酸与弱酸盐间的缓冲作用，控制在储层中生成的 HF 浓度，使处理液始终保持较高的 pH 值，从而达到缓速的目的。该工艺可用于储层温度较高的油井酸化，在温度高达 185℃的含硫气井进行 BR-A 系列试验，效果良好。因此，可用于处理高温井而不用担心腐蚀问题，可不加缓蚀剂。

④ 氟硼酸处理工艺。氟硼酸处理砂岩储层，既可控制黏土膨胀及颗粒运移，又能获得深穿透。但其溶解岩石的能力不及土酸，国内外广泛采用氟硼酸及土酸联合施工，这就要求适当的施工工序及合理选择施工参数。西南石油大学与胜利油田合作研究给出的典型施工工序为：注盐酸前置液→注氟硼酸→注土酸→注后置液。

酸液用量应以氟硼酸能达到的深度进行计算。如胜利油田现场应用的用量范围为：盐酸浓度为 7%～12%，每米井段用量 0.5～1.0m^3；氟硼酸浓度为 8%～12%，每米井段用量 1.0～1.5m^3；土酸浓度为 12%HCl+3%HF，每米井段用量

0.5～0.7m^3。

⑤ 砂岩储层磷酸/氢氟酸处理工艺。储层碳酸盐、泥质含量高，含有水敏及酸敏性黏土矿物，污染较重，又不易用土酸深度处理的储层可用磷酸/氢氟酸处理。磷酸可以解除硫化物，腐蚀产物及碳酸盐类堵塞物。

⑥ 多氢酸酸化工艺。多氢酸酸化工艺是由西南石油大学提出的一种新型砂岩储层酸化工艺。多氢酸为中强酸，本身存在电离平衡，多氢酸可以在不同条件下通过多级电离分解释放出多个氢离子，并同盐类反应生成氟化氢。由于多氢酸释放出氢离子的速度较慢，因此该体系具有较好的缓速性；同时多氢酸具有较强的抑制二次沉淀物、溶解石英、分散和悬浮细小颗粒的能力，是砂岩储层酸化较为理想的新型酸液体系。

参 考 文 献

[1] 陈大钧，陈馥．油气田应用化学．北京：石油工业出版社，2006.

[2] 宗铁，诸林，陈馥，等．油气田工作液技术．北京：石油工业出版社，2003.

[3] 张琪．采油工程原理与设计．东营：石油大学出版社，2000.

[4] 郭建春，唐海．油气藏开发与开采技术．北京：石油工业出版社，2013.

[5] 埃克诺米德斯 M J，希尔 A D，等．石油开采系统．北京：石油工业出版社，1998.

[6] 威廉斯 B B，吉德里 J L，等．油井酸化原理．北京：石油工业出版社，1983.

[7] 埃克诺米德斯 M J，诺尔蒂 K G，等．油藏增产措施．北京：石油工业出版社，1991.

[8] Nierode D E，Kruk K F. An Evaluation of Acid Fluid Loss Additives Retarded Acids and Acidized Fracture Conductivity. SPE 4549.

[9] Mumallah NA. Factors Influencing the Reaction Rate of Hydrochloric Acid and Carbonate Rock. SPE 21036.

[10] Bartko K M，Conway M W. Field and Laboratory Experience in Closed Fracture Acidizing the Lisburne Field. Prudhoe Bay，Alaska SPE24855.

[11] Li Y，Sullivan R B. An Overview of Current Acid Fracturing Technology With Recent Implications for E-mulsified Acids. SPE26581.

[12] Kenneth R K，Chris M S. Acidizing Sandstone Formations With Fluoboric Acid. SPE9387.

[13] Hall B E. A New Technique for Generating In-Situ Hydrofluoric Acid for Deep Clay Damage Remov-al. SPE6512.

[14] Templeton C C，Richardson E A，Karnes G T，et al. Self-Generating Mud Acid. SPE5153.

[15] Lund K，Fogler H S，McCune C C. Kinetic Rate Expressions for Reactions of Selected Minerals with HCl and HF Mixtures. SPE4348.

[16] Lund K，Fogler H S，McCune C C. On predicting the flow and Reaction of HCl/HF Acid Mixtures in Porous Sandstone Cores. Soc Pet Eng J（Oct. 1976）248-260；Trans，AIME，261.

[17] Frick T P，Economides M J. State-Of-The-Art In The Matrix Stimulation Of Horizontal Wells. SPE26997.

[18] Michael J E，Kamel B N，Richard C K. Matrix Stimulation Method for Horizontal Wells. SPE19719.

[19] 原青民．近期压裂酸化添加剂研究情况简介．石油与天然气化工，1992；21（1）：14-21.

[20] 赫安乐．VY-101 酸液稠化剂及稠化酸的研究．油田化学，1996；13（4）：303-307.

[21] 方娅．油气井酸化工作液增稠剂．钻采工艺，1993；16（3）：69-74.

[22] 杜国滨．CT1-9 胶凝酸在贵州旺替 2 井应用．石油与天然气化工，2000；29（3）：146.

[23] 谯天杰，张友彩．泡沫酸化工艺对川中低压裂缝性油藏适应性的认识．钻采工艺，2003；26（1）：103-105.

[24] Bernadiner M G，Thompson K E，Fogler H S. Effect of foams used during carbonate acidizing. SPE 21035，1992.

[25] Buijse M A，van Domelen M S. Novel Application of Emulsified Acids to Matrix Stimulation of Heterogeneous Formations. SPE39583.

[26] Gary A，Scherubel，Tulsa，et al. Self-breaking retarded acid emulsion. US 4140640，1979-2-20.

[27] Clarence R，Fast，Frederick H，et al. Retarded acid emulsion. US3681240，1972-8-1.

[28] Buijse M A，van Domelen M S. Novel Application of Emulsified Acids to Matrix Stimulation of Heterogeneous Formation. SPE39583.

第3章

水力压裂

水力压裂，又称为油层水力压裂或压裂，是20世纪40年代发展起来的一项改造地下油层渗流特性的工艺技术，并作为油气井增产、注水井增注、提高油气井产量和采收率的最重要的措施之一。该技术是利用地面高压泵组（即压裂车组）将具有一定黏度的压裂液以高压大排量沿井筒注入油气层，使注入速度大于油气层的吸入速度，在井底附近憋起高压，当此压力逐渐增大到超过井壁附近的地应力和岩石的抗张强度后，油气层就会在最薄弱的地方开始破裂形成裂缝，继续注入携带有固体颗粒支撑剂的液体，扩展裂缝并使之充填支撑剂，停泵后在地层中形成一条具有足够长度、宽度和高度的填砂裂缝，扩大了油气水的渗滤面积，从而起到了增产增注的目的。

1947年，水力压裂增产作业首次在美国湖果顿气田克列帕1号井进行，并迅速成为标准的开采工艺；苏联是1954年开始的。而水力压裂在我国是1952年在延长油矿开始的；20世纪50～60年代成为油气增产、增注的主要措施；70年代被应用于低渗透油田的勘探开发领域，极大提高了油气的开采量；80年代后，用于调整层间矛盾、提高驱油效率及低渗透油田的整体开发优化，成为提高采油速度、分层开采的采收率和油田开发增产的主要措施。美国石油储量的25%～30%是通过压裂技术手段达到符合经济开采条件的。在北美，通过压裂增加$130\times10^{8}m^{3}$石油储量。在我国，已经探明的低渗透地质原油储量约40亿吨，占全球探明储量的24.5%，这部分储量只有通过压裂手段进行地层改造才能达到符合经济开采的条件。近30多年来，越来越多的油田采用水力压裂来提高油气井的生产作业能力和注水井的增注能力，取得了多项成果，形成适用于不同条件的压裂液体系、适合不同闭合压力条件的支撑剂系列，研制出性能更佳的新设备，创建了新的设计模型和分析、诊断方法，压裂液工艺技术日趋完善。

水力压裂的增产增注机理主要体现在：①沟通非均质性构造油气储集区，扩大供油面积；②将原来的径向流改变为线性流和拟径向流，从而改善近井地带的油气渗流条件；③解除近井地带污染。

水力压裂主要用于砂岩油气藏，在部分碳酸岩油气藏也得到成功应用。

3.1 水力压裂造缝机理

水力压裂裂缝的形成和延伸是力学行为，水力裂缝的形态与方位对于有效发挥压裂对储层的改造作用密切相关，必须掌握水力压裂的裂缝起裂与延伸过程的力学机制。本节从地应力场分析及获取方法入手介绍水力裂缝的形成机理、造缝条件、裂缝形态与方位、破裂压力预测方法。

在致密地层，首先向井内注入压裂液使地层破裂，然后不断注液使压裂缝向地层远处延伸。显然，地层破裂压力最高，反映出注入流体压力要克服由于应力集中而产生的较高井壁应力以及岩石抗张强度。一旦诱发人工裂缝，井眼附近应力集中很快消失，裂缝在较低的压力下延伸，裂缝延伸所需要的压力随着裂缝延伸引起的流体流动摩阻的增加而增加，使得井底和井口压力增加。停泵以后井筒摩阻为零，压裂缝逐渐闭合，施工压力逐渐降低。

对于高渗透地层或存在裂缝带地层，地层破裂时的井底压力并不出现明显的峰值。

地下岩石的应力状态通常是三个相互垂直且互不相等的主应力（principal stress）。地应力场不但影响水力压裂造缝过程，而且通过井网与人工裂缝方位的配合关系影响到油藏开发效果。

3.1.1 地应力场

存在于地壳内的应力称为地应力（in-situ stress），是由于上覆岩层重力、地壳内部的垂直运动和水平运动及其他因素综合作用引起介质内部单位面积上的作用力，包括原地应力场和扰动应力场两部分。前者主要包括重力应力、构造应力、孔隙流体压力和热应力等；后者主要是指由于人工扰动作用引起的应力。

（1）重力应力场

重力应力场是指沉积盆地中的储层受到上覆岩层重力作用而形成的应力分布。上覆岩层重力为：

$$\sigma_z=\int_0^H \rho_r(h)g\,dh \tag{3-1}$$

式中　σ_z——深度 H 处的垂向应力；

$\rho_r(h)$——随深度变化的上覆岩体密度；

g——重力加速度；

H——压裂层位深度。

在地层中孔隙流体压力作用下，部分上覆岩层的重力被孔隙流体压力所支撑。但由于颗粒间胶结作用，孔隙压力并未全部支撑上覆地层压力，因而有效垂向应力为：

$$\bar{\sigma}_z = \sigma_z - \alpha p_S \tag{3-2}$$

式中 α——孔隙弹性常数；

p_S——孔隙压力。

Terzaghi认为：地层岩石变形由有效应力引起。假设地层岩石为理想的均质各向同性线弹性体，弹性状态下垂向载荷产生的水平主应力分量由广义胡克（Hook）定律计算。

$$\begin{cases} \varepsilon_x = \dfrac{1}{E}[\bar{\sigma}_x - v(\bar{\sigma}_y + \bar{\sigma}_z)] \\ \varepsilon_y = \dfrac{1}{E}[\bar{\sigma}_y - v(\bar{\sigma}_z + \bar{\sigma}_x)] \end{cases} \tag{3-3}$$

式中 $\bar{\sigma}_x$，$\bar{\sigma}_y$——地层水平面 x 和 y 方向的有效应力；

ε_x，ε_y——地层水平面 x 和 y 方向的应变；

E，v——地层岩石杨氏模量和泊松比。

E 和 v 为岩石力学参数，典型值见表3-1。它们与岩石类型和所受到的围压、温度有关。

表3-1 常见岩石的泊松比与杨氏模量

岩石类型	杨氏模量×10⁴/MPa	泊松比	岩石类型	杨氏模量×10⁴/MPa	泊松比
硬砂岩	4.4	0.15	砾岩	7.4	0.21
中硬砂岩	2.1	0.17	白云岩	4.0～8.4	0.25
软砂岩	0.3	0.20	花岗岩	2.0～6.0	0.25
硬灰岩	7.4	0.25	泥岩	2.0～5.0	0.35
中硬灰岩	—	0.27	页岩	1.0～3.5	0.30
软灰岩	0.8	0.30	煤	1.0～2.0	0.30

因岩体水平方向上应变受到限制，即 $\varepsilon_x = 0$，$\varepsilon_y = 0$。则泊松效应引起的水平应力场为

$$\bar{\sigma}_x = \bar{\sigma}_y = \frac{v}{1-v}\bar{\sigma}_z \tag{3-4}$$

砂岩的泊松比一般在0.15～0.27之间。泊松比越大，水平主应力越接近垂向应力。考虑孔隙流体压力后的地层水平主应力为：

$$\sigma_x = \sigma_y = \frac{v}{1-v}(\sigma_z - \alpha p_S) + \alpha p_S \tag{3-5}$$

（2）构造应力场

构造应力场是指构造运动引起的地应力场增量。它以矢量形式叠加在地层重力应力场中，使得水平主应力场不均匀。一般而言，在正断层和裂缝发育区是应力释放区，例如，正断层中的水平主应力可能只有垂向应力的 1/3，而在逆断层或褶皱地带的水平应力可以增大到垂向应力的 3 倍。通常，构造应力场只有两个水平主应力，属于水平的平面应力状态，而且挤压构造引起挤压构造应力，张性构造引起拉张构造应力。

（3）热应力场

热应力场是指由于地层温度变化在其内部引起的内应力增量，与温度变化量和岩石性质有关。油田开发中的注水、注蒸汽和火烧油层等可以改变油藏的主应力大小，甚至主应力方向。

将油藏边界视为无穷大，考虑其侧向应变受到约束，温度变化引起的水平应力增量 $\Delta\sigma_x$，$\Delta\sigma_y$ 为

$$\Delta\sigma_x=\Delta\sigma_y=\frac{\alpha_T E\Delta T}{1-v} \tag{3-6}$$

式中 α_T——岩石热膨胀系数；

ΔT——地层温度增量。

3.1.2 地应力场确定

地应力场确定包括地应力大小和方向的确定，主要有以下几种方法。

（1）水力压裂法

由微型压裂（mini-frac）压力曲线（图 3-1）计算应力场：

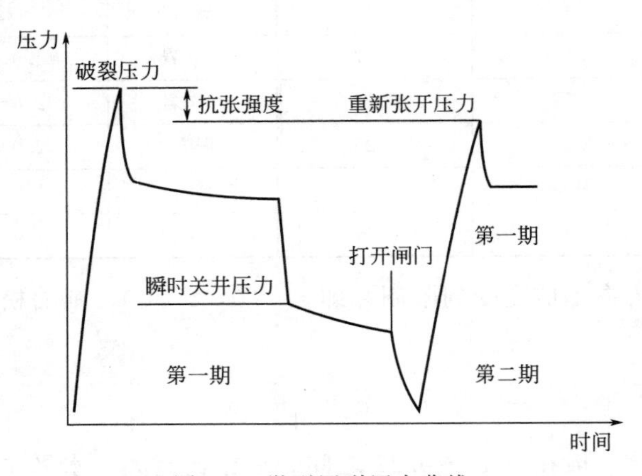

图 3-1 微型压裂压力曲线

$$\sigma_t=p_F-p_r \tag{3-7}$$

$$\sigma_y=p_c \tag{3-8}$$

$$\sigma_x=3\sigma_y-p_r-p_S \tag{3-9}$$

式中 p_F，p_r——地层破裂压力和裂缝重张压力；

σ_t，p_c——岩石抗张强度和地层闭合压力。

（2）实验室分析方法

应用定向取心技术保证取出岩心样品的主应力方位与其在地层中主应力方位一致。岩心从地下三向压应力状态改变到地面自由应力状态，根据岩心各方向的变形确定主应力方位和数值。

a. 滞弹性应变恢复（ASR）。基于岩心与其承压岩体发生机械分离后所产生的应力松弛，按各个方向测量应变并确定主应变轴，假定主方向与原位应力主轴相同，按已知的弹性常数和上覆岩层载荷情况间接计算应力值。

b. 微差应变分析（DSCA）。从井底取出的岩心由于应力释放和应变恢复会发生膨胀，产生或重新张开微裂缝。基于应变松弛作为“应力史”痕迹的思想，应变松弛形成的微裂缝密度和分布与岩心已经出现的应力下降成正比。通过描述微裂隙分布椭球，即可揭示以前的应力状态。根据和这些微裂缝相关的应变推断主应力方向，并从应变发生的最大方向估算出最小主应力值。

（3）测井解释方法

利用测井（主要是密度测井、自然伽马测井、井径测井和声波时差测井以及中子测井、自然电位测井等）资料，首先基于纵横波速度与岩石弹性参数之间的关系解释岩石力学参数，再结合地应力计算模式获得连续的地应力剖面。

（4）有限元模拟

根据若干个测点地应力资料，借助于有限元数值分析方法，通过反演得到构造应力场。

此外，测定地应力方向的常用方法还有声波测定、井壁崩落法、地面电位法、井下微地震法和水动力学试井等方法。

3.1.3 裂缝的形态及方位

在天然裂缝不发育的地层，压裂裂缝形态取决于其三向应力状态。根据最小主应力原理，水力压裂裂缝总是产生于强度最弱、阻力最小的方向，即岩石破裂面垂直于最小主应力方向，如图3-2所示。当 σ_z 最小时，形成水平裂缝（horizontal fracture）；当 σ_y 最小时，形成垂直裂缝（vertical fracture）。

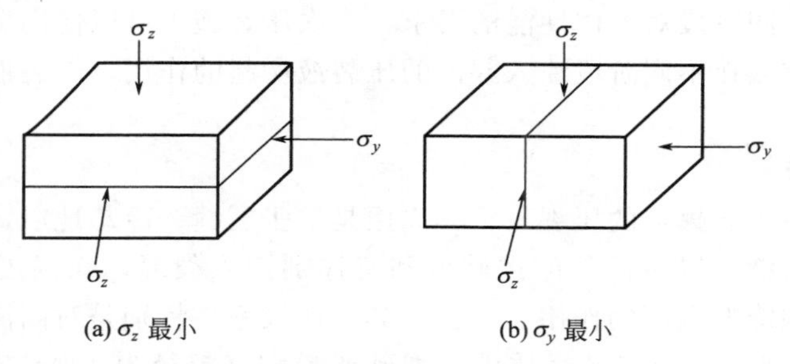

图3-2 水力压裂人工裂缝形态

对于显裂缝地层很难出现人工裂缝。而微裂缝地层可能出现多种情况，人工裂缝面可以垂直于最小主应力方向；也可能基本上沿微裂缝的方向发展，把微裂缝串成显裂缝。

3.1.4 影响裂缝形成的因素

当油层进行水力压裂时，裂缝的形成受到多种因素的影响，概括起来有两方面：一是地质因素；二是工艺因素。

① 地质因素。如油层埋藏的深度、油层污染状况、岩石的结构、岩石的原始渗透率、岩石的弹性强度、岩石的原始裂缝发育程度以及岩石的沉积规律等对裂缝的形成与裂缝的类型都有很大影响。

② 工艺因素。如射孔质量、预处理、压裂液类型、地面泵的能力等对裂缝形成的难易程度和裂缝类型与大小都有很大的影响。

例如，在采用同一种类型的压裂液时，当油层裂缝已形成，裂缝的长短主要取决于地面泵能力的大小。当液体传导下来的力与岩石破碎所需用的力相平衡时，裂缝不再延伸，如果要想裂缝继续延伸，就得不断地向裂缝内注入液体，以保持裂缝内有足够的外力来克服岩石破碎时所需要的力，这样就要求地面泵具有较大的排量来泵送液体。此外，裂缝的高度随压裂液的黏度、泵排量的增大而增大。

影响裂缝形成的因素是多方面的，对于具体问题应根据具体条件进行分析和判断。

3.2 压裂液

压裂液是一个总称，是水力压裂过程中的工作液，起着传递压力、形成和延伸裂缝、携带支撑剂的作用。使用压裂液的目的有两方面：一是提供足够的黏度，使用水力尖劈作用形成裂缝使之延伸，并在裂缝沿程输送及铺设压裂支撑剂；二是压裂完成后，压裂液迅速化学分解破胶到低黏度，保证大部分压裂液返排到地面以净化裂缝。

根据压裂不同阶段对液体性能的要求，一次压裂施工可以使用多种类型、性能不同的液体。按照在不同阶段注入井内的压裂液所起的作用，压裂液主要分为以下三类。

（1）前置液

前置液即不含支撑剂的压裂液，其作用是扩张裂缝、冷却地层，造成具有一定长度和宽度的裂缝，以备后面的携砂液和支撑剂进入裂缝，在温度较高的油气层中，还可以起到降低温度的作用。为提高其工作效率，特别是对高渗透层，前置液中需加入降滤失剂，加入5%轻质油、细砂或粉陶（粒径为100～320目，砂比为10%左右），可以堵塞地层中的微小缝隙，减少液体的滤失。前置液要求有一定的黏度和足够的浓度。作业结束时，前置液几乎全部进入油层，故而要求前置液保护油气层的性能要高于携砂液。

（2） 携砂液

携砂液主要作用是将一定浓度的支撑剂（一般是陶粒或石英砂）带入裂缝中并将砂子放在预定位置上。在压裂液的总量中，携砂液占的比例很大。携砂液和其他压裂液一样，都有造缝及冷却地层的作用。携砂液的黏度为降阶式，有利于作业完成后水化，返排残液，节约增稠剂和其他添加剂。

（3） 顶替液

顶替液作用是将井筒内和地面管中的携砂液全部替入到裂缝中。顶替液要求用量要准，不能顶替过量以保持井底缝口处最高携砂比为准。顶替液不能进入油气层，一般要求含2%KCl溶液。

有的油田为了提高压裂效果，在前置液之前先注入前垫液，目的在于用稀的前垫液使油气层压开裂缝。质量好的前垫液要加入不同的添加剂，如黏土稳定剂、润滑剂、助排剂和破乳剂（有些添加剂与前置液的配伍性差，只能加入前垫液中）。因此，前置液具有长久性的防止黏土膨胀和分散运移，将亲油油层润湿为亲水油层，降低界面张力，防乳、破乳、易返排等作用。注入前垫液还能起到降低油层温度的作用，因此也称为冷却液。

压裂液性能的好坏直接影响到压裂作业的成败，因此压裂液必须满足以下性能要求。

（1） 低滤失量

这是造长缝、宽缝的重要性能，滤失量越低则造缝能力越强。压裂液的滤失量随黏度的升高而降低。同时滤失性也会受到地层流体性质与压裂液造壁性能的影响，在压裂液中添加降滤失剂能改善造壁性而减少滤失量。在压裂施工时，要求前置液、携砂液的综合滤失系数$\leqslant 1\times10^{-3}m/min^{1/2}$。

（2） 悬砂能力强

悬砂能力强能够顺利将砂粒带入储层水力裂缝中，且有利于砂子在储层水力裂缝中的铺置。压裂液的悬砂能力主要取决于其黏度，压裂液有较高的黏度，砂子即可悬浮于其中被带入裂缝。但黏度不能太高，如果压裂液的黏度过高，则裂缝的高度大，不利于产生宽而长的裂缝。一般认为压裂液的黏度为50～150mPa·s较合适。由表3-2可见液体黏度大小直接影响砂子的沉降速度。

表3-2 黏度对悬砂的影响

黏度/mPa·s	1.0	16.5	54.0	87.0	150
砂沉降速度/(m/min)	4.00	0.56	0.27	0.08	0.04

（3） 低摩阻

压裂液在管道中的摩阻越大，则用来造缝的有效水马力就越小。摩阻过高，将会大大提高井口压力，降低施工排量，甚至造成施工失败。低的摩阻可以提高造缝的有效马力或降低地面泵压，保证较高的设备效率。

(4) 稳定性好

压裂液稳定性包括热稳定性和剪切稳定性。保证压裂液不因温度升高或流速增加引起黏度大幅度降低，在整个施工过程中提供足够的黏度以保证顺利施工。

(5) 与油气层配伍性好

为避免压裂液进入地层后与各种岩石矿物及流体相接触，发生不利于油气渗滤的物理、化学反应，发生黏土膨胀或生成沉淀而堵塞油气通道，从而大幅度降低油气渗透率等，所以压裂液要与油气层有很好的配伍性。

(6) 低残渣

为减少残渣对岩石孔隙及填砂裂缝的堵塞，而增大油气导流能力，所以尽量降低压裂液中的水不溶物含量，提高返排前的破胶性能。

(7) 易返排

压裂完成后，压裂液越易返排且返排彻底，对油气层损害就会越小。

(8) 货源广、价格便宜、易于运移、使用安全

目前国内外使用的压裂液有很多种，主要有油基压裂液、水基压裂液、酸基压裂液，乳化压裂液和泡沫压裂液。其中水基压裂液和油基压裂液应用比较广泛。常用各种类型压裂液及其应用条件见表 3-3。

表 3-3 常用各类压裂液及其应用条件

压裂液基液	压裂液类型	主要成分	应用对象
水基	线型	HPG、TQ、CMC、HEC、CMHPG、CMHEC、PAM	短裂缝、低温
	交联型	交联剂＋HPG、HEC 或 CMHEC	长裂缝、高温
油基	线型	油、胶化油	水敏性地层
	交联型	交联剂＋油	水敏性地层、长裂缝
	O/W 乳状液	乳化剂＋油＋水	适用于控制滤失
泡沫基	酸基泡沫	酸＋起泡剂＋N_2	低压、水敏性地层
	水基泡沫	水＋起泡剂＋N_2 或 CO_2	低压地层
	醇基泡沫	甲醇＋起泡剂＋N_2	低压存在水锁的地层
醇基	线型体系	胶化水＋醇	消除水锁
	交联体系	交联体系＋醇	

注：HPG 为羟丙基瓜胶；HEC 为羟乙基纤维素；TQ 为田菁胶；CMHEC 为羧甲基羟乙基纤维素；CMHPG 为羧甲基羟丙基瓜胶。

在设计压裂液体系时主要考虑的问题包括：

① 地层温度、液体温度剖面以及在裂缝内停留时间；

② 建议作业液量及排量；

③ 地层类型（砂岩或灰岩）；

④ 可能的滤失控制需要；

⑤ 地层对液体敏感性；

⑥ 压力；

⑦ 深度；

⑧ 泵注支撑剂类型；

⑨ 液体破胶需要。

由于压裂地层的温度、渗透率、岩石成分和孔隙压力等地层条件千差万别以及压裂工艺的不同要求，必须开发研究与之相适应的压裂液体系。

目前，约有70%的压裂施工采用瓜尔胶和羟丙基瓜尔胶为主的水基压裂液，约5%压裂施工采用油基压裂液，25%压裂施工采用含泡沫基和醇基压裂液。

3.2.1 水基压裂液

水基压裂液是以水作溶剂或分散介质配成的压裂液，主要包括稠化水压裂液、水基冻胶压裂液、水包油压裂液、水基泡沫压裂液。稠化水压裂液是将稠化剂溶于水配成。可用的稠化剂很多，例如瓜胶、羟丙基瓜胶、羟丙基田菁胶等。稠化剂在水中的浓度为0.5%～5%，稠化水压裂液有两个特点，首先黏度比水高，有利于携砂和减小滤失，其次高速流动时，摩阻比水低。水基压裂液是国内外目前使用最广泛的压裂液。除少数低压、油湿、强水敏地层外，它适用于多数油气层和不同规模的压裂改造。水基压裂液主要采用三种水溶性聚合物作为稠化剂，即植物胶（瓜胶、田菁、魔芋等）、纤维素衍生物及合成聚合物。这几种高分子聚合物在水中溶胀成溶胶，交联后形成黏度极高的冻胶，具有黏度高、悬砂能力强、滤失低、摩阻低等优点。

3.2.1.1 植物胶水基压裂液

植物胶主要成分是多糖天然高分子化合物即半乳甘露聚糖。不同植物胶的高分子链中半乳糖支链与甘露糖主链的比例不同。

半乳糖和甘露糖的结构式如图3-3所示。

其特点是高分子链上含有多个羟基，吸附能力很强，容易吸附在固体或岩石表面形成高分子溶剂水化膜。

(1) 瓜尔胶及其衍生物

瓜尔胶，产自瓜尔豆，瓜尔豆是一种甘露糖和半乳糖组成的长链聚合物，它主要生长在印度和巴基斯坦，美国西南部也有生产。瓜尔胶结构如图3-4所示。

瓜尔胶是天然产物，通常加工中不能将不溶于水的植物成分完全分离开，当瓜尔胶的量为0.4%～0.7%时，含有水不溶物通常在20%～25%之间。瓜尔胶对水有很强的亲和力，将瓜尔胶粉末加入水中，瓜尔胶的微粒便“溶胀、水合”，也就是聚合物分子与许多水分子形成缔合体，然后在溶液中展开、伸长。在水基体系中，聚合物线团的相互作用，产生了增黏效果。

未改性的瓜尔胶在80℃下可保持良好的稳定性，但由于残渣含量较高，易造成支撑裂缝堵塞。

羟丙基瓜尔胶（HPG）是瓜尔胶用环氧丙烷改性后的产物。将—O—CH_2—

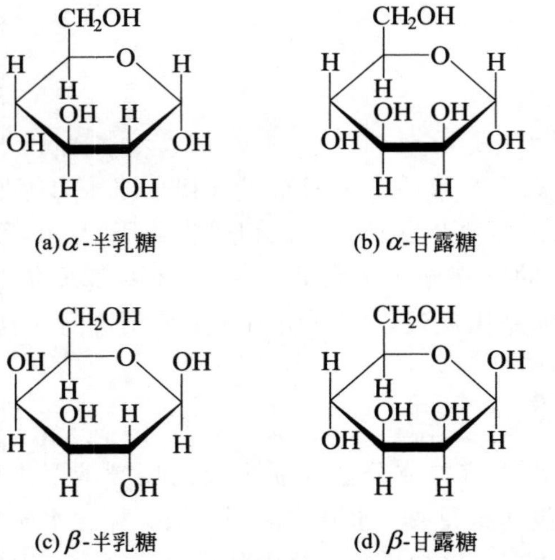

(a) α-半乳糖　(b) α-甘露糖

(c) β-半乳糖　(d) β-甘露糖

图 3-3　半乳糖和甘露糖的结构式

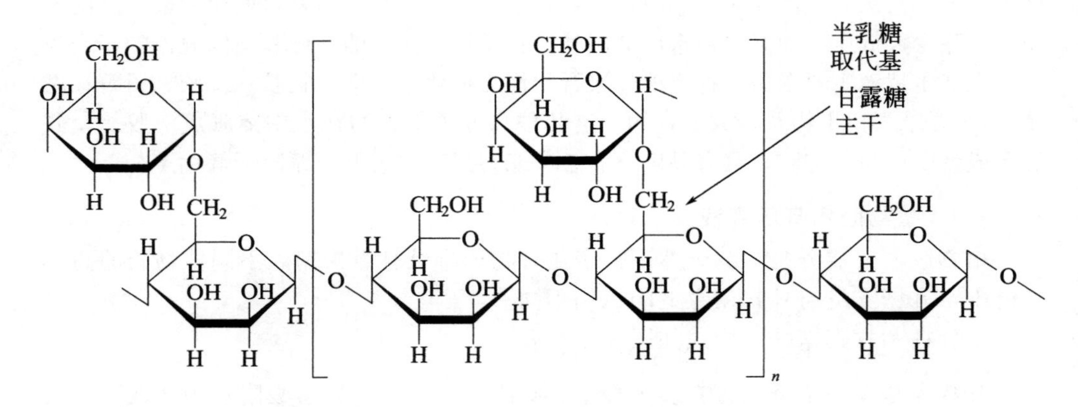

图 3-4　瓜尔胶重复单元结构

CHOH—CH_3（HP 基）置换于某些—OH 位置上。由于再加工及洗涤除去了聚合物中的植物纤维，因此 HPG 一般仅含约 2%～4%的不溶性残渣，一般认为 HPG 对地层和支撑剂充填层的伤害较小。如低浓度羟丙基瓜尔胶压裂液体系在苏里格气田中的应用，由于 HP 基的取代，使 HPG 具有好的温度稳定性和较强的耐生物降解性能，结构式如图 3-5 所示。

（2）田菁胶及衍生物

田菁胶来自草本植物田菁豆的内胚乳，将胚乳从种子中分离出来粉碎，便制成田菁粉，胚乳占种子重量的 30%～33%。田菁产于江苏、浙江、福建、广东、河北和台湾等地。

田菁胶属半乳甘露聚糖植物胶，分子中半乳糖和甘露糖的比例为 1∶2。由于

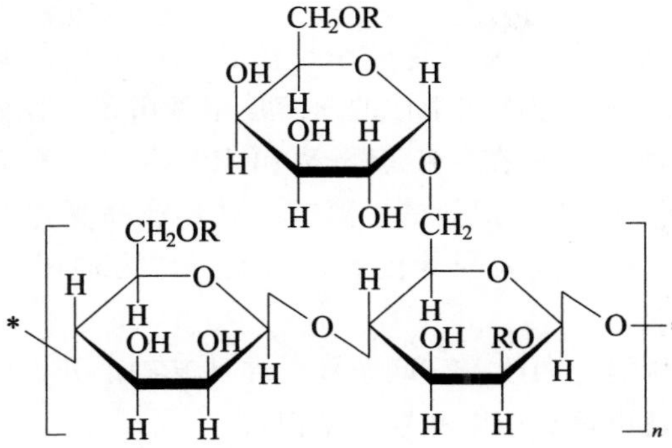

图 3-5 HPG（R=—CH_2—CHOH—CH_3）单元结构

聚糖中含有较多的半乳糖侧链，故在常温下易溶于水，可与交联剂反应形成冻胶，在现场使用时非常方便，分子量约为 2.0×10^5。其结构单元如图 3-6 所示。

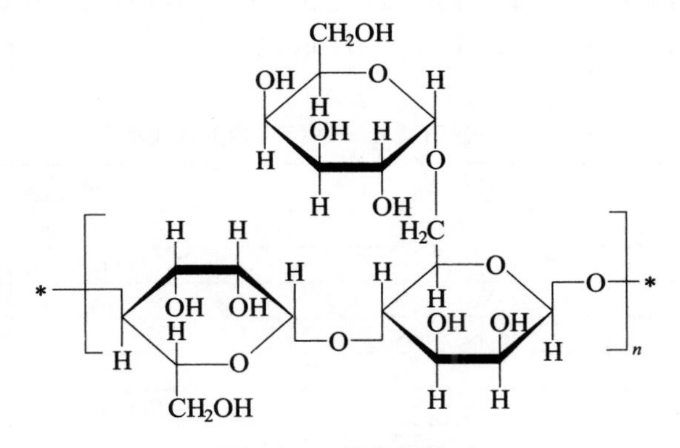

图 3-6 田菁结构单元

田菁胶对水有很强的亲和力，当粉末加入水中时，田菁胶的微粒便“溶胀、水合”，也就是聚合物分子与许多水分子形成缔合体，然后在溶液中展开、伸长，从而引起溶液黏度增加。

田菁胶是用天然田菁豆加工而成的植物胶。它的水不溶物含量很高，一般在 27%～35%之间，因此对地层及支撑剂充填层的伤害很大。

田菁冻胶的黏度高，悬砂能力强且摩阻小，其摩阻比清水低 20%～40%，缺点是滤失性和热稳定性以及残渣含量等方面不太理想。为了克服上述缺点，对田菁进行化学改性，使田菁胶有更快的水合溶胀。田菁胶经化学改性后，其水不溶物含量可由 28%～32%降低至 3%～5%，因而大大提高了水溶性能。在适量的增溶剂中，其水合溶胀时间可在 1～5min 内完成。其中尤以羧甲基田菁胶的速溶性能较好。羧甲基田菁为聚电解质，与高价金属离子如 Ti^{4+}、Cr^{3+} 交联形成空间网络结构的水基冻胶。

速溶羧甲基田菁胶在冷水中有很好的分散性和溶解性，水不溶物含量为 3%～5%，使用水温范围宽。但要达到速溶速交联的目的，必须将粉分散于含有 0.06%～

0.1%增溶剂的水中。1min内溶解产生1.2%的胶液，其黏度可达180～300cP（布氏漏斗黏度计测定）。速溶羧甲基田菁胶粉呈淡黄色，无臭，易吸潮。它不溶于有机溶剂中，但可溶于水中。碱性或中性的速溶羧甲基田菁胶性能稳定，由于它属于阴离子型的高分子电解质，它在水中能解离出R—COO—和Na^{+}。当胶液浓度、pH值和交联比合适时，它能与铝盐中铝离子交联形成高黏弹性的冻胶。冻胶具有热稳定性好、摩阻小、携砂能力强等优点，因此可作为油田水基冻胶压裂液的胶凝剂。

为进一步提高增稠能力和改善交联条件，在此基础上开发出羟乙基田菁、羟丙基田菁、羧甲基羟乙基田菁和羧甲基羟丙基田菁。

羟乙基田菁或羟丙基田菁是田菁粉在酸性条件下与醚化剂——氯乙醇或环氧丙烷反应而得。

羧甲基羟丙基田菁是田菁粉在酸性条件下与主醚化剂氯乙酸和副醚化剂环氧丙烷反应生成的产物。反应是聚糖羟基的氢原子被羧甲基—CH_2COO—、羟丙基—$CH(CH_3)CH_2OH$或—$CH_2CH(CH_3)OH$取代。表3-4是经多次醚化反应得到高醚化度的产品。

表3-4 制备田菁胶一些衍生物的最佳条件

项目	羧甲基胶	羧羟基胶	羟乙基胶
田菁胶/kg	100	100	100
氯乙酸/kg	35～38	5.8～11.6	—
氯乙醇/kg	—	30～40	30～40
氢氧化钠/kg	31～34	27～34	16～22
乙醇/kg	250	250	200～250
水/kg	40～50	40～50	40～50
反应温度/℃	60～65	60～65	60～65
反应时间/h	1～1.5	1～1.5	1.5～2

（3）魔芋胶

魔芋胶，又叫魔芋甘露聚糖，属于天南星科的半阴性植物，通过对魔芋的根茎经磨粉、碱性水溶液中浸泡及沉淀去渣将胶液干燥制成。魔芋胶水溶物含量为68.20%，主要是长链中性非离子型多羟基的葡萄甘露聚糖高分子化合物，其中葡萄单糖具有邻位反式羟基，甘露糖具有邻位顺式羟基，葡萄糖与甘露糖之比为1∶1.6，分子量约68×10^4，聚合度为1000左右。魔芋胶分子中引入亲水基团后可以改善其水溶性，降低残渣。由改性魔芋胶配制的水基压裂液有增稠能力强、滤失少、热稳定性好、耐剪切、携砂性能强、摩阻低而且盐溶性好、残渣含量低等许多优点。同时魔芋胶作为压裂液稠化剂比其他植物胶稠化剂在种植加工以及基本性能方面都有很多优点，主要表现在以下几个方面：种植容易；产量高且易加工；水溶液黏度高，水不溶物含量低，抗盐能力强，0.6%水溶液黏度高达198～270mPa·s，适用于中低温（80℃以下）压裂改造储层。但它的主要缺点是在水中溶解速度慢，现场配液难，这是未能大规模推广使用的主要原因。

20世纪80年代，四川、华北油田研究与应用了魔芋胶压裂液，其组成为：0.5%改性魔芋胶+0.15%有机钛或硼砂+0.012% pH值控制剂+0.25%甲醛+2.5%KCl+2.5%AS（烷基磺酸钠）+0.0015%过硫酸钾。

（4）天然植物胶水基压裂液性能

我国天然植物胶资源丰富，除上述常用的几种外，尚有香豆子、决明子、龙胶、皂仁胶、槐豆胶、海藻胶等，它们的改性产品均可用于水基压裂液。

稠化剂性能好坏，不但关系到压裂的效果，而且也是检验压裂液性能的主要参数。

① 稳定性能。选用稠化剂时，除考虑水不溶物和残渣外，重要的是看其稳定性（即流变性能和耐温性能）。

从表3-5的流变数据可以看出，在同一温度下的流变性能随稠化剂浓度的增加而提高。在相同浓度下对比四种稠化剂的流变性，羟丙基瓜尔胶和魔芋胶的抗剪切性能和稠化性能明显优于田菁胶和羟乙基田菁胶，这也是现在为什么田菁系列压裂液被逐渐淘汰的原因之一。魔芋胶具有优良的抗剪切性能和稠化性能，其残渣含量少，使用浓度低，得不到大规模推广的主要原因在于它的水溶性差。

温度对稠化剂的性能影响非常大，从表3-5中可以看出，随着温度的升高，稠化剂黏度迅速下降，下降幅度最大的要属田菁胶和羟乙基田菁胶。羟丙基瓜尔胶的耐温性能较好，剪切10min后黏度只下降了14.8%。

② 与地层和裂缝的伤害关系。造成储层伤害的因素很多，就稠化剂而言，主要有两方面的伤害：一是高黏，二是不溶性残渣。几种稠化剂性能比较见表3-5。

表3-5 几种稠化剂性能比较

温度/℃	稠化剂类型	浓度/%	流型指数 n'	稠度指数 k'/Pa·s^n	黏度/mPa·s
40	田菁胶	0.5	0.552	0.336	33.46
		0.7	0.491	0.767	54.13
		0.9	0.768	2.842	98.93
	羟乙基田菁胶	0.5	0.640	0.308	31.87
		0.7	0.545	0.306	34.70
		0.9	0.466	0.602	38.16
	魔芋胶	0.5	0.472	1.736	144.10
		0.7	0.314	5.439	357.10
		0.9	0.291	10.010	533.40
	羟丙基瓜尔胶	0.5	0.391	1.634	65.67
		0.7	0.390	2.400	108.60
		0.9	0.390	3.419	152.00

续表

温度/℃	稠化剂类型	浓度/%	流型指数 n'	稠度指数 k'/Pa·s^n	黏度/mPa·s
60	田菁胶	0.5	0.603	0.229	21.22
		0.7	0.590	0.337	45.91
		0.9	0.423	1.367	81.33
	羟乙基田菁胶	0.5	0.680	0.139	27.40
		0.7	0.619	0.247	27.22
		0.9	0.680	0.189	34.48
	魔芋胶	0.5	0.373	2.148	177.20
		0.7	0.366	3.584	259.30
		0.9	0.347	5.432	372.80
	羟丙基瓜尔胶	0.5	0.518	0.567	54.77
		0.7	0.481	1.140	88.36
		0.9	0.429	2.318	125.50
80	田菁胶	0.5	0.786	0.161	17.46
		0.7	0.615	0.217	41.40
		0.9	0.347	0.410	60.40
	羟乙基田菁胶	0.5	0.695	0.090	22.75
		0.7	1.019	0.012	24.40
		0.9	0.776	0.058	32.05
	魔芋胶	0.5	0.512	0.946	105.8
		0.7	0.522	2.761	192.40
		0.9	0.364	4.275	262.30
	羟丙基瓜尔胶	0.5	0.515	0.375	21.12
		0.7	0.531	0.614	28.01
		0.9	0.474	1.577	103.10

由于压裂液滤失到地层中将造成稠化剂在裂缝中浓缩，促使稠化剂浓度过高，即使经历了相当长时间的破胶降解，压裂液仍具有很高的黏度，从而造成地层伤害。室内试验得出的结果是，对于0.6%浓度的HPG硼冻胶压裂液，当浓度浓缩到3.6%时，保留渗透率只有原来的10%左右。要想解除这种伤害，只有依靠加大破胶剂用量来实现。

残渣的伤害：稠化剂原有的或降解过程中形成的不溶残渣，会通过减少支撑剂充填层的有效孔隙空间来降低裂缝的导流能力。井底条件下实际残渣量的多少，同使用的稠化剂类型及破胶是否彻底有着密切关系。不同稠化剂在90℃下的160m^{3}液体的残渣量结果见表3-6。

表3-6　90℃下160m^{3}液体的残渣量对比

稠化剂	残渣/%	使用浓度/%	稠化剂用量/kg	残渣总量/kg
田菁胶	35	0.7	1120	392
羟乙基田菁胶	7	0.75	1200	84
魔芋胶	7	0.5	800	56
羟丙基瓜尔胶	3.5	0.6	960	33.6

3.2.1.2 纤维素衍生物压裂液

纤维素是一种非离子型聚多糖。纤维素大分子链上的众多羟基之间的氢键作用使纤维素在水中仅能溶胀而不溶解。当在纤维素大分子中引入羧甲基、羟乙基或羧甲基羟乙基时，其水溶性得到改善。

纤维素的衍生物羧甲基纤维素（CMC）、羟乙基纤维素（HEC）、羟丙基纤维素（HPC）和羧甲基羟乙基纤维素（CMHEC）均可用于水基压裂液。

(1) 羧甲基纤维素（CMC）冻胶压裂液

羧甲基纤维素（CMC）冻胶是以纤维素为原料在碱性条件下与氯乙酸反应制得，CMC再与多价金属交联而成CMC冻胶。羧甲基纤维素的结构见图3-7。

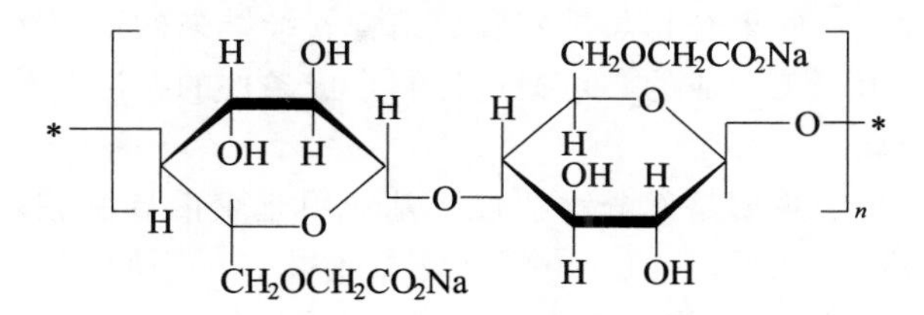

图3-7 羧甲基纤维素（CMC）重复单元结构

碱化： $ROH + NaOH \longrightarrow RONa + H_2O$

醚化： $RONa + ClCH_2COONa \longrightarrow ROCH_2COONa + NaCl$

CMC冻胶热稳定性较好，可用于140℃井下施工，其剪切稳定性和滤失性能良好，常用于高温深井压裂。其主要缺点是摩阻偏高，不能满足大型压裂施工要求。CMC压裂液的主要性能见表3-7。

表3-7 CMC压裂液主要性能表

性能	剪切性/mPa·s					
	$27s^{-1}$		$437s^{-1}$		$1312s^{-1}$	
	30℃	60℃	30℃	60℃	30℃	60℃
指标	186	105	162.1	14.3	83.1	10.8
性能	耐温性/mPa·s					残渣/%
	30℃	60℃	50℃	70℃	80℃	
指标	586.2	384.7	242.7	233.6	141.9	5～10

(2) 羟乙基纤维素（HEC）、羟丙基纤维素（HPC）

羟乙基或羟丙基纤维素是纤维素在碱性条件下与环氧乙烷或环氧丙烷反应的产物，与CMC相比有更好的盐溶性，但水溶性增稠能力不如CMC，是优良的水基压裂液。

(3) 羧甲基羟乙基纤维素（CMHEC）

CMHEC是纤维素在碱性条件下，依次用环氧乙烷和氯乙酸处理而得到的一种改性产物。与CMC、HEC相比，它兼有两者的优点，即增稠能力强、悬砂性好、低滤失、残渣少和热稳定性高，是一种颇受欢迎的水基压裂液。

3.2.1.3 合成聚合物压裂液

目前天然植物胶压裂液稠化剂存在的主要问题是植物胶压裂液破胶后往往产生的残渣较多，这对低渗透油层将造成伤害，使压裂效果受到影响。此外，植物胶、纤维素等天然高分子材料高温稳定性不够理想，不能适应高温深部地层的压裂，所以研制开发出一系列合成聚合物压裂液。与天然高分子材料相比，它具有更好的黏温特性和高温稳定性，且增稠能力强、对细菌不敏感、冻胶稳定性好、悬砂能力强、无残渣，对地层不造成伤害。

通常用于水基压裂液的聚合物有聚丙烯酰胺（PAM）、部分水解聚丙烯酰胺（HPAM）、丙烯酰胺-丙烯酸共聚物、亚甲基聚丙烯酰胺或者是丙烯酰胺-亚甲基二丙烯酰胺共聚物等。这些聚合物与瓜尔胶、田菁、纤维素的衍生物不同，它们不是天然生长的，而是由人工合成的，可通过控制合成条件的办法调整聚合物的性能来满足压裂液性能指标。

合成聚合物压裂液主要是部分水解羟甲基亚甲基聚丙烯酰胺水基冻胶压裂液。长庆油田研究和应用了从低温油层40℃至高温油层150℃使用的CF-6压裂液，它就是部分水解羟甲基亚甲基聚丙烯酰胺水基冻胶压裂液。该压裂液在地层温度90℃以下泵注2h，表观黏度不低于50mPa·s，对油层基质损害率小于20%。

经研究发现HMPAM冻胶较HPAM冻胶有更高的增稠能力。例如质量分数为0.24%的HMPAM冻胶黏度无论在70℃或90℃下均与质量分数为0.32%的HPAM相当。

天然植物胶压裂液、纤维素压裂液及聚合物压裂液性能对比见表3-8。

表3-8　三种水基压裂液性能比较

性能	植物胶及其衍生物	纤维素衍生物	聚丙烯酰胺类
分子量/万	20～30	20～30	100～800
用量/%	0.4～1.0	0.4～0.6	0.4～0.8
摩阻	小	大	最小
交联剂	硼、钛、锆、铬、铝等离子	铝、铬、铜、钛等离子	铝、铬、铁等离子
抗剪切性	好	好	差
耐温性	好	好	好
残渣/%	2～25	0.5～3	无渣
配伍性	与盐配伍	在矿化度<300mg/L的水中使用	与盐不配伍
滤失性	小	较小	大
使用温度/℃	30～150	35～150	60～150

3.2.2 水基压裂液添加剂

水基压裂液添加剂对压裂液的性能影响非常大，不同添加剂的作用不同。水基压裂液添加剂主要包括：稠化剂、交联剂、破胶剂、pH值控制剂、黏土稳定剂、润湿剂、助排剂、破乳剂、降滤失剂、冻胶黏度稳定剂、消泡剂、降阻剂和杀菌剂等。掌握各种添加剂的作用原理，正确选用添加剂，可以配制出物理化学性能优良的压裂液，保证顺利施工，减小对油气层的损害，达到既改造好油气层，又保护好油气层的目的。

3.2.2.1 交联剂

交联反应是金属或金属络合物交联剂将聚合物的各种分子联结成一种结构，使原来的聚合物分子量明显地增加。通过化学键或配位键与稠化剂发生交联反应的试剂称为交联剂。

(1) 常用交联体系

使用交联剂明显地增加了聚合物的有效分子量，从而增加了溶液的黏度。交联液的发展，消除了用线型胶进行高温深井压裂施工所引起的许多问题。例如：通常成功地进行一口井的压裂施工，需要 9.586～11.983kg/m^3 聚合物，才能产生所需黏度，但在这种浓度的溶液中加入支撑剂和分散降滤失添加剂比较困难。

20 世纪 50 年代末已经具备形成硼酸盐交联冻胶的技术，但是直到瓜尔胶在相当低的 pH 值条件下用锑酸盐（以后用钛酸盐和锆酸盐）可交联形成交联冻胶体系以后，交联压裂液才得到普遍应用。20 世纪 70 年代中期，由于各种各样的配制水和各类油藏条件的成功压裂，均可采用钛酸盐交联冻胶体系，所以该交联冻胶体系得到普遍应用。尽管钛酸盐交联冻胶应用较广，但此类交联冻胶极易剪切降解。

此外还开发了许多其他交联剂系列，例如锆、铝、铜及锰。下面介绍几种常用的交联体系。

① 硼交联剂。常用的有硼砂（$Na_2B_4O_7$）、硼酸（H_3BO_3）、有机硼。

硼交联剂交联条件：pH＞8，以 pH 值 9～10 最佳，适用于温度低于 150℃油气层压裂。

半乳甘露聚糖分子具有邻位顺式结构，它可以和多价离子交联生成冻胶；例如：硼砂与羟丙基瓜尔胶（HPG）交联反应如下（交联机理）：

a. 硼酸钠在水中离解成硼酸和氢氧化钠：

$$Na_2B_4O_7+7H_2O \rightleftharpoons 4H_3BO_3+2NaOH$$

b. 硼酸进一步水解形成四羟基合硼酸根离子：

$$H_3BO_3+2H_2O \rightleftharpoons [B(OH)_4]^- + H_3O^+$$

c. 硼酸根离子与邻位顺式羟基结合：

$$(H{-}C{-}OH)_2 + [B(OH)_4]^- + H_3O^+ \longrightarrow (-O)_2B(OH)_2 \xrightarrow{(HO-)_2} (-O)_2B(O-)_2$$

所得产物结构如图 3-8 所示。用硼交联的水基冻胶压裂液黏度高，黏弹性好，但在剪切和加热时会变稀，交联快（小于 10s），交联作用可逆，管路摩阻高，上泵困难。

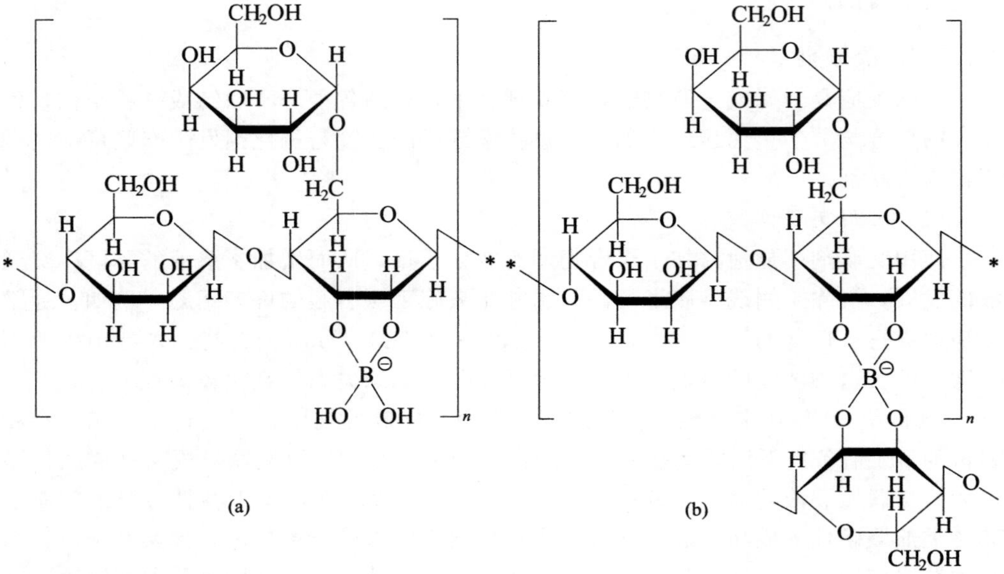

(a)　　(b)

图 3-8　交联产物结构

硼酸盐交联的压裂液以较低的成本得到广泛的应用。当前，多达 75%的压裂施工作业是用硼酸交联压裂液实现的。用硼酸盐交联提高了黏度，降低了聚合物的使用浓度和压裂液成本，破胶后留在缝内的残渣也相应减少。

② 钛、锆交联剂。针对高温深井压裂，过渡金属交联剂得到发展，由于钛、锆化合物与氧官能团（顺式—OH）具有亲和力，有稳定的+4 价氧化态以及低毒性，因而使用最普遍。

自 20 世纪 70 年代以来，国外推出钛冻胶和锆冻胶等新的冻胶体系，以适应高温深部地层的压裂。国外高温地层普遍采用有机钛交联剂，包括正钛酸四异丙基酯、正钛酸双乳酸双异丙基酯、正钛酸双乙酰丙酮双异丙基酯等。较常用的三乙醇胺钛酸双异丙酯的结构如下：

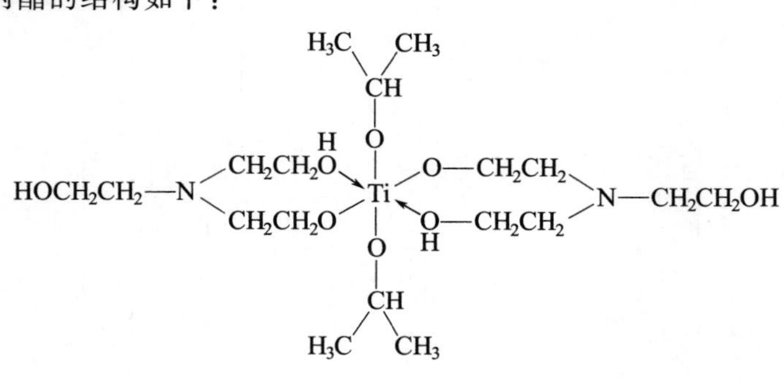

交联机理：三乙醇胺钛酸双异丙酯在碱性溶液中水解生成的六羟基合钛酸根阴离子，与非离子型聚糖中邻位顺式羟基络合形成三二醇络合物冻胶。

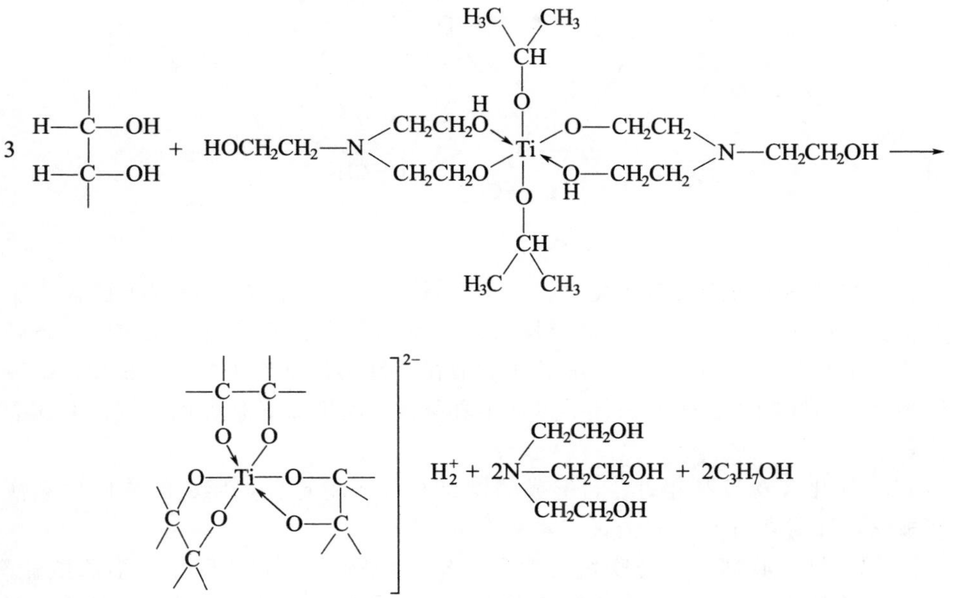

$$3\ \begin{matrix} H—C—OH \\ H—C—OH \end{matrix} + HOCH_2CH_2—N(CH_2CH_2O)_2Ti[OCH(CH_3)_2]_2(OCH_2CH_2)_2N—CH_2CH_2OH \longrightarrow$$

$$\left[Ti(O—C—C—O)_3 \right]^{2-} H_2^+ + 2N(CH_2CH_2OH)_3 + 2C_3H_7OH$$

三乙醇胺钛酸异丙酯中的三乙醇胺具有丰富的羟基，一方面提供了钛酸酯进行碱性水解生成钛酸根阴离子所需的碱性环境，另一方面三乙醇胺上的羟基干扰聚糖上的羟基与钛络合而使交联作用延缓。三乙醇胺钛酸双异丙酯是非离子型含半乳甘露聚糖植物胶良好的高温交联剂。

非离子型半乳甘露聚糖植物胶水溶液浓度为 0.4%～1%，三乙醇胺钛酸双异丙酯用量为 0.05%～0.1%，pH 值为 7～8。冻胶耐温 150～180℃，井温超过150℃无需使用破胶剂，井温低于 150℃，应适当降低钛酸酯用量。与硼配盐配合使用，选用延迟破胶剂破胶。

与硼砂相比，有机钛交联剂的优点是用量少，交联速度易控制，交联后冻胶高温剪切稳定性好，适用范围较宽；缺点是价格昂贵，并且在使用中可能发生水解而降低活性。

无机钛交联剂，如 $TiCl_4$、$TiOSO_4$、$Ti(SO_4)_2$、$Ti_2(SO_4)_2$ 等既可在碱性条件下（pH 值为 9～12）交联半乳甘露糖或它的改性产物，又可在酸性条件下交联 PAM 和 HPAM，生成黏弹性良好的冻胶。它的另一优点是破胶后残液可作为黏土防膨剂。

此外，为满足 200℃左右地层压裂的需要而开发了有机锆交联剂。这种交联剂由四烷基锆酸酯与羟乙基三羟丙基乙烯二胺合成。其结构如下：

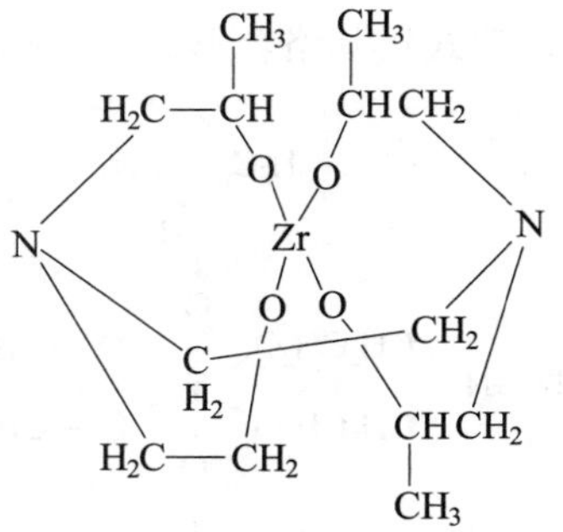

一般常用的无机锆是氧氯化锆 $ZrOCl_2$。锆冻胶压裂液具有高温下胶体稳定性好的特点，可用于 200～210℃地层压裂，具有高黏度、低摩阻、无残渣、破胶残液有防黏土膨胀作用等优点。锆冻胶压裂液在酸性条件下作 PAM 交联剂，破胶后可用为黏土防膨剂，在碱性条件下可与半乳甘露糖交联，是优秀的高温深井压裂液新体系。

Ti、Zr 化合物与聚合物之间形成的键具有好的稳定性，形成的冻胶压裂液对剪切敏感，高剪切可使过渡金属交联液不可逆降解。

③ 铝、锑交联剂。铝交联剂有明矾、铝乙酰丙酮、铝乳酸盐、铝乙酸盐等。为了活化铝交联剂，常添加无机酸或有机酸，将 pH 值调到 6 以下，交联的压裂液在 80℃以上仍很稳定。

有机锑交联剂与田菁胶交联形成非常黏的压裂液，对支撑物的悬浮和携带能力好，压裂液的 pH 值在 3～5 范围内，只适用于 80℃以内油气层压裂。

(2) 交联剂的发展

常用的水基压裂液的交联剂见表 3-9。表中 HPAM 为部分水解聚丙烯酰胺；CMC 为羧甲基纤维素；GG 为瓜尔胶；HPGM 为羟丙基半乳甘露聚糖；PVA 为聚乙烯醇；PAM 为聚丙烯酰胺。

表 3-9　交联基团和交联剂

交联基团	稠化剂代号	交联剂	交联条件
$—COO^-$	HPAM、CMC	$BaCl_2$、$AlCl_3$、$K_2Cr_2O_7+Na_2SO_3$、$KMnO_4+KI$	酸性交联
邻位顺式羟基	GG、HPGM、PVA	硼砂、硼酸、二硼酸钠、五硼酸钠、有机钛、有机锆	碱性交联
邻位反式羟基	HEC、CMC	醛、二醛	酸性交联
$—CONH_2$	HPAM、PAM	醛、二醛、Zr^{4+}、Ti^{4+}	酸性交联
$—CH_2CH_2O—$	PEO	木质素、磺酸钙酚醛树脂	碱性交联

交联聚合物分子有助于增加原聚合物的温度稳定性。从理论上讲，温度的稳定性取决于分子的刚性，刚性强，使得分子热运动降低，同时对水解、氧化或其他可能发生的解聚反应的某些防护作用。聚合物的交联虽然使液体的表观黏度增加了好几个数量级，但摩擦阻力增加不大。

从 20 世纪 50 年代末期至今，水基压裂液的交联剂大致经历了以下几个发展阶段：

① 20 世纪 50 年代至 20 世纪 70 年代初，以无机硼（硼砂）为主要交联剂，硼交联压裂液所具有的优点：无毒、价廉、黏弹性好，能够泵入高温、深层储油层。但如果液体是在地面交联，并以高速进入管线和通过炮眼，仍然会发生严重的剪切降解。由于高剪切速率势必引起永久性的黏度损失。

② 20 世纪 70 年代至 20 世纪 80 年代，国外开始使用有机金属交联剂（有机钛、锆）。有机钛、锆因具有延迟交联和提高压裂液抗温能力的特点，得以广泛应用。但在 20 世纪 80 年代末期至 20 世纪 90 年代初，也曾使用钛或锆作交联剂。交联的高温压裂液，使用温度达 140℃以上，具备高温、延迟交联、低摩阻、性能稳定等优点。但钛冻胶不具备短时间内彻底破胶、降解的能力，导致严重的支撑裂缝导流能力伤害，压后返排能力比硼冻胶压裂液低。基于这一点，压裂液研究主要集中在有机硼高温延迟交联和低伤害压裂液上。

研究者对采用延迟交联体系的重要性进行了大量的研究工作。最新的研究结果表明：延迟交联体系有利于交联剂的分散，产生更高的黏度并改善压裂液的温度稳定性。

延迟交联体系的另一优越性是由于管路中低黏度形成低的泵送摩阻。虽然交联凝胶可以泵入管路中，但一部分能量却用于剪切交联体使其返回成基液胶，这种黏度仅表现为较高的泵送摩阻。所以，采用延迟交联液可产生较高的井下最终黏度和更好的施工功率。总之，延迟交联体系优于普通交联体系。交联液与线型液比较，主要优点概括如下：

① 采用同等用量的胶液，在裂缝中能达到更高的黏度；

② 从液体滤失控制的观点看，该体系更有效；

③ 交联液具有较好的支撑剂传输性能；

④ 交联液具有较好的温度稳定性；

⑤ 交联液的单位聚合物经济效益好。

延迟硼交联速度有两条途径：一是采用延迟硼酸盐交联剂（有机硼）；二是利用 pH 值来控制硼酸盐的交联速度。

① 有机硼交联剂。合成原理：利用无机硼化合物与多羟基化合物进行络合反应，生成含硼有机络合物。

反应式：

$$H_3BO_3 + 2H_2O \xrightleftharpoons{pH>8.5} B(OH)_4^- + H_3O^+$$

$$B(OH)_4^- + \text{HO}-\boxed{\text{配位体}}(\text{OH})_5 \longrightarrow \text{BOH}-\boxed{\text{配位体}}(\text{BOH})_4-\text{HOB}$$

有机硼交联剂是由有机配位体与硼酸盐在高度控制的反应条件下形成的。有机硼交联剂离解后产生B（OH）$_4^-$与植物胶分子中邻位顺式羟基反应，形成三维网状冻胶。pH值愈高，硼酸盐与配体结合愈牢固，离解出的硼酸盐离子愈少，因而需要的时间也愈长，交联反应速率愈低，从而达到延迟交联的目的。

② 低溶性碱（pH值调节剂）。例如：将MgO加入酸性水化HPG，最初溶液显酸性不交联，由于有如下反应：

$$MgO + H_2O \longrightarrow Mg^{2+} + 2OH^-$$

pH值增大，大于9.5时开始交联。

3.2.2.2 破胶剂

能使冻胶压裂液破胶水化（使黏稠压裂液可控地降解成能从裂缝中返排出的稀薄液体）的试剂称为破胶剂。理想的破胶剂在整个液体和携砂过程中，应维持理想高黏，一旦泵送完毕，液体立刻破胶水化。

水力压裂施工引入了交联压裂液，促进了一系列技术的发展。许多技术及时地满足了工艺的需要（如延迟交联体系），而一些发展确实将应用交联冻胶有关的问题显露出来。水力压裂交联冻胶在早期应用中未含足够使冻胶液化学破胶的破胶剂，研究了未破胶的冻胶和压裂液残渣对施工后裂缝渗透率的影响，交联冻胶难于化学破胶的三个原因是：①除了破坏聚合物的骨架外，破胶剂必须与连接聚合物分子的交联键反应；②为保持液体的pH值在冻胶最稳定的范围内，泵送的交联压裂液一般具有一个强的缓冲体系；③破胶反应必须足够缓慢，以保证压裂液的稳定性达到要求并适于铺置大量的支撑剂。

目前，适用于水基交联冻胶体系的破胶剂有三类：酸、酯和氧化剂。

（1）氧化剂

氧化剂通过氧化交联键和聚合物链使交联冻胶破胶。常用氧化剂主要有：过硫酸铵、过硫酸钾、高锰酸钾（钠）、叔丁基过氧化氢、过氧化氢、重铬酸钾等，这些化合物可产生［O］，使植物胶及其衍生物的缩醛键氧化降解，使纤维素及其衍生物在碱性条件下发生氧化降解反应。氧化反应依赖于温度与时间，并在多种pH范围内有效。

如果油藏温度可充分地活化氧化剂，氧化反应不致影响到压裂液的稳定性，则氧化剂可有效地用作交联冻胶破胶剂。

这些氧化破胶剂适用温度为54～93℃，pH值范围在3～7。当温度低于50℃，这些化合物分解慢，释放氧缓慢，必须加入金属亚离子作活化剂，促进分解。在温度100℃以上，分解太快，快速氧化造成不可控制破胶速率。因此要根据油气层温度及要求的破胶时间慎重选用破胶剂。氧化剂适用于130℃以内。

（2）酶破胶剂

常用的酶破胶剂有淀粉酶、纤维素酶、胰酶、蛋白酶。淀粉酶可使植物胶及其衍生物降解，纤维素酶可使纤维及其衍生物降解。酶的活性与温度有关，在高温下活性降低，适用于21～54℃的油气层，pH值在3.8～8.0的范围，最佳pH值为5。

酶在适用温度（60℃以内）下，可以将半乳甘露聚糖的水基冻胶压裂液完全破胶，并且能大大降低压裂液的残渣。但是现场使用酶破胶剂不方便，酸性酶对碱性聚糖硼冻胶的黏度有不良影响。植物胶杀菌剂会影响酶的活性，降低酶的破胶作用。

60℃以下常用的酶有α-淀粉酶和β-淀粉酶、淀粉糖苷酶、蔗糖酶、麦芽糖酶、淀粉葡萄苷酶、纤维素酶、低葡糖苷酶和半纤维素酶等。使用纤维素酶和半纤维素酶，当pH值为2.5～8.0时效果好，最好的pH值是5左右，pH值低于2.0或高于8.5时，酶破胶剂基本上不起作用。

目前人们也开展对各种压裂液在较宽使用温度范围内的聚合物专用酶的研究。据报道：辽河油田开发出一种广谱性β-酶，适用温度为20～70℃，pH值范围在6～11。

(3) 潜在酸

潜在酸如甲酸甲酯、乙酸乙酯、磷酸三乙酯等有机酯以及三氯甲苯、二氯甲苯、氯化苯等化合物在较高温度条件下能放出酸，使植物胶及其衍生物、纤维素及其衍生物的缩醛键在酸催化下水解断键，适用于温度为93℃的油气层。

通常，酸破胶剂的作用是逐渐改变压裂液的pH值到一定范围，在此范围内压裂液不稳定，水解或发生聚合物的化学分解。用于破胶剂的大部分酸是缓慢溶解的有机酸，当它们溶解时便影响溶液pH值，要求pH值变化的速率由初始缓冲液浓度、油藏温度和酸的浓度所决定。由于酸性能的变化（如消耗于储层岩石的酸溶性矿物），所以用酸作为水基交联压裂液破胶剂并不普遍。

(4) 胶囊破胶剂（延迟破胶技术）

破胶剂应用的最新发展是氧化剂中的胶囊包制技术。在胶囊包制的过程中，固体氧化剂用一种惰性膜包起来，然后膜层降解或慢慢地被其携带液所渗透，而将氧化剂释放到压裂液中。研究表明，使用胶囊破胶剂大大地提高了氧化破胶的适用性和有效性。

胶囊破胶剂利用保护膜的物理屏障作用阻止和控制破胶剂释放，施工后即在压裂裂缝闭合时产生巨大应力，使包覆层变形破裂而导致破胶剂释放。这种释放方式有以下几个显著特点：

① 与时间、温度无关，地层裂缝闭合之前不会出现“逐渐破胶”过程而影响压裂液造缝黏度；

② 破胶剂位于裂缝内释放而破胶降黏；

③ 可使用高的破胶剂浓度，压裂处理后破胶速度快，对地层损害小；

④ 适用范围广。

水基冻胶压裂液中破胶剂非常重要。如果冻胶破胶不彻底，还有一定黏度，势必造成返排困难，或者滞留在喉道中，降低油气层渗透率，影响压裂效果。

(5) pH 值调节剂（缓冲剂）

通常压裂液中使用缓冲剂是为了控制特定交联剂和交联时间所要求的 pH 值。它们也能加速或延缓某些聚合物的水合作用。典型的产品有碳酸氢钠、富马酸、磷酸氢钠与磷酸钠的混合物、苏打粉、乙酸钠及这些化学剂的组合物。缓冲剂另外一个更重要的功能是保证压裂液处于破胶剂和降解剂的作用范围内。前面已提到，某些破胶剂在 pH 值超出一定范围时就不起作用。使用缓冲剂，即使是因地层水或其他原因的污染而有改变 pH 值的趋势时，它仍能保持 pH 值范围不变。

pH 值控制范围为 1.5～14.0 的 pH 值控制剂有：氨基磺酸，1.5～3.5；富马酸，3.5～4.5；乙酸，2.5～6.0；盐酸，<3；二乙酸钠，5.0～6.0；亚硫酸氢钠，6.5～7.5；碳酸氢钠，10.0～14.0。

3.2.2.3 杀菌剂

微生物的种类很多，分布极广，繁殖生长速度很快，具有较强的合成和分解能力，能引起多种物质变质，如可引起瓜尔胶、田菁胶、植物溶胶液变质。

泵入地下的水基压裂液都应当加入一些杀菌剂，杀菌剂可消除储罐里聚合物的表面降解。更重要的是，所选定的合适的杀菌剂可以终止地层里厌氧菌的生长。许多地层就是因硫酸盐还原菌的生长而变酸，该菌产生硫化氢而使地层原油变酸。杀菌剂应加到压裂液中，既可保持胶液表面的稳定性又能防止地层内细菌的生长。

(1) 重金属盐类杀菌剂

重金属盐类离子带正电荷，易与带负电荷的菌体蛋白质结合，使蛋白质变性，有较强的杀菌作用，如：

$$\text{蛋白质—SH} + Hg^{2+} \longrightarrow \text{蛋白质—S—Hg—S—蛋白质}$$

铜盐（硫酸铜）可以使细菌蛋白质分子变性，还可以和蛋白质分子结合，阻碍菌体吸收作用。

(2) 有机化合物类杀菌剂

酚、醇、醛等是常用的杀菌剂。如甲醛有还原作用，能与菌体蛋白质的氨基结合，使菌体变性。

$$R—NH_2 + CH_2O \longrightarrow R—NH_2 \cdot CH_2O$$

(3) 氧化剂类杀菌剂

高锰酸钾、过氧化氢、过氧乙酸等能使菌体酶蛋白质中的巯基氧化成—S—S—基，使酶失效。

$$2R—SH + 2X \longrightarrow R—S—S—R + 2XH$$

(4) 阳离子表面活性剂类杀菌剂

新洁尔灭（1227）高度稀释时能抑制细菌生长，浓度高时有杀菌作用。它能吸附在菌体的细胞膜表面，使细胞膜损害。

碱性阳离子与菌体羧基或磷酸基作用，形成弱电离的化合物，妨碍菌体正常代谢，扰乱菌体氧化还原作用，阻碍芽孢的形成，如：

$$P—COOH+B^+ \longrightarrow P—COOB+H^+$$

应注意的是，阳离子表面活性剂能使油气层岩石转变成油润湿，使油的相对渗透率平均降低40%左右，因此，除注水井外，最好不要使用阳离子表面活性剂类杀菌剂。

3.2.2.4 黏土稳定剂

能防止油气层中黏土矿物水化膨胀和分散运移的试剂叫作黏土稳定剂。砂岩油气层中一般都含有黏土矿物。砂岩油气层黏土含量较高，水敏性较强，遇水后水化膨胀和分散运移，堵塞油气层，降低油气层的渗透率。因此，在水基冻胶压裂液中必须加入黏土稳定剂，防止油气层中的黏土矿物水化膨胀和分散运移。

实验研究和现场结果都表明，生产层中黏土和微粒的存在会降低增产效果。所含黏土百分率可能不如黏土类型和位置重要。高岭石、伊利石及绿泥石是砂岩储集层中最常见的黏土类型，这些黏土一般不膨胀，特别是有氯化钾水溶液存在时。但是它们与少量的蒙脱石和特别不稳定的混层黏土间互分布时膨胀却十分常见。引入压裂液或者温度、压力、离子环境的变化都可能引起沉积并迁移穿过岩石的孔隙系统。

由于微粒的迁移，它们可能桥架在狭窄的孔隙喉道上，严重地降低渗透率。渗透率一旦损伤，就必采取特别措施去修复这种伤害。渗透率损伤的另一种类型是黏土膨胀，它降低了地层的渗透率。因黏土膨胀和颗粒迁移而使地层伤害的敏感性取决于如下特征：①黏土含量；②黏土类型；③黏土分布；④孔隙尺寸和粒度分布；⑤胶结物质。如方解石、菱铁矿，或二氧化硅的含量和位置。用X射线衍射，扫描电镜及薄片鉴定可以评价伤害的敏感度。使用黏土稳定剂可以减轻伤害。

目前国内外在水基冻胶压裂液中使用的黏土稳定剂主要有两类：一类是无机盐，如KCl、NH_4Cl等；另一类是有机阳离子聚合物，如TDC、A-25等。

氯化钾（KCl）以提供充分的阳离子浓度防止阳离子交换而出现的浸析作用来阻止黏土颗粒的分散，并保持黏土颗粒堆积的各层片晶呈凝结或浓缩状态。KCl几乎不能阻止与低含盐量水连续接触而引起的微粒迁移，也不能对此提供残余保护防止分散。KCl是目前最常用的防膨剂。实际上，所有砂岩储层的施工设计都包含有KCl，甚至用于那些含黏土砂岩夹岩层的石灰储集层。

氯化铵一般不用于压裂作业中。

氯化钙的功能像KCl和氯化铵。在高含量硫酸盐或高碱性地层水存在时，它易于生成沉淀。但在高含量的甲醇/水溶液中，KCl和氯化铵的溶解度有限，而$CaCl_2$更有用。

在水中稀释锆盐，特别是氯化锆会形成一种包含羟基联结基团的复杂有机聚合物。这些聚合物的高带电性使它们以不可逆的方式吸附在黏土表面并能将黏土颗粒黏结在砂粒表面上。这种特殊的黏土稳定剂可以用在压裂施工的前置液中。

某些改进的聚胺具有两种功能：它们能提高 KCl 的黏土膨胀控制能力和阻止微粒的迁移。这些产品化学性地吸附于黏土颗粒上，使它们维持紧密或不分散状态，可用来防止在压裂和自喷时高流速引起的裂缝表面剥落和微粒的产生。这些产品缺乏聚合物黏土稳定剂的保护持久性，但它们不会堵塞孔隙空间通道。

聚合物黏土稳定剂是阳离子型的高分子聚合物，它能牢固地吸附在黏土表面，束缚它们并阻止任何微粒迁移或膨胀。聚合物黏土稳定剂需要小心使用，因为超量处理会堵塞孔隙空间。它们一旦放到适当的位置就相当持久，使用这些产品已获得某些成功，特别是与 KCl 联用。

聚合羟基铝溶液被紧紧地吸附在黏土矿物表面，可用于阻止颗粒迁移或黏土膨胀。对颗粒过分冲洗和较长的处理时间限制了它在增产方面的某些应用。

3.2.2.5 表面活性剂

表面活性剂（主要是非离子型和阴离子型表面活性剂）在压裂液中的应用很多，如降低压裂液破胶液的界面张力，防止水基压裂液在油气层中乳化，使乳化液破乳，配制乳化液和泡沫压裂液等，推迟或延缓酸基压裂液的反应时间，使油气层砂岩表面水润湿，提高驱油效率，改善压裂液的性能等。

（1）润湿剂

固体表面上的一种流体被另一种流体所取代的过程叫润湿。能增强水或水溶液取代固体表面另一种流体能力的物质叫润湿剂。

压裂液中常用的润湿剂主要是非离子型表面活性剂，如 AE1910、OP-10、SP169、796A、TA-1031 等，它们能将亲油砂岩润湿为亲水砂岩，有利于提高油的相对渗透率。

（2）破乳剂

油井进行水基压裂时，水基压裂液与地层原油能够形成油水乳状液。由于原油中天然乳化剂附着在水滴上形成保护膜，使乳状液具有较高稳定性。乳状液的黏度从几个厘泊到几千个厘泊不等。如果在井眼附近产生乳化，就可能出现严重的生产堵塞。

加入某些表面活性剂可以达到防乳破乳的目的。加入的表面活性剂能强烈地吸附于油/水界面，顶替原来牢固的保护膜，使界面膜强度大大降低，保护作用减弱，有利于破乳。

常用的油水乳状液的破乳剂多为胺型表面活性剂，特别是以多乙烯多胺为引发剂，用环氧丙烷多段整体聚合而成的胺型非离子表面活性剂，分子量大有利于破乳。例如：AE1910、HD-3、JA-1031。表 3-10 是几种表面活性剂的破乳率比较。

表 3-10 几种表面活性剂的破乳率比较

表面活性剂 \ 破乳率/% \ 浓度/%	0.02	0.06	0.10	0.20	0.30	0.40
1227	52	64	72	72	80	80
AE169-21	96	98	100	100	100	100
表面活性剂-Ⅰ	48	80	92	100	100	100
表面活性剂-Ⅱ	24	28	36	40	40	40
9108	28	40	68	88	100	100
8908	40	68	88	96	100	100
HD-3	80	96	100	100	100	100
OP-10	87	94	98	100	100	100

(3) 助排剂

① 液阻与助排。液阻效应是指液珠通过毛细孔喉时变形而对液体流动发生阻力效应。阻力效应是可以叠加的，即当一连串的液珠堵住一连串的毛细孔时，流体流动所需克服总的阻力效应是液阻效应之和。水的界面张力是72mN/m，要使水珠变形流过砂粒间的毛细孔时，对流体流动产生的阻力效应较大。而表面活性水溶液的界面张力一般是30mN/m左右，要使表面活性剂溶液的液珠变形通过砂岩粒间的毛细孔时，对流体产生的阻力效应较小，添加表面活性剂的压裂液易返排，可以减少对油气层的损害。

② 常用的助排剂。常用的助排剂有：非离子含氟表面活性剂、非离子聚乙氧基胺、非离子烃类表面活性剂、非离子乙氧基酚醛树脂、乙二醇含氟酰胺复配物。理想的助排剂应具有对油气层的良好润湿性和减小油气层毛细管压力的特性。压裂液助排剂的加量一般为0.1%～0.15%较好。

(4) 消泡剂

配液时加入稠化剂和表面活性剂，大排量循环，产生大量气泡，给配液带来困难，因此，配液时必须加入消泡剂。常用的消泡剂有：异戊醇、斯盘-85、二硬酯酰乙二胺、磷酸三丁酯、烷基硅油。烷基硅油的界面张力很低，容易吸附于表面，在表面上铺展，是一种优良的消泡剂。

3.2.2.6 降阻剂

压裂液黏度增加，管道摩阻和泵的马力损失也增加。为了有效地利用泵的效率，降低压裂液摩阻是非常必要的。

水基压裂液常用降阻剂有聚丙烯酰胺及其衍生物、聚乙烯醇（PVA）、植物胶及其衍生物和各种纤维素衍生物。

降阻剂在水基压裂液中降阻的原理是抑制紊液。水中加入少量高分子直链聚合物（聚丙烯酰胺）能减轻和减少液流中的漩涡和涡流，因而抑制紊流，降低摩阻。如果水中加入适量的聚合物降阻剂，可使泵送摩阻比清水摩阻减少75%。

3.2.2.7 降滤失剂

(1) 降滤失剂的作用

① 有利于提高压裂液效率，减少压裂液用量，降低压裂液成本。

② 有利于造成长而宽的裂缝，提高砂比，使裂缝具有较高的导流能力。

③ 减少压裂液在油气层的渗流和滞留，减少对油气层的损害。

④ 减少压裂液对水敏性油气层的损害。

(2) 水基压裂液常用降滤失剂

粒径为0.045～0.17mm（320～100目）的粉砂、粉陶、柴油、轻质原油和压裂液中的水不溶物都可以防止流体滤失。5%柴油完全混合分散在95%水相交联的高黏度冻胶中，它是一种很好的降滤失剂。5%柴油降低水基压裂液滤失的机理有：两相流动阻力效应、毛细管阻力效应和贾敏效应产生的阻力。

3.2.2.8 温度稳定剂

温度稳定剂用来增强水溶性高分子胶液的耐温能力，以满足不同地层温度、不同施工时间对压裂液的黏度与温度、黏度与时间稳定性的要求。冻胶压裂液的耐温性主要取决于交联剂、增稠剂品种以及体系中各添加剂的合理搭配，温度稳定剂仅为辅助剂。温度稳定剂常用的有：硫代硫酸钠、亚硫酸氢钠、三乙醇胺、Tween20等。

3.2.3 泡沫压裂液

泡沫压裂技术始于20世纪60年代末期的美国。20世纪70年代随着对泡沫压裂机理和压裂设计理论研究的不断深入，泡沫压裂技术也得到了较快的发展。1980年年底，在美国东德克萨斯州成功地进行了几次大型泡沫压裂施工，泡沫液用量最大达到2233m^3，加砂530t。泡沫压裂使用井深现已超过3350m，施工最高压力可达69MPa。目前泡沫压裂在美国和加拿大应用较多，到1985年美国已进行约3600井次的泡沫压裂作业，约占总压裂井次的10%。近几年，国内的大庆、辽河等油田也开展了泡沫压裂的现场试验工作。

泡沫压裂液是由气相、液相、表面活性剂和其他化学添加剂组成。泡沫压裂工艺是低压、低渗、水敏性地层增产、增注以及完井投产的重要而有效的措施。

3.2.3.1 泡沫压裂液的组成

泡沫压裂液是一个大量气体分散于少量液体中的均匀分散体系，由两相组成，气体约占70%，为内相，液体占30%，为外相。因此，液相必须含有足够的增黏剂、表面活性剂和泡沫稳定剂等添加剂以形成稳定的泡沫体系。泡沫直径常小于0.25mm。

3.2.3.2 气相

泡沫压裂液的气相一般为氮气或二氧化碳，目前最常用的是氮气。

3.2.3.3 液相

液相一般采用水或盐水。对高水敏地层可用原油、凝析油或精炼油。对碳酸盐地层可用酸类。

3.2.3.4 表面活性剂（发泡剂）

表面活性剂的作用是在气、液混合后，使气体成气泡状均匀分散在液体中形成泡沫。因此表面活性剂不仅影响泡沫的形成和性质，而且对压裂的成功与否至关重要。

泡沫压裂液中发泡剂的选择原则是：

① 起泡性能强，注入气体后能立刻起泡；

② 与基液各组分相溶性好；

③ 当压力释放时，气泡能迅速破裂；

④ 与地层岩石和流体配伍性好；

⑤ 使用浓度低，一般为流体的0.5%～1%；

⑥ 凝固点低，具有生物降解能力，毒性小；

⑦ 成本较低，来源广。

常用的表面活性剂及其特点如下：

① 阴离子表面活性剂。常用的阴离子表面活性剂有硫酸酯和磺酸酯，如正十二烷基磺酸钠。这种表面活性剂的特点是起泡性好、用量少，产生的泡沫质量高、稳定，而且结构好，特别适用于水基泡沫液；缺点是与阳离子添加剂（如黏土稳定剂、杀菌剂）不相溶，常引起泡沫质量下降和形成不溶沉淀物。

② 阳离子表面活性剂。阳离子表面活性剂多数是铵化物，如十六烷基三甲基溴化铵和季铵盐氯化物，它们能与大多数带正电荷的黏土稳定剂、杀菌剂、防腐剂相溶，而且它的表面活性具有双重作用，可降低黏土膨胀和酸的反应速率，适用于泡沫酸处理。

③ 非离子表面活性剂。非离子表面活性剂的适用范围最广，与其他各种添加剂相溶性都较好，但形成的泡沫质量和稳定性较差。

3.2.3.5 泡沫稳定剂

泡沫液为热力学不稳定体系。当温度升高后，泡沫半衰期缩短，泡沫稳定性变差。故必须向体系内加入稳定剂以改善泡沫体系的稳定性。

泡沫稳定剂多为高分子化合物，按作用机理可分为两类：第一类是增黏型稳定剂，主要是通过提高基液的黏度来减缓泡沫的排液速率，延长半衰期，从而提高泡沫的稳定性，属于这类的稳定剂有CMC、CMS等；第二类稳定剂主要作用不是增黏而是提高气泡薄膜的质量，增加薄膜的黏弹性，减小泡沫的透气性，从而提高泡沫的稳定性，属于此类的稳定剂有HEC。将这两类稳定剂复配使用可获得最佳效果。

3.2.3.6 发泡剂和稳定剂加量的选择

（1）发泡剂加量的选择

随着发泡剂加量的增大，溶液的界面张力下降，在发泡剂的浓度达到临界胶束浓度之前，表面张力下降幅度很大，大于临界胶束浓度之后，表面张力下降幅度减小。

与溶液界面张力的情况相反，当泡沫质量不变时，泡沫黏度随发泡剂浓度增大而增大。但其变化规律与界面张力有相似之处，即在临界胶束浓度之前，泡沫黏度增加快，而在大于临界胶束浓度之后，泡沫黏度增加慢。

兼顾泡沫体系的发泡能力和泡沫稳定性，发泡剂的加量一般以稍大于临界胶束浓度为最佳。

（2）稳定剂加量的选择

稳定剂除改善泡沫稳定性外，还影响体系的发泡能力。当稳定剂加量过高时，虽然其稳泡效果好，但却使体系的发泡能力下降。因此，确定稳定剂加量时应根据施工条件，在满足泡沫体系稳定性的前提下尽量少加稳定剂。

3.2.3.7 泡沫压裂液的性能及表征

（1）泡沫质量

泡沫质量是指气体体积占泡沫总体积的百分数，以 Γ（%）表示。

在一定温度和压力下，泡沫质量 Γ 与充气的气体体积 V_g、基液体积 V_t 和泡沫体积 V_f 有如下关系即：

$$泡沫质量（气含率）\Gamma=\frac{泡沫中气体体积}{泡沫总体积}\times100\%=\frac{V_g}{V_f}=\frac{V_g}{V_g+V_t}\times100\%$$

在压裂时的井底压力和温度下，泡沫质量一般是60%～85%。

（2）泡沫半衰期

泡沫性能测量方法很多，如气流法、搅动法、罗迈-迈尔斯法，一般用半衰期来表征泡沫的稳定性。它是指泡沫基液析出一半所需的时间，以 $t_{1/2}$（min）表示。

泡沫半衰期 $t_{1/2}$ 的确定是以泡沫压裂液在施工泵注过程中几乎完全不失水而能将支撑剂顺利带入地层深处为原则。常根据施工规模和泵注排量确定适宜的泡沫半衰期。

（3）泡沫黏度

泡沫黏度是指泡沫在一定温度和一定剪切速率下流动的内摩擦力，以 μ_f（mPa·s）表示。

在压裂时的井底压力和温度下，泡沫质量一般是60%～85%，这时黏度可用下式计算：

$$\mu_f=\mu_b(1.0+4.5\Gamma) \tag{3-10}$$

式中 μ_f——泡沫黏度，mPa·s；

μ_b——基液黏度，mPa·s；

Γ——泡沫质量，%。

在完全层流下，泡沫的流变性近于宾汉塑性体，其黏度可用下式计算：

$$\tau-\tau_y=\mu_p\gamma \tag{3-11}$$

式中 τ——剪切应力，Pa；

τ_y——屈服应力，Pa；

μ_p——塑性黏度，Pa·s；

γ——剪切速度，s^{-1}。

典型配方的泡沫压裂液起泡时，基液的黏度和起泡后泡沫视黏度 μ，见表3-11。由表可明显看出，泡沫体系的黏度比基液黏度高许多倍。泡沫和基液的黏度均随温度升高而减小，但泡沫黏度降低速率慢，说明泡沫压裂液具有良好的黏温性能。

表3-11 泡沫与基液的黏度比较

温度/℃	30	60	80
基液黏度/mPa·s	42.6	19.3	15.5
泡沫表观黏度/mPa·s	185.7	166.3	150.9

（4）滤失及滤失系数

滤失系数表示泡沫压裂液滤失性的大小，单位为 $m/min^{1/2}$。

通常用贝罗依高温高压仪测定泡沫压裂液的滤失并计算出滤失系数 C。表3-12以典型配方为例说明泡沫压裂液的滤失情况。泡沫体系的滤失量小，压裂效率高。

表3-12 典型配方泡沫压裂的滤失情况（80℃，0.5MPa）

时间/min	0.6	1	4	9	16	25	36	49
滤出体积/L	1	1	2.6	9.4	13	17	19	21.6
滤出液+泡沫/mL	14.4	14.6	17.2	20.2	23	26	28.5	31.1
$C/(m/min^{1/2})$	5.495×10^{-4}（滤出液）				4.213×10^{-4}（滤出液+泡沫）			
R	0.9880（滤液）				0.9988（滤出液+泡沫）			

注：R 为坐标上点的相关系数。

（5）泡沫沉砂速度

泡沫沉砂速度是一定粒度的石英砂粒在一定温度下于泡沫中沉降时，单位时间内沉降的高度，单位是m/min。

泡沫沉砂速度表现了泡沫体系的悬砂性能。实验中，将泡沫装入250mL量筒，再向泡沫中加入一定量的金刚砂或石英砂，将量筒置于恒温水浴中保持温度恒定。测定砂粒在泡沫中下沉20cm所需的时间并计算出沉降速度 V。表3-13举例说明泡沫的悬砂性能。

表3-13 石英砂在泡沫中的沉降情况（30℃，每粒砂平均质量为 1.869×10^{-3}g）

一粒砂下沉时间/s	551.9	988.4	1456.3	1585.0	1709.5	1716.4	1954.9	2127.7
同时下沉砂粒数/颗	1	1	1	2	1	1	2	2
沉降速度/（$\times10^3$m/min）	21.74	12.14	8.24	7.57	7.02	6.99	6.14	5.64

（6）密度

指泡沫体系的密度，用密度仪测定某典型配方泡沫压裂液25℃时相对密度为0.336，50℃时相对密度为0.322。表明泡沫压裂液为低密度压裂液体系。

泡沫压裂液的性能有：

① 泡沫液视黏度高，携砂和悬砂性能好，砂比高达64%～72%。

② 泡沫液滤失系数低，液体滤失量小。泡沫液浸入裂缝壁面的深度一般在

12.7mm 以内。

③ 对油气层损害较小。泡沫压裂液内气体体积占60%~85%，液体含量较少，减少了对油气层微细裂缝的堵水问题。特别是对黏土含量高的水敏性地层可减少黏土膨胀。

④ 排液条件优越。泡沫破裂后气体驱动液相到达地面，省去抽汲措施，排液时间仅占通常排液时间的一半，既迅速又安全，气井可较快地投入生产，井下的微粒还可以较快地带出地面，排液彻底。

⑤ 摩阻损失小，泡沫液摩阻比清水摩阻可降低40%~60%。

⑥ 压裂液效率高，在相同液量下裂缝穿透深度大。

泡沫压裂液很适合于低压、低渗透、水敏性强的浅油气层压裂。当油气层渗透率比较高时，泡沫滤失量很快增加，油气层温度过高，对泡沫的破坏较大，泡沫压裂液适用于2000m左右的中深井压裂。

3.2.3.8 影响泡沫压裂液性能的因素

（1）液相黏度对发泡性能的影响

发泡过程是外力克服发泡体系的黏滞阻力而做功的过程，也是机械能与表面能转换的过程。

（2）液相黏度与泡沫稳定性的关系

泡沫破坏的机理主要有两个方面：一是液膜的排液；二是气体透过液膜而扩散。液膜的排液速率不仅与液膜本身的性质有关，还与液相黏度有关。它们之间的关系，可用Reynolds方程表示：

$$V_R=-\frac{dh}{dt}=\frac{2h^3\Delta p}{3\eta_L}R^2 \tag{3-12}$$

式中 V_R——排液速率；

h——液膜厚度；

Δp——单位面积上所受的驱动力；

R——气泡半径。

由Reynolds方程可看出：液相黏度越大，排液速率越小，则泡沫体系稳定性越好。

通常在使用稳定剂后，泡沫的液膜变厚，稳定性好，在经过较长时间出液后，液膜才逐渐变薄，最后发生破裂。由此可见，加入泡沫稳定剂后，泡沫体积的衰减变缓，体系稳定性加强。

（3）温度对泡沫性能的影响

由于泡沫是热力学不稳定体系，温度升高对泡沫稳定性不利。现以某泡沫体系为例说明温度对泡沫质量的影响。随着温度升高，泡沫质量下降，半衰期明显缩短，泡沫体系稳定性变差。

（4）无机盐对发泡剂发泡性能的影响

无机盐的存在对不同类型发泡剂的发泡性能有不同程度的影响。无机盐特别是其中的二价离子可能会使某些发泡剂失去发泡能力。对于含盐体系，在筛选发泡剂时要考虑其抗盐性。前述脂肪酰胺磺酸钠和脂肪醇醚磺酸盐类表面活性剂具有优良的抗盐、抗钙性能。

3.2.4 油基压裂液

油基压裂液是以油作为溶剂或分散介质，与各种添加剂配制成的压裂液。将稠化剂溶于油中配制而成的称为稠化油压裂液。常用的稠化剂有以下两类。

（1）油溶性活性剂

常用的油溶性活性剂主要是脂肪酸盐（皂），其中脂肪酸根的碳原子数必须大于8，加量为0.5%～1.0%（质量分数）。

目前普遍采用的是铝磷酸酯与碱的反应产物，这类稠化剂在油中形成“缔合”，将油稠化。

（2）油溶性高分子

这类物质当浓度超过一定数值，就可在油中形成网络结构，使油稠化。

油溶性高分子主要有：聚丁二烯、聚异丁烯、聚异戊二烯、α-烯烃聚合物、聚烷基苯乙烯、氢化聚环戊二烯、聚丙烯酸酯。

（3）油基冻胶压裂液

油基冻胶压裂液配制方法如下：

原油（成品油）＋胶凝剂＋活化液⟶溶胶液

水＋$NaAlO_2$ ⟶活化液

溶胶液＋活化液＋破胶剂⟶油基冻胶压裂液

目前国内外普遍使用的油基冻胶压裂液胶凝剂主要是磷酸酯，其分子结构如图3-9所示。

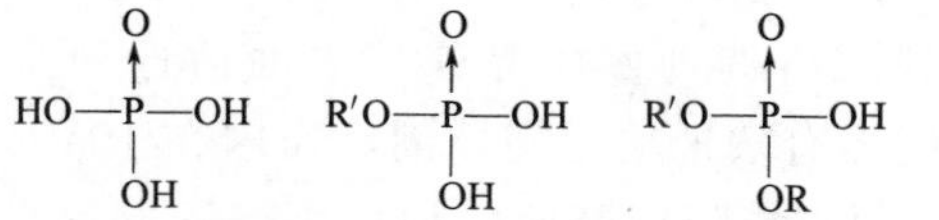

图3-9 油基冻胶压裂液胶凝剂磷酸酯分子结构

图中，R＝C_1～C_8的烃基；R′＝C_6～C_{18}的烃基。

有机脂肪醇与无机非金属氧化物五氧化二磷生成的磷酸酯均匀混入基油中，用铝酸盐进行交联，可形成磷酸酯铝盐的网状结构，使油成为油冻胶。

油基冻胶压裂液中常用的交联剂有Al^{3+}（如铝酸钠、硫酸铝、氢氧化铝），Fe^{3+}以及高价过渡金属离子；常用的破胶剂有碳酸氢钠、苯甲酸钠、乙酸钠、乙酸钾。

磷酸酯铝盐油基冻胶压裂液是目前性能最佳的油基压裂液。其黏度较高，黏温性好，具有低滤失性和低摩阻。磷酸酯铝盐油基冻胶需要用较大量的弱有机酸盐进行破胶。

磷酸酯铝盐油基冻胶压裂液适用于水敏、低压和油润湿地层的压裂，砂比可达30%。

(4) 油基压裂液基本特点

① 容易引起火灾；

② 易使作业人员、设备及场地受到油污；

③ 基油成本高；

④ 溶于油中的添加剂选择范围小，成本高，改性效果不如水基液；

⑤ 油的黏度高于水，摩阻比水大；

⑥ 油的滤失量大；

⑦ 油的相对密度小，液柱压力低，有利于低压油层压裂后的液体返排，但需提高泵注压力；

⑧ 油与地层岩石及流体相溶性好，基本上不会造成水堵、乳堵和黏土膨胀与迁移而产生的地层渗透率降低。

油基压裂液适用于低压、强水敏地层，在压裂作业中所占比重较低。

3.2.5 清洁压裂液

常规压裂液返排至地面的量仅占注入量的35%～45%，大部分仍残留于地层中，直接影响压裂效果。清洁压裂液或称为黏弹性表面活性剂压裂液，是一种基于黏弹性表面活性剂的溶液。它是为了解决常规压裂液（天然植物胶压裂液、纤维素压裂液、合成聚合物压裂液）在返排过程中由于破胶不彻底对油气藏渗透率造成很大伤害的问题开发研制的一种新型压裂液体系。

清洁压裂液始于20世纪90年代末期，作为对传统聚合物破胶方法的挑战，Eni-Agip的流体专家联合Schlumberger的室内工程师推荐了一种黏弹性流体压裂作业，即所设计的压裂液增稠剂使用黏弹性表面活性剂（VES）而不用聚合物。VES压裂液黏度低，但能有效地输送支撑剂，原因在于VES压裂液携带支撑剂是依靠流体的结构黏度，同时能降低摩阻。该压裂液配制简单，主要用VES在盐水中调配。因为无聚合物的水化，VES很容易在盐水中溶解，不需要交联剂、破胶剂和其他化学添加剂，因此无地层伤害并能使充填层保持良好的导流能力。国外石油公司使用该类压裂液已成功进行了超过2400次的压裂作业，取得了很好的压裂效果并达到长期开采的目的。在国内克拉玛依油田和长庆油田也进行了6次作业，效果显著。

目前国内外广泛使用的清洁压裂液主要是将由长链脂肪酸盐衍生物所形成的季铵盐作为表面活性剂加入到氯化钾、氯化镁、氯化铵、氯甲基四铵或水杨酸钠溶液中配制而成。

3.2.5.1 清洁压裂液的特点

(1) 清洁压裂液不需要交联

首先将黏弹性表面活性剂的液体不断注入盐水中，然后在高速剪切、混拌下使其完全分散，实现压裂液的充分稠化。当表面活性剂与盐水混合时，表面活性剂分子形成线型柔性棒状胶束、囊泡或层状结构，溶液黏度将急剧增加，特别是线型柔性棒状胶束的形成和相互间缠绕形成三维空间网状结构，常伴随黏弹性和其他流变特性出现（如剪切稀释、触变性等）。

(2) 清洁压裂液的破胶

该体系的破胶过程包括两个机理：

① 机理一。VES压裂液进入含油地层后，亲油性有机物被胶束增溶，棒状胶束膨胀并最终崩解，VES凝胶破胶形成低黏度水溶液，流阻降低；在裂缝中接触到原油或天然气同样如此。

② 机理二。在地层水的作用下，清洁压裂液液体因稀释而降低了表面活性剂浓度，棒状胶束也不再相互纠缠在一起，而呈现单个胶束结构状存在。

(3) 配制简单、返排破胶迅速而彻底、低伤害

不像聚合物类压裂液需要添加较多的化学添加剂，清洁压裂液只需加入表面活性剂和稳定剂，从而更易于操作和控制。

传统聚合物压裂液随压力增大，滤失严重；而VES压裂液对压力不敏感。并且VES压裂液不含聚合物，显著降低了残渣在支撑剂填充带和裂缝表面上的吸附量，形成高导流能力的裂缝。VES压裂液与聚合物压裂液不同，它无造壁性，不会留下滤饼。因此对地层污染程度较小，改善了负表皮系数，从而增加了油气井产能。

总体来看，VES压裂液具有配制容易、地层伤害小、处理后油井增产显著等优点。

3.2.5.2 清洁压裂液的流变性能和应用性能

清洁压裂液在剪切过程中表现出了独特的流变性能，主要包括：剪切稀释性、黏弹性、优异的黏温特性、携砂性和滤失控制。

(1) 黏弹性

黏弹性是影响清洁压裂液一个最重要的性能指标，很多学者认为：黏弹性的形成是由于黏弹性表面活性剂在盐水溶液中形成了棒状胶束，随着棒状胶束的增多而发生了相互缠结，形成了类似交联聚合物大分子的空间网状结构。

(2) 剪切稀释性

随着黏弹性流体的出现，应用常规评价流体的方法来评价黏弹性流体就碰到了困难。通过多年的研究，获得了较好的评价方法，即通过应用储能模量（G'）和耗能模量（G''）来量度：储能模量是体系弹性效应的量度，而耗能模量则是黏性效应的量度。同时还可以应用 $\tan\delta$ 来表征溶液黏弹性大小随着表面活性剂浓度的变化，溶液黏弹性经历了一个复杂的过程，即溶液的弹性和黏性逐渐升高后又降低的过程，

说明了黏弹性表面活性剂在溶液中的聚集状态直接影响了溶液的黏弹性行为。

(3) 黏温度特性

随着溶液的温度升高，清洁压裂液的黏度经历了一个最大值，随后温度升高，黏度下降。温度对黏度的影响可以解释为：温度的升高加快了溶液中胶束的运动，在温度较低时，这种作用是有益的，即温度升高加快了棒状胶束的缠结；而当温度较高时，温度的升高则加快了棒状胶束的分离。

(4) 滤失控制

清洁压裂液在储层岩石表面上不能形成滤饼，它的滤失率基本不随时间变化。在地层渗透率小于 $5\times10^{-3}\mu m^2$ 的状况下，清洁压裂液既有黏性很难进入储层孔隙喉道，在高渗透率储层里，清洁压裂液能够与降失水剂相溶，提高压裂液的使用效率。

(5) 携砂性能

美国 Stin-Lab 进行了一系列支撑剂携砂、输送实验，表明黏弹性表面活性剂溶液的黏度小于 30mPa·s，剪切率为 $100s^{-1}$ 时，同样可以将支撑剂有效地输送到目的层。

3.2.5.3 清洁压裂液的应用现状

(1) 国外应用现状

国外石油公司使用清洁压裂液已成功进行了超过 2400 次的压裂作业，取得了很好的效果并达到长期开采的目的。最初使用是在美国墨西哥湾用于油井压裂充填作业，增油效果优于使用聚合物压裂液的油井。此后在加拿大阿尔贝塔，美国堪萨斯、怀俄明、俄克拉荷马，意大利亚得里亚海等油田的常规压裂作业中广泛使用。在加拿大阿尔贝塔用该类型压裂液处理 5 口井，初始流量比使用瓜尔胶压裂液的 5 口相邻井多 9%；在美国堪萨斯用此类型压裂液压裂的一口浅井的产量比处于同一层段上的主井高 27%。此外，还应用海水配制了清洁压裂液，对海上油井进行压裂改造也获得成功。

(2) 国内应用现状

国内自 1999 年引进道威尔公司开发的 VES 压裂液首次在四川气田应用以来，就掀起了 VES 压裂液应用热潮。克拉玛依油田、长庆油田已应用这种压裂液进行压裂作业。大庆油田已初步合成类似的压裂液，其性能接近美国道威尔公司的产品，但成本较高，推广应用受到限制。大港油田研制的无残渣压裂液也类似清洁压裂液，在现场应用中效果显著，但还是有待进一步深入研究、完善，扩大其应用领域。

3.3 压裂液性能评价

压裂过程中，要求压裂液具有较高的携带支撑剂的能力、低摩阻及在不同的几何空间、不同的流动状态下优良的承受破坏的能力。能否达到这些性能，首要的工作在于对压裂液流变性能进行正常评价。压裂液性能的测试和评价是为配制和选用压裂液提供依据，为压裂设计提供参考。

3.3.1 流变性能

（1）基液黏度

压裂液基液是指准备增稠或交联的液体。基液黏度代表稠化剂的增稠能力与溶解速度。压裂基液黏度用范35旋转黏度计或用类似仪器测定。对于不同井深的地层进行压裂，对基液黏度有不同要求。对于低温浅井（小于2000m），基液黏度在40～60mPa·s；对于中温井（井深2000～3000m），基液黏度在60～80mPa·s；对于高温深井（3000～5000m），基液黏度在80～100mPa·s。

（2）压裂液的剪切稳定性

评价压裂液的剪切稳定性实际上是测定压裂液的黏度与时间的关系。在一定（地层）温度下，用RV3或RV2旋转黏度计测定剪切速率为$170s^{-1}$时压裂液的黏度随时间的变化。压裂液的黏度降到50mPa·s时所对应的时间应大于施工时间。

（3）稠度系数K和流动行为指数n

K值越大，说明压裂液的增稠能力越强；n值越大，说明压裂液的抗剪切能力越好。但是K值大，n值就小，且n值在0.2～0.7之间。

3.3.2 压裂液的滤失性

压裂液向油层内的渗滤性决定了压裂液的压裂效率。用滤失系数来衡量压裂液的压裂效率和在裂缝内的滤失量，压裂液滤失系数越低，说明在压裂过程中其滤失量也越低。

3.3.3 压裂液的降阻率

压裂液的管路摩擦阻力小，可降低施工泵压，提高施工排量，节约能耗。在管路流动仪上，测定不同压差下的压裂液与清水的流量，经计算可得出压裂液的降阻率。一般压裂液的降阻率为40％～60％。

3.3.4 压裂液的破胶性能

施工结束后，压裂液在油层温度条件下，与破胶剂发生作业而破胶降黏。用破胶液黏度来衡量压裂液破胶的彻底性，关系到破胶液的返排率及对油层的伤害程度。其测定方法是在油层温度条件下，将压裂液密封恒温静置16h，用毛细管黏度计或其他黏度计测定破胶液黏度。在30℃时破胶液黏度应小于10mPa·s。

3.3.5 压裂液的界面张力与润湿性能

用界面张力仪测定压裂液破胶液的界面张力，用接触角测定仪测定破胶液与岩样表面的接触角，为优选适用的活性剂、助排剂提供参考。

3.3.6 压裂液残渣含量

残渣是压裂液、破胶液中残存的不溶物质。压裂液中的残渣含量应尽量低，以减小对地层和支撑裂缝的伤害。其测定方法是将破胶液离心分离，弃去上清液，将下面的残渣烘干、恒重、称重，计算残渣含量。羟丙基瓜尔胶、硼冻胶压裂液的残渣含量为 300～800mg/L。

3.3.7 压裂液与地层流体的配伍性

压裂液和破胶剂与地层原油和地层水是否配伍、是否产生乳化及沉淀，以便采取措施减少对地层的伤害。原油的配伍性测定是将原油与压裂液破胶剂按一定比例混合，高速搅拌形成乳状液，在油层温度下静置一定时间，记录分离出的水量，计算破乳率，破乳率应大于 80%。地层水的配伍性测定是将压裂液破胶剂与地层水按一定比例混合，观察是否产生沉淀。

3.3.8 压裂液交联时间

将交联剂加到原胶液中，开始计时并缓慢不停地搅拌，到压裂液可挑挂（或吐舌头 3cm 以上）时的时间即为交联时间。压裂液的交联时间应小于压裂液流经压裂管柱的时间。

3.3.9 压裂液对基岩渗透率的伤害率测定

在压裂改造油气层的同时，压裂液会对油气层的渗透率造成伤害。通过测定压裂液通过岩心前后渗透率的变化，计算压裂液对岩心渗透率的伤害率，来评价压裂液对油气层的伤害程度。

3.3.10 压裂液的溶解性

压裂液应具有良好的自溶性。它与地层岩石和流体接触后，也应该具有良好的相溶性。评价和改善压裂液及其与地层岩石和流体的反应产物的水溶性和油溶性，使其尽可能地避免造成地层阻塞性伤害。

(1) 压裂液及添加剂的溶解性

压裂液及添加剂的溶解性包括水溶性和油溶性。用测定其水不溶物含量或油不溶物含量的方法进行评价。

① 水不溶物含量测定。将干燥的水基压裂液添加剂试样称重，得到质量 m_1，然后溶于水。去除溶解液，用水洗涤、离心分离、干燥并称重，得到水不溶物质量 m_2，则水不溶物含量 η_{dv} 为

$$\eta_{dv}=\frac{m_2}{m_1}\times 100\% \tag{3-13}$$

② 油不溶物含量测定。与水不溶物含量的测定方法相同，将水溶剂改为油溶剂。

③ 水溶物和油溶物混合样的油水不溶物含量的测定。将质量为 m_1 的样品加入装有油和水两种溶剂的分液漏斗中，摇匀并分离溶解物和油水不溶物。将不溶物干燥、称重得 m_2，则油水不溶物含量 η_{dwo} 为

$$\eta_{dwo}=\frac{m_2}{m_1}\times 100\% \tag{3-14}$$

(2) 破胶降黏液的溶解性

破胶降黏液也存在水不溶物残渣和油不溶物残渣。测定方法与压裂液添加剂溶解性相似。

(3) 破胶液与地层流体的相溶性

① 破胶液与地层油、水产生沉淀情况

a. 观察水基压裂液的破胶液与地层水混合后是否产生沉淀。

b. 观察油基压裂液的破胶液与地层水混合后是否产生沉淀。

② 破胶液与地层油、水乳化作用的测定

a. 测定不同比例的水基压裂液的破胶液与地层油混合后，在地层温度下恒温破乳的比值。

b. 测定不同比例的油基压裂液的破胶液与地层油混合后，在地层温度下恒温破乳的比值。

3.4 压裂工艺技术

任何压裂设计方案都必须依靠适当的压裂工艺技术来实施和保证。对于不同特点的油气层，必须采取与之适应的工艺技术，才能保证压裂设计的顺利执行，取得良好的增产效果。压裂工艺技术种类很多，这里简要介绍分层及选择性压裂技术、控缝高压裂技术的基本原理。

3.4.1 分层及选择性压裂

我国有很多多层油气田，通常要进行分层压裂。另外，在油田开发层系划分中，有的虽同属一个开发层系，但油层非均质特性强，存在层内分层现象，这通常称为选择性压裂。

3.4.1.1 封隔器分层压裂

封隔器分层压裂是目前国内外广泛采用的一种压裂工艺技术，但作业复杂、成

本高。根据所选用的封隔器和管柱不同，有以下四种类型。

① 单封隔器分层压裂用于对最下面一层进行压裂，适用于各种类型油气层，特别是深井和大型压裂，如图 3-10（a）所示。

② 双封隔器分层压裂可对射开的油气井中的任意一层进行压裂，如图 3-10（b）所示。

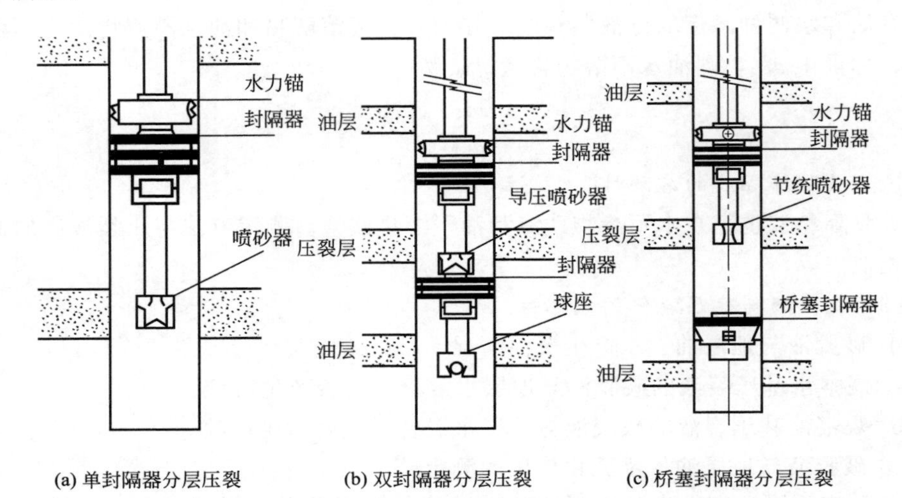

图 3-10　封隔器分层压裂管柱结构

③ 桥塞封隔器分层压裂，如图 3-10（c）所示。

④ 滑套封隔器分层压裂。国内采用喷砂器带滑套施工管柱，采用投球憋压方法打开滑套。该压裂方式可以不动管柱、不压井。一次施工可压裂多层；该方式对多层进行逐层压裂，以达到增产。

3.4.1.2　限流法分层压裂

限流法分层压裂用于欲压开多层而各层破裂压力有差别的油井，通过控制各层射孔孔眼数量和直径，并尽可能提高注入排量，利用先压开层孔眼摩阻提高井底压力而达到一次分压多层的目的。

如图 3-11 所示，有 A、B 和 C 三个油层，相应的破裂压力分别为 24MPa，20MPa 和 22MPa，按射孔方案射开各自的孔眼。当注入井底压力为 20MPa 时，B 层压开；然后提高排量，因孔眼摩阻正比于排量，B 层孔眼摩阻达到 2MPa 时的注

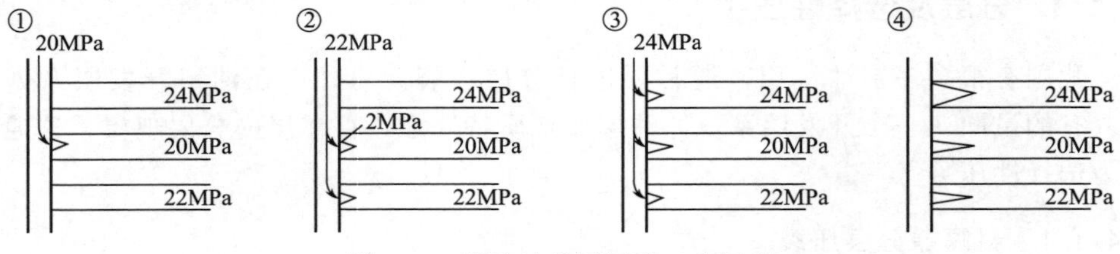

图 3-11　限流法分层压裂工艺原理

入井底压力为 22MPa，即 C 层被压开；继续提高排量，B 层孔眼摩阻达到 4MPa 时的井底注入压力为 24MPa，A 层被压开。射孔孔眼的作用类似于井下节流器，随排量增加，井底压力不断提高，从而逐层压开。

限流法分层压裂的关键在于必须按照压裂的要求设计合理的射孔方案，包括射孔孔眼、孔密和孔径，使完井和压裂构成一个统一的整体。

（1）蜡球选择性压裂

在压裂液中加入油溶性蜡球暂堵剂，压裂液将优先进入高渗层内，蜡球沉积而封堵高渗层，从而压开低渗层。油井投产后，原油将蜡球逐渐溶解而解除堵塞。若高渗层为高含水层，堵球不解封有助于降低油井含水率。

（2）堵塞球选择压裂

将井内欲压层段一次射开，压开低破裂压力层段后加砂，然后注入带堵塞球的顶替液暂堵该层段；再提高泵压压开具有稍高破裂压力的地层，根据需要注入顶替液后结束施工或者继续注入带堵塞球的顶替液一边暂堵该层段一边压裂另外层段，从而改善产油/吸水剖面。堵塞球分层压裂工艺见图 3-12。

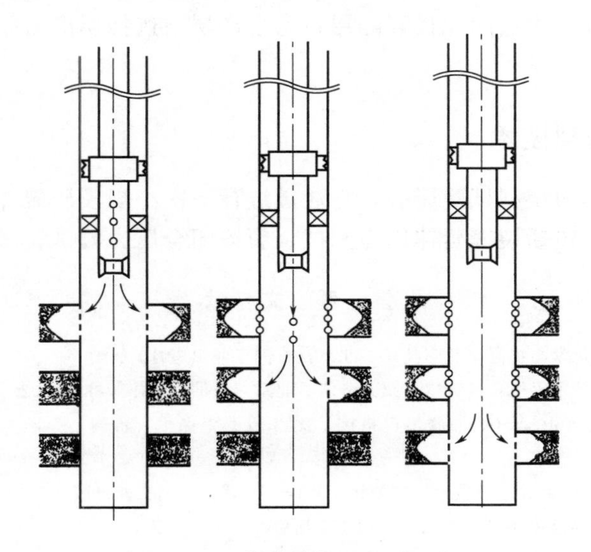

图 3-12 堵塞球分层压裂工艺

3.4.2 控缝高压裂技术

当油气层很薄或者产层与遮挡层间最小水平主应力差较小，压开的裂缝高度很容易进入遮挡层，此时需要控制裂缝高度延伸，可以通过控制压裂液性能参数和施工排量来实现，更可靠的是人工隔层控缝高压裂技术。

该技术基本原理是在前置液中加入上浮式或下沉式导向剂，通过前置液将其带入裂缝，浮式导向剂和沉式导向剂分别上浮和下沉聚集在人工裂缝顶部和底部，形成压实的低渗透人工隔层，阻止裂缝中压力向上或向下传播，达到控缝高的目的。为了使两种导向剂能上浮和下沉，一般在注入携有导向剂的液体后短期停泵，然后进行正常的压裂作业。使用浮式导向剂形成的人工隔层见图 3-13。

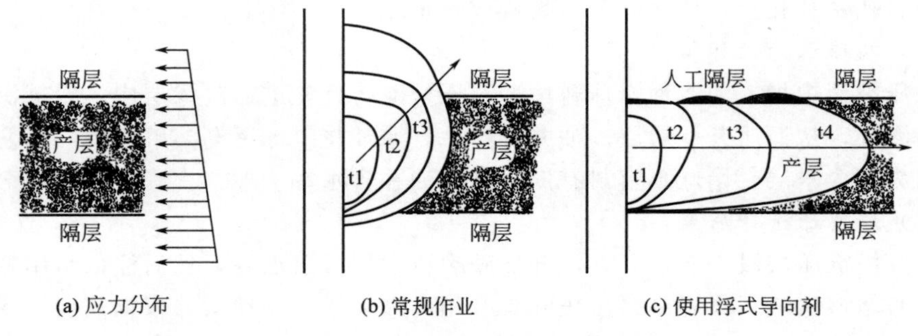

图 3-13　使用浮式导向剂形成的人工隔层

人工隔层控缝高压裂技术主要用于：①生产层与非生产层互层的块状均质地层；②生产层与气、水层间无良好隔层；③生产层与遮挡层应力差不能有效控制裂缝垂向延伸。

3.4.3　测试压裂技术

测试压裂也称为小型试验压裂，它通过进行一次小规模压裂并分析压裂压力获得裂缝有关参数，包括裂缝延伸压力测试、裂缝闭合压力测试、微注入测试等。

参　考　文　献

[1] 马喜平，等．油田化学与提高采收率技术．北京：石油工业出版社，2016.

[2] 手册编写组．采油技术手册：修订本．第九分册．北京：石油工业出版社，2002.

[3] Econonmides M J，Nolte K G. 油藏增产措施．第 3 版．张保平，蒋阗，等译．北京：石油工业出版社，2002.

[4] Robert S，Schechter. 油井增产技术．刘德铸，等译．北京：石油工业出版社，2003.

[5] Gidley J L. 水力压裂技术进展．北京：石油工业出版社．

[6] Gidley J L. 水力压裂技术新进展．北京：石油工业出版社，1995.

[7] Economides M J，Nolte K G. 油藏增产措施．北京：石油工业出版社，1990.

[8] Howard G C，Fast C R. 油层水力压裂．北京：石油工业出版社，1980.

[9] 陈馥，王安培，李凤霞，等．国外清洁压裂液的研究进展．西南石油学院学报，2002，24 (5)：65-67.

[10] 李钦，陈馥．黏弹性表面活性剂及其在油田中的应用．日用化学工业，2004.34 (3)：173-175.

[11] Mathew S，Roger J C，Nelson E B，et al. Polymer-free fluid for hydraulic fracturing. SPE38622，1997：554-559.

[12] Mathew S. Viscoelastic surfactant fracturing fluids：Application in low permeability reserviors. SPE60322，March，2000.

[13] Nordgren R P. Propagation of a vertical hydraulic fracture. SPEJ，1972.

[14] Geertsma J，de Clerk F A. A rapid method of predicting width and extent of hydraulically induced frac-

tures. JPT，1969.
[15] Smith J. E. Design of hydraulic fracture treatment. SPE 1286.
[16] Pitonie. Polymer free fracturing fluid revives shut-in well. World Oil，1999.
[17] 马宝岐，吴安明，等．油田化学原理与技术．北京：石油工业出版社，1995.
[18] 杨服民，耿玉广，等．华北油田采油工程技术．北京：石油工业出版社，1998.
[19] 刘翔鹗．采油工程技术论文集．北京：石油工业出版社，1999.
[20] 中国石油天然气集团公司油气开发部．压裂酸化技术论文集．北京：石油工业出版社，1998.
[21] 张琪．采油工程原理与设计．北京：石油大学出版社，2001.
[22] Grews James B. Breaking of viscoelastic fracturing fluids using bacteria，fungi or enzymes：U. S.，No 20010005313. 2001-10-30.
[23] 卢拥军，陈彦东，杜长虹．硼交联羟丙基瓜尔胶压裂液的综合性能．钻井液与完井液，1997，14（4）：10-13.
[24] 崔明月，杨振周，梁莉，等．小眼井压裂液的延迟交联技术．钻井液与完井液，1997，14（6）：18-20.
[25] 李文魁，张杰，张新庆，等．压裂液流变性研究的新进展．西安石油学院学报，2000，15（2）：33-37.
[26] 李建波．油田化学品的制备及现场应用，北京：化学工业出版社，2012.

第4章 化学堵水及调剖

在油田注水开发过程中，油井出水存在诸多危害，如消耗驱替能量，减少油层最终采收率，造成管线和设备的腐蚀与结垢，增加脱水站的负荷等，严重时还会使油井变为无工业价值的报废井，造成极大的资源浪费。因此，降低采出液的出水率有极其重要的意义。油气井堵水及调剖技术就是在原开采井网不变的情况下，通过调整产层开采结构来实现提高产率和采收率。本章主要讲述了油气井化学堵水与调剖技术。其中，油井化学堵水技术是将化学剂经油井注入高渗透出水层段，降低近井地带的水相渗透率，减少油井出水，增加原油产量的一系列技术。注水井调剖技术是在注水井中用注入化学剂的方法，降低高吸水层段的吸水量，从而提高注水压力，达到提高中低渗透层吸水量，改善注水井吸水剖面，提高注入水波及系数，改善水驱状况的一类工艺技术。

4.1 油井堵水

在油田注水开发的中后期，地层非均质性的存在必然导致注采井间的高渗透层过早地形成水淹，从而降低了注入水向低渗透层的波及程度，导致周围油井含水上升，甚至水淹，使一些低渗透层的油采不出来。这些水常沿高渗透层过早侵入油井，使油井产液中含水率上升和产油量下降。根据水的来源可将油井出水分为同层水和异层水，异层水也称作外来水。

其中注入水、边水和底水属同层水，主要是由于油层的非均质性及开采方式不当，使注入水及边水沿高渗透层及高渗透区不均匀推进，加上油水的流度比不同，随着油水界面的前进，注入水及边水可能沿高渗透层不均匀前进，纵向上可能单层突进（图4-1），横向可能形成指进。油层出现底水时，原油的产出可能破坏油水平衡关系，使油水界面在井底附近呈锥形升高，形成底水锥进（图4-4）。边水见图4-2。“水舌”见图4-3。

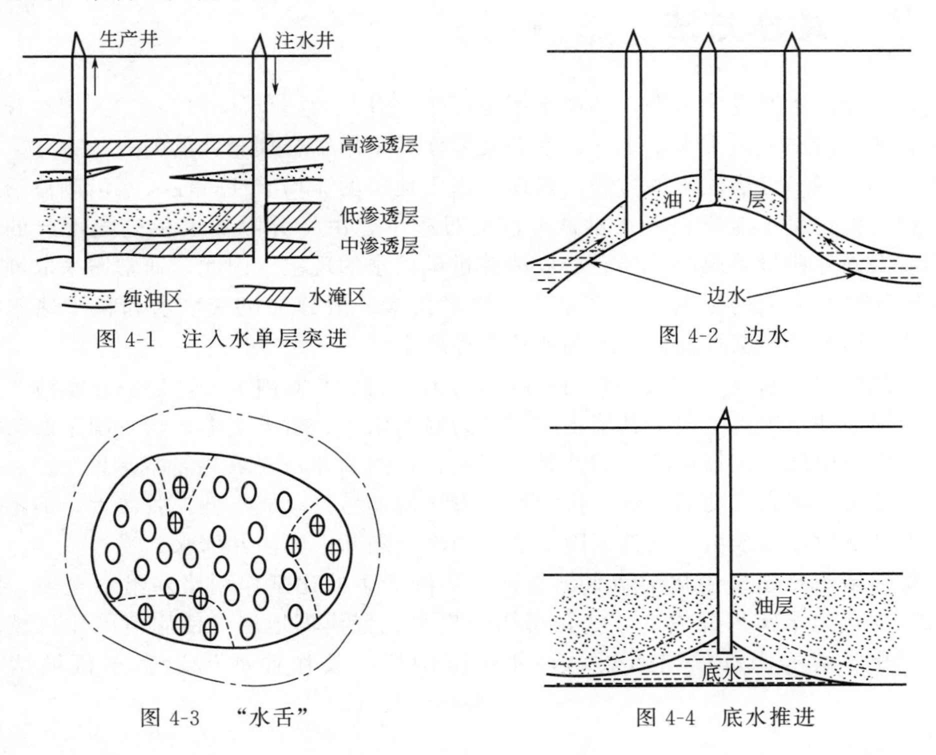

图4-1 注入水单层突进

图4-2 边水

图4-3 “水舌”

图4-4 底水推进

异层水又叫外来水，可分为上层水、下层水和夹层水。油井固井质量差、套管损坏引起流体窜槽或误射水层是异层水引起油井出水的主要原因。上层水及下层水窜入见图4-5。夹层水窜入见图4-6。

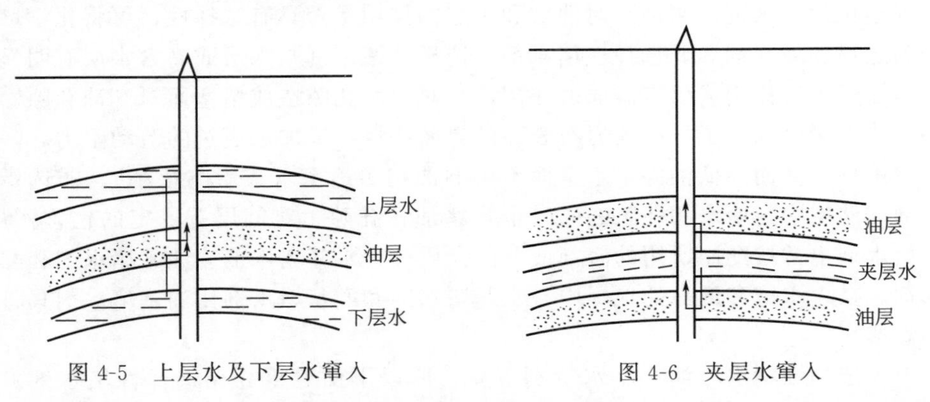

图4-5 上层水及下层水窜入

图4-6 夹层水窜入

总的来说，边水内侵、底水锥进和注采失调是油井见水早，含水上升速度加快，原油产量大幅下降的主要原因。对于同层水必须采取必要的控制和封堵措施，减缓出水，而对于外来水则须在可能的条件下，尽量采取将水层封死的措施。

4.2 堵水方法

在油田注水开发中后期，其产水率也逐年上升。为防止油井出水，人们在开发方案和开采措施上做了大量工作。在开发方面，采用了合理布井的方式；在开采措施方面，采用了分层注水的方法。然而，由于地层的非均质性，注入水沿高渗透层的不均匀推进仍不能避免。在机械分注的过程中，由于分隔器发生分隔不严的现象，或因固井质量等原因，仍会造成油井过早出水的现象。因此，通常需采取油井堵水或注水井调剖的措施来治理水害。堵水技术一般分为机械堵水和化学堵水两类，化学堵水又包括选择性堵水和非选择性堵水。

所谓机械堵水技术，就是采用封隔器将出水层在井筒内卡开，以阻止水流入井内，卡堵油井中出水层段。其堵水方式分为封上堵下，封下堵上，封中间采两头以及封两头采中间。选择性堵水的井是多层位合采的油井，要求封隔器座封严密、准确，这是机械堵水成功的保证。机械堵水方法简单易行，成本低，收效大，但不宜用于不易下封隔器或由于其他原因不能将油水分隔开来的油井堵水。

化学堵水是指采用化学堵水剂在油井周围产生的化学作用堵塞出水空隙，阻止或减少自由水流入井内的方法，可用于出水位置模糊地层，使用范围比机械堵水广。化学堵水比机械堵水灵活，使用范围广，其作业亦远远多于机械堵水作业。

4.3 堵水剂分类

根据化学堵水剂（堵剂）对油层和水层的作用是否具有选择性，可将化学堵水剂分为选择性堵水剂和非选择性堵水剂。选择性堵水剂与水层或高含水层有明显作用，与油层不起作用或仅有微弱的作用，只对出水孔隙造成堵塞而对产油孔隙影响甚小，或者堵水剂分子可改变岩石表面的界面特性，增加水通过的流动阻力，降低水相渗透率，从而降低油井出水量而不影响油相渗透率（或影响很小）。非选择性堵水剂在储层中封堵水相孔隙的同时也封堵油相孔隙，对储层有一定的伤害作用。油井堵水剂也常按配制所用的溶剂或分散介质分为水基堵水剂、油基堵水剂和醇基堵水剂。在含水饱和度高的地层中，水基堵水剂和醇基堵水剂比油基堵水剂具备更高的渗透率。

由于选择性堵水对油井堵水特别重要，所以下面着重介绍选择性堵水剂。此外，由于高渗透层（高含水层）流动阻力小，非选择性堵水剂将优先进入高渗透层起选择性堵水作用，所以下面也将介绍一些非选择性堵水剂。

4.3.1 选择性堵水剂

选择性堵水法适用于封堵不易用封隔器将它与油层分隔开的水层。选择性堵水法用选择性堵水剂。这些堵水剂都是利用油与水的差别或油层与水层的差别，达到选择性堵水的目的。选择性堵水剂可分为水基堵水剂、油基堵水剂和醇基堵水剂三大类，它们分别是以水、油或醇作溶剂或分散介质配成堵水剂。

4.3.1.1 部分水解聚丙烯酰胺（HPAM）（水基）

HPAM对油和水有明显的选择性，它降低岩石对油的渗透率最高不超过10%，而降低岩石对水的渗透率可超过90%。

在油井中，HPAM堵水的选择性表现在：它优先进入水饱和度高的地层；进入地层的HPAM可通过氢键吸附在由于水冲刷而暴露出来的地层表面；HPAM分子中未被吸附部分可在水中伸展，降低地层的水相渗透率，并且随水流动时为地层结构的喉部所捕集，堵塞出水层（图4-7）；HPAM可提供一层能减小油流动阻力的水膜。

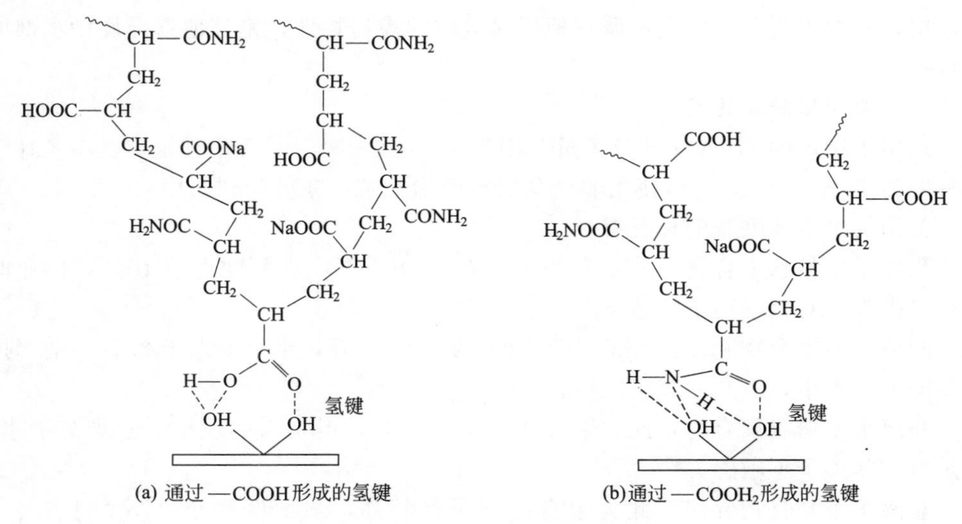

图4-7 HPAM在砂岩表面的吸附

（1）封堵机理

一般认为HPAM的堵水机理为黏度、黏弹效应、残余阻力的作用，即聚合物的黏度在流速增加或孔隙度小的情况下降低，这就使得聚合物易进入油层深处，只有在流速相当高时才有黏弹效应。HPAM能造成对水的堵塞，主要是由于残余阻力的作用，后者包括吸附、捕集和物理堵塞。

① 吸附作用。由于出水层的含水饱和度较高，因而HPAM优先进入水层。进入地层的HPAM的酰氨基—$CONH_2$和羧基—COOH可通过氢键优先吸附在由于

水冲刷暴露出来的岩石表面，形成一层水膜，而 HPAM 分子中未被吸附的部分可在水中伸展，对水产生摩擦力，降低地层水的渗透性。油气通过亲水孔道时，油气受排斥而在孔隙中心流动。进入油层的 HPAM，由于砂岩表面被油所覆盖而不发生吸附作用，因而不堵塞油层。

② 捕集作用。HPAM 的分子链较长，分子链结构柔软（尤其在高温时），通常当其停留时蜷曲，而在泵送通过孔隙介质时伸长。在地层中高速流动时，其分子由原来的蜷曲变长，与流线保持一致，因而容易注入。但是当径向注入地层后流速降低时，它将变松弛形成螺旋状，蜷曲的 HPAM 分子就堵塞孔隙喉道，从而阻止水相的流动。油气能使大分子线团体积收缩，故能减少出水量而油气产量不受影响。这种堵塞是可以恢复的，只要其流速超过临界值，这种捕集作用即可消失。

③ 物理堵塞。在 HPAM 分子链上存在活性基因，阴离子聚合物比非离子聚合物更活泼，它们易于和地层中或地层母岩中的多价离子反应，生成的产物成网状结构，能限制水在多孔介质中流动。而且由于水趋于使网状聚合物分子膨胀，而油气使其收缩，就可能降低产水而不影响油气产量。HPAM 的这种按水饱和度大小进入地层，并按水饱和度的大小调整地层对流体的渗透物性，是其他选择性堵水剂所不具备的。

（2）聚丙烯酰胺的类型

适用于堵水的 HPAM 其分子量范围为 1×10^5～1×10^7（最佳值约为 3×10^6，水解度为 10%～70%），可使用非交联的聚丙烯酰胺，亦可交联使用。

常用的聚丙烯酰胺的种类有：

阴离子型粉状聚合物：分子量为 400 万～1400 万，水解度大于 10%，作业时溶解较困难，对交联离子敏感。

阴离子型聚合物乳液：分子量为 1200 万～1500 万，水解度大于 30%，适当搅拌立即溶于水中，对交联离子敏感。

非离子型粉状聚合物：此类聚合物分子量较高，但是水解度小，较难溶于水，但是对交联离子不敏感。

非离子型聚合物乳液：此类聚合物分子量较高，水解度很小（不大于 7%），适当搅拌立即溶解，对交联离子不敏感。

阳离子型粉状聚合物：分子量为 500 万，阳离子度占 5%，常和阴离子聚合物一起使用。

（3）交联的聚丙烯酰胺

当地层渗透率比较高时，用聚丙烯酰胺溶胶不易见到效果，在遇到地层有裂缝或孔洞时更是如此，因而发展了交联聚丙烯酰胺。它是利用交联生成大量网状结构的黏弹性物质占据小孔隙，从而导致水相渗透率降低。交联剂通常为含高价的金属离子（Cr^{3+}，Ti^{3+}，Zr^{4+}）的有机化合物，包括乙酸铬、柠檬酸铝、柠檬酸钛、甲醛、低分子量树脂及乌洛托品-对苯二酚等物质。交联后的 HPAM 抗剪切稳定性和温度稳定性都有改善。该方法能够提高堵水能力，但也易使堵水剂失去选择性。控制HPAM的pH值或温度或交联剂的化学特性，可使交联不是在地面完成，而是在地层指定部位完成，这种方法叫延迟交联。延迟交联技术不仅利于施工，利于实现选择性，而且可以将堵水剂送到地层深部。

① 铝交联技术。对于低渗透层，在注HPAM溶液前后注入交联剂（如硫酸铝或柠檬酸铝）溶液。先注入交联剂可减少砂岩表面的负电荷，甚至可以使其转变为正电荷，提高表面对后来注入的HPAM的吸附强度。后注入的交联剂可使已吸附的HPAM分子横向交联起来而不易被水所带走。

对高渗透层，可用同样的办法产生更多的吸附层，形成积累膜。由于积累膜的薄厚是根据地层的渗透率和处理次数决定，所以此方法可使HPAM用在不同渗透率的地层。

与其他方法相比，利用聚合物的似网状结构与柠檬酸铝作用可获得更深的穿透距离，更高的堵水效率，岩心试验结果表明，用此法处理可在长时间内得到较高的残余阻力系数。此法一般是采用双液法注入工艺施工。

② 甲醛交联技术。甲醛交联聚丙烯酰胺是用部分水解聚丙烯酰胺作成胶剂，甲醛作交联剂，在酸性介质中生成的一种冻胶。它在常温下是一种低黏液体，流动性好，易于优先进入含水饱和度高的层段，交联后形成黏弹性冻胶，封堵出水孔道。该堵水剂适用于封堵砂岩油藏同层水和注水井高渗透条带。甲醛交联技术在20世纪90年代首先在胜利油田应用成功。

其选择性堵水的机理为未成胶的HPAM溶液黏度低，可泵性好，把交联剂和HPAM的混合液注入地层时，可优先进入高渗透出水层位。由于聚合物分子链上的酰氨基和羧基可与出水孔道岩石表面生成氢链而吸附在岩石表面上，聚合物形成弹性网状结构的冻胶，阻碍水的流动。如果聚合物进入出油层段，由于岩石表面被原油覆盖，不能产生吸附或较少吸附，因此易随油流被排出地层。同时该冻胶具有在水中溶胀而在油中收缩的特性。实验表明，此类冻胶在水中可膨胀80%左右，使冻胶易于充满孔隙，阻止了水的流动，在油中有收缩作用，这样对油的堵塞就小于水，并且随时间的延长，冻胶会被不断地排出，使油层渗透率得以恢复。

③ 可溶性密胺酯（306树脂）交联技术。306树脂为可溶性密胺脂，树脂中的羧甲基与HPAM中的羧基进行脱水交联，生成冻胶，后者的强度高，耐温性好，无毒，成本低，且配制方便。

用于此类调剖剂的聚丙烯酰胺的水解度在10%～20%时，冻胶性能最好，水解度太高和太低都交联不充分。聚丙烯酰胺的浓度越高，胶凝速度越快，冻胶的抗压强度和拉力极限越大。在相同的条件下，306树脂的浓度增大，交联反应加快，其强度的拉力极限增强，但是增加一定值后又有所降低。这是由于306树脂溶液浓度过高，成网状结构中的极性基团相对减少。pH值对交联反应速率有很大影响，H^+在交联反应中起催化作用，H^+浓度越高，交联反应越快，冻胶的性能越好。

当 pH 值低于 3.6 时，冻胶性能开始变差，矿化度对冻胶的性能影响不大，高矿化度可以加快交联反应。

④ 乌洛托品-对苯二酚交联技术。该堵水剂的基本配方为：聚丙烯酰胺（平均分子量为 300 万～600 万，水解度为 5%～20%）、乌洛托品 0.1%～0.2%（质量分数）、对苯二酚 0.02%～0.05%（质量分数），体系的 pH 值为 1.5～7.5。在该体系中，乌洛托品在酸性加热的条件下水解生成甲醛，因此具有一定的延迟交联作用。

由乌洛托品生成的甲醛在酸性的条件下与聚丙烯酰胺缩聚生成亚甲基双丙烯酰胺，甲醛与间苯二酚在酸性条件下缩聚生成羟甲基间苯二酚，后者缩聚生成线型高分子，再进一步缩聚则生成体型高分子。生成的酚醛树脂和PAM缩聚，最后生成线型或体型的高聚物，可视反应条件而定。其反应机理为：

$$\text{-[}CH_2\text{—}CH\text{]-}(C(=O)\text{—}N(H)\text{—}H) + HO\text{—}H_2C\text{—}C_6H_2(OH)_2\text{—}CH_2\text{—}OH + \text{-[}CH_2\text{—}CH\text{]-}(C(=O)\text{—}N(H)\text{—}H) \xrightarrow{-2H_2O}$$

$$\text{-[}CH_2\text{—}CH\text{]-}(C(=O)\text{—}NH\text{—}H_2C)\text{—}C_6H_2(OH)_2\text{—}(CH_2\text{—}NH\text{—}C(=O))\text{-[}CH_2\text{—}CH\text{]-}$$

⑤ 延迟交联技术。控制体系的 pH 值、温度或化学交联剂的化学特性，使交联反应不在地面完成，而是在地下所指定的部位完成，这种方法叫延迟交联。这样做不仅利于施工，利于实现选择，而且可以将堵水剂送到地层深处，如采取自生酸调控堵液 pH 值延缓 HPAM 交联技术。延迟交联技术适用于灰、砂岩油层，裂缝性油层的选择性堵水作业。体系内自生酸反应式如下：

$$6CH_2O+4NH_4Cl \xrightarrow{\triangle} (CH_2)_6N_4+6H_2O+4HCl \quad (pH=1\sim3)$$

$$2CH_2O+K_2S_7O_8 \xrightarrow{\triangle} 2HCOOH+K_2S_2O_6 \quad (pH=3\sim4)$$

反应生成的 $(CH_2)_6N_4$ 和多余的 CH_2O 皆可作为交联剂。单独使用 CH_2O 或 $(CH_2)_6N_4$ 交联剂不能兼顾交联速度、交联度、pH 值和凝胶热稳定性。将二者共同使用，它们在一定 pH 值和一定温度下可与 PAM，HPAM 形成凝胶。反应如下：

$$(CH_2)_6N_4+6H_2O \underset{H^+}{\overset{25℃}{\rightleftharpoons}} 6CH_2O+4NH_3$$

$$4NH_3+4H_2O \rightleftharpoons 4NH_4OH$$

$$4NH_4OH+6CH_2O \rightleftharpoons (CH_2)_6N_4+10H_2O$$

$$6CH_2O+4NH_4Cl \rightleftharpoons (CH_2)_6N_4+6H_2O+4HCl$$

$$2CH_2O+K_2S_2O_8 \xrightarrow{\triangle} 2HCOOH+K_2S_2O_6$$

后两个反应为自生酸调节 pH 值体系，只要在交联过程中介质为酸性，则会逐渐适量地供应 CH_2O 且不会超量，就会发生延迟交联过程。

⑥ HPAM 就地膨胀堵水技术。HPAM 就地膨胀堵水技术依据的原理是聚合物在盐水和高矿化度水中，阳离子屏蔽了大分子链上的负电荷，高分子链在水中蜷曲收缩，水溶液黏度降低，具有较强的吸附能力。而聚合物在淡水中溶胀伸展，带负电的羧基互相排斥，黏度增高，因此，聚合物分子呈收缩状态进入地层，在生产中依靠分子溶胀堵水，其原理如图 4-8 所示。

图 4-8 聚丙烯酰胺就地溶胀堵水原理

方法 1：在施工作业中，HPAM 与高于地层水矿化度的盐水一起注入地层。注入时聚合物分子呈收缩状态，溶液黏度低。此外 HPAM 分子在收缩状态时的吸附能力比溶胀状态时强，因此在地层孔隙表面上形成了一层致密的吸附层。在生产过程中，矿化度小的地层水不断替换浓度高的盐水，使吸附层溶胀，从而有效地控制地层水的产出，而烃类仍能通过孔隙中间流动。

方法 2：在原理上与方法 1 相似。聚合物分子也是呈收缩状态注入地层，在生产过程中依靠分子溶胀来堵水。不同的是用非离子型的 PAM 代替了阴离子型的 HPAM，吸附层的长大是通过加入溶胀剂进行处理，而不是靠矿化度的递减来实现。实验中用质量分数为 1% 的 K_2CO_3 作为溶胀剂，使 PAM 分子适度碱性水解并在地层中溶胀。施工时不必考虑地层水的矿化度而将聚合物溶解并注入地层。非离子型的 PAM 分子对盐水几乎没有敏感性。与 HPAM 相比，PAM 水溶液的黏度稍低，而在储层岩石上的吸附量增加。

4.3.1.2 部分水解聚丙烯腈 (HPAN) (水基)

HPAN 具有与 HPAM 相似的分子结构，因此 HPAN 同样也具有选择性堵水特性。国内所用 HPAN 是腈纶废丝在碱性条件下水解得到的，主要用于多价金属离子含量高的出水地层，其结构如下：

$$\left[CH_2-\underset{\displaystyle CN}{\underset{|}{CH}}\right]_x\left[CH_2-\underset{\displaystyle CONH_2}{\underset{|}{CH}}\right]_y\left[CH_2-\underset{\displaystyle COONa}{\underset{|}{CH}}\right]_z$$

(1) HPAN 的特点

HPAN 能与地层中的电解质作用形成不溶性的聚丙烯酸盐，但沉淀的化学物质强度低，形成丙烯酸钙盐的过程是可逆的。

水解聚丙烯酸盐沉淀物存在淡化的问题，即在淡水中由于析出离子开始变软，最后溶解。

（2）选堵机理

HPAN结构中的羧基能与含有多价金属离子（如Ca^{2+}、Mg^{2+}、Fe^{2+}等）的地层水（或人工配制的高矿化度的水）作用形成弹性凝固物（聚丙烯酸盐），后者随时间的推移能自行硬化，封堵水道。而油层中不含多价金属离子，HPAN在油层不能生成高价金属盐沉淀，在油井生产时可随油流带出地面，因而具有选择性堵水作用。

由于HPAN与高矿化度的水反应有一个过程，开始是与堵水剂相接触的部分发生反应并生成沉淀物，后来在开采中，随地层水不断流动，HPAN不断与新的地层水反应，生成新的沉淀物，加上黏弹效应强，所以有效期较长（1～2年）。

（3）HPAN复合堵水体系

① 与多价金属离子作用。HPAN用于高矿化度地层堵水，一般地层水要求多价金属离子含量大于30g/L，如果地层水矿化度不高，则要采用人工矿化的方法。即在注入HPAN溶液的前置液和后置液中交替补注入一些多价金属盐溶液，例如$CaCl_2$、$FeCl_2$、$Al(NO_3)_3$等溶液，以增加沉淀量，提高封堵效果。典型配方为6.5%～8.5%HPAN溶液，20%～30%$CaCl_2$溶液，隔离液为原油或柴油；体积比为HPAN∶$CaCL_2$∶隔离液＝2∶1∶1，上述浓度为质量体积浓度。该配方适用于砂岩油层堵水，处理层温度为40～90℃。

② HPAN-K_2HPO_4/KH_2PO_4堵水。在HPAN溶液中添加K_2HPO_4或KH_2PO_4可进行单液法堵水。K_2HPO_4或KH_2PO_4与地层水中阳离子作用生产沉淀，并且与HPAN的多价金属盐沉淀混合在一起，其封堵效果显著，常用的配方为：5%～20%的K_2HPO_4，5%～10%的HPAN（质量分数）。

从结构上看，HPAN与HPAM在堵水机理方面存在相似性。HPAM可交联使用，也可以与KH_2PO_4或K_2HPO_4复配使用，以增加Ca^{2+}、Mg^{2+}产生沉淀的量。

③ HPAN-甲代亚苯基双异氰酸酯/聚氧丙烯二醇缩聚物。用甲代亚苯基双异氰酸酯/聚氧丙烯二醇缩聚物配成的50%丙酮溶液（质量分数）作为HPAN混合物的成胶剂，以防止水渗入含油层，可改善油层的性质。其性能与使用甲醛和盐酸交联HPAN堵水效率相比，由75%提高到90%～94%。

④ HPAN-甲醛溶液＋乌洛托品＋氯化铵。其配方为：10%的HPAN水溶液占70%～80%（重量），37%的甲醛溶液占14%～20%，乌洛托品占1%～5%，氯化铵占1%～9%，上述组分得到的混合体系凝胶稳定性好，不失水，不收缩，封堵效率高。

⑤ HPAN-水泥。在HPAN溶液中加入适量水泥悬浮物，一方面可将水泥导入较深地层；另一方面可以增加封堵强度。前苏联曾使用该法施工89口井，成功

率约为 79%。

4.3.1.3 乙烯基单体共聚物（水基）

（1）阴阳非共聚物

这类聚合物是通过丙烯酰胺（AM）与（3-丙烯酰氨基-3-甲基）丁基三甲基氯化铵（AMBTAC）共聚、部分水解得到，所以也叫水解 AM-AMBTAC 共聚物。水解 AM-AMBTAC 共聚物结构简式为：

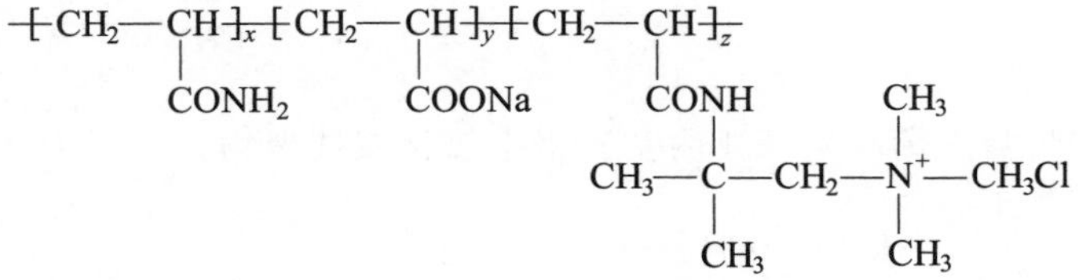

$$\left[CH_2-\underset{\displaystyle CONH_2}{CH}\right]_x\left[CH_2-\underset{\displaystyle COONa}{CH}\right]_y\left[CH_2-\underset{\displaystyle CONH-\overset{\displaystyle CH_3}{\underset{\displaystyle CH_3}{C}}(CH_3)-CH_2-\overset{\displaystyle CH_3}{\underset{\displaystyle CH_3}{N^+}}-CH_3Cl}{CH}\right]_z$$

从分子式可以看出，该封堵剂的分子中有阴离子链节、阳离子链节和非离子链节。它的阳离子链节可与带负电荷的砂岩表面产生牢固的化学吸附，它的阴离子链节、非离子链节除有一定数量的吸附外，还可伸展到水中增加流动阻力。下列数据说明它比 HPAM 有更好的封堵能力（表 4-1）。

表 4-1 部分水解 AM-AMBTAC 共聚物与 HPAM 封堵能力对比

聚合物	阻力系数	残余阻力系数
部分水解 AM/AMBTAC	7.229	3.739
HPAM	5.023	2.031

表中阻力系数为在相同的流速下岩心注入聚合物与注入盐时注入压力的比值，残余阻力系数为盐水冲刷阻力系数，即聚合物处理前后在相同流速下岩心注入盐水的注入压力的比值。

另一种阴阳非离子三元共聚物是通过丙烯酰胺与二甲基二丙烯氯化铵（DMDAAC）共聚、水解得到，故也叫作部分水解 AM-DMDAAC 共聚物。其结构简式为：

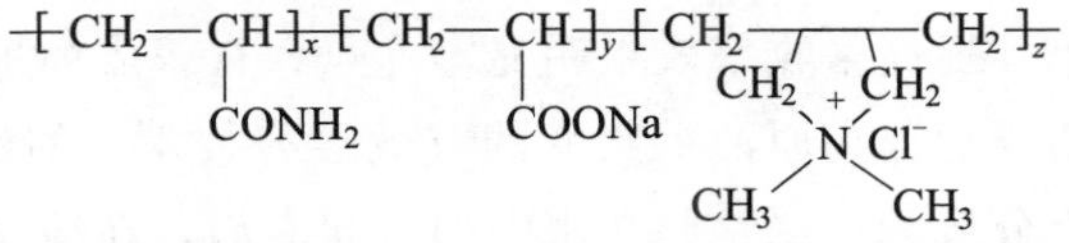

$$\left[CH_2-\underset{\displaystyle CONH_2}{CH}\right]_x\left[CH_2-\underset{\displaystyle COONa}{CH}\right]_y\left[CH_2-\underset{\displaystyle CH_2\quad CH_2 \atop \displaystyle \overset{+}{N}(CH_3)_2\ Cl^-}{CH-CH}-CH_2\right]_z$$

这种共聚物是通过丙烯酰胺（AM）与二甲基二烯丙基氯化铵（DMDAAC）共聚、水解得到，也称为部分水解 AM/DMDAC 共聚物，上式结构中最佳的质量比为 1∶1∶1。这种共聚物一般与黏土防膨剂、互溶剂和表面活性剂一起使用。例如，将 0.2%～3%共聚物溶于 2%氯化钾中，再加入 5%～20%互溶剂（如乙二醇丁醚）和 0.1%～1.0%表面活性剂（阴离子、非离子型表面活性剂或含氟的季铵盐表面活性剂）一起使用。

（2）阳离子型共聚物

阳离子型聚合物是指可在水中电解出阳离子链节的聚合物。该聚合物为水基选择性堵水剂，可优先进入出水层，并优先吸附在被水冲刷而暴露出来的带负电的岩石表面，被吸附聚合物中未被吸附的链节可向水中伸展，抑制水的产出，从而起堵水作用。以下是三种常用的具有选择性堵水性能的阳离子型聚合物：

a. 丙烯酰胺与丙烯酸-1，2-亚乙酯三甲基氯化铵共聚物

$$\text{+}CH_2\text{—}\underset{\underset{CONH_2}{|}}{CH}\text{+}_m\text{+}CH_2\text{—}\underset{\underset{COO—CH_2—CH_2—\overset{\overset{CH_3}{|}}{\underset{\underset{CH_3}{|}}{N^+}}—CH_3\ Cl^-}{|}}{CH}\text{+}_n$$

b. 丙烯酰胺与丙烯酰氨基亚丙基三甲基氯化铵共聚物

$$\text{+}CH_2\text{—}\underset{\underset{CONH_2}{|}}{CH}\text{+}_m\text{+}CH_2\text{—}\underset{\underset{CONH}{|}}{CH}\text{+}_n \qquad \underset{|}{CONH}—(CH_2)_3—\overset{\overset{CH_3}{|}}{\underset{\underset{CH_3}{|}}{N^+}}—CH_3\ Cl^-$$

c. 丙烯酰胺与二烯丙基二甲基氯化铵共聚物

$$\text{+}CH_2\text{—}\underset{\underset{CONH_2}{|}}{CH}\text{+}_m\text{+}CH_2\text{—}CH\text{—}CH\text{—}CH_2\text{+}_n \quad (CH_2,\ CH_2\ \text{成环于}\ \overset{+}{N}(CH_3)_2\ Cl^-)$$

4.3.1.4 **泡沫堵水（水基）**

泡沫型堵水调剖剂具有成本低、抗高温、堵水不堵油等优良特性，是有发展前途的一种选择性堵水剂。泡沫体系具有黏度高、封堵能力强、堵大不堵小、堵水不堵油等特点，且封堵能力随渗透率的增大而增大。因此，泡沫在驱油及堵水调剖方面均有广泛应用。对于高含水甚至特高含水开发阶段的油田，泡沫调剖以其实施成本低、工艺相对简单、提高采收率效果明显等优点，有望成为进一步改善高含水阶段开发效果及聚合物驱后提高原油采收率的有效接替技术。泡沫形成的必要条件，一是要气液连续、充分接触；二是要在水中加入起泡剂，在纯净液体中产生的泡沫只能在瞬间存在。起泡剂的加入，一是可以降低液体的表面张力，降低体系的表面自由能，增加体系的稳定性；二是可以增加泡沫液膜的强度和弹性，提高液膜承受外力的能力，增加液膜的稳定性；三是可以提高泡沫液膜的表面黏度，降低液膜的排液能力，增加泡沫的稳定性。起泡剂的质量直接影响产生泡沫的性质，稳定性是泡沫研究的核心问题。

泡沫可根据其组成分为两相泡沫、三相泡沫等。两相泡沫是由起泡剂和水溶性添加剂组成，三相泡沫还含有固相如膨润土、白粉等。三相泡沫的稳定性要比两相

泡沫高出许多倍，这是因为固相颗粒能够加固小气泡之间的界面膜。

堵水机理：

① 泡沫以水为外相，可优先进入出水层，在出水层中稳定存在。

② 小气泡黏附在岩石孔隙表面上，可以阻止水在多孔介质中的自由运动。岩石表面原有的水膜，能阻碍气泡的黏附，加入一定量的表面活性剂可减弱这种水膜。

③ 由于贾敏效应和岩石孔隙中泡沫的膨胀，水在岩石孔隙介质中的流体流动阻力大大增加。

④ 堵水剂在岩石孔隙中乳化，改变了岩石的润湿性，使岩石表面憎水，阻碍水流的窜通。

⑤ 泡沫在油层不稳定，进入油层的泡沫不堵塞油层，这是因为油水界面张力远小于水的表面张力，按界面能自发减小的规律，稳定泡沫的表面活性剂分子将大量移至油水界面而引起泡沫的破坏。因此泡沫是一种选择性堵水剂。

常用的起泡剂主要是磺酸盐表面活性剂，稳泡剂（又称为稠化剂）常为CMC、PVA（聚乙烯醇）、PVP（聚乙烯吡咯烷酮）等。制备泡沫的气体是空气、氮气或CO_2，后两种气体可由液态转变而来。特别是CO_2使用方便，当温度达到31℃（CO_2的临界温度）时就产生气体，用于起泡。氮气亦可以通过反应产生，在地层产生气泡。其方法是向地层注入NH_4NO_2或能产生此物质的其他物质如$NH_4Cl+NaNO_2$或$NH_4NO_3+KNO_2$。控制pH值使体系由碱性转变为酸性，即开始时体系为碱性，可抑制N_2的产生，当气体进入地层后，pH转变为酸性，NH_4NO_2分解出N_2，起泡剂溶液变为泡沫。

4.3.1.5 皂类堵水剂（水基）

皂类选择性堵水剂是利用皂类与Ca^{2+}、Mg^{2+}反应产生沉淀，利用沉淀对地层产生堵塞，因此只用于封堵钙、镁离子含量高的地层水。

（1）松香酸皂

松香酸（$C_{19}H_{29}COOH$）为浅黄色，具有较高的皂化点，不溶于水，钠皂、铵皂由松香（含80%～90%松香酸）与碳酸钠（或氢氧化钠）反应而成。松香酸钠和钙、镁离子反应生成不溶于水的松香酸钙、松香酸镁沉淀。反应方程式如下所示：

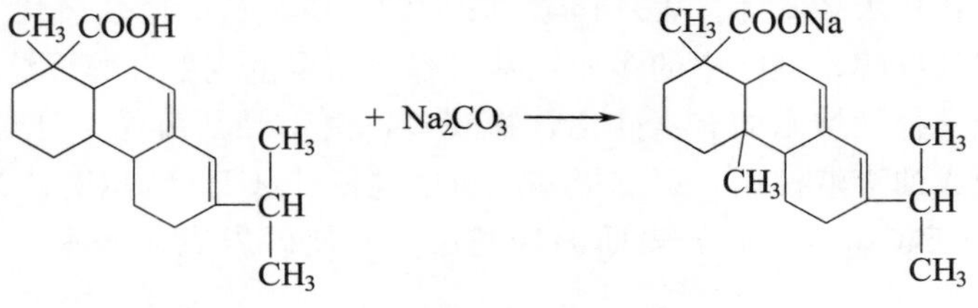

$$\text{松香酸} + Na_2CO_3 \longrightarrow \text{松香酸钠}$$

松香酸　　　　松香酸钠

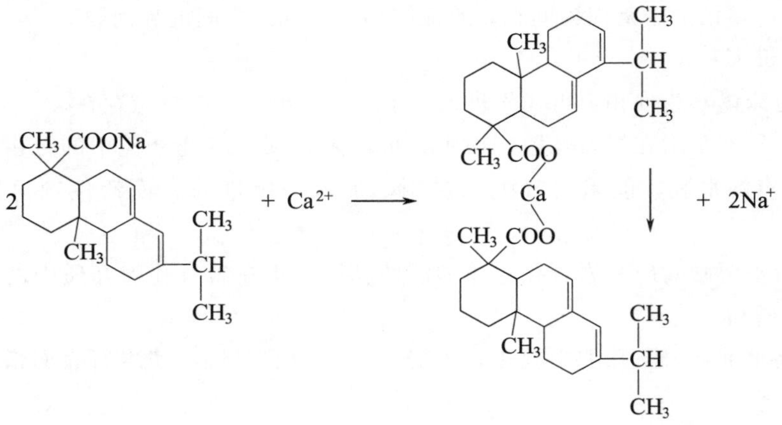

（2）山芋酸钾

山芋酸钾皂［$CH_3(CH_2)_{20}COOK$］溶于水，钠皂不溶于水，将水溶性的山芋酸钾溶液注入地层后遇地层水中的 Na^+ 即发生如下化学反应而产生沉淀，封堵出水层。

$$CH_3(CH_2)_{20}COOK + Na^+ \longrightarrow CH_3(CH_2)_{20}COONa\downarrow + K^+$$

（3）环烷酸皂

碱性油废液的主要成分是环烷酸皂，其为暗褐色的易流动液体，密度和黏度接近于水，热稳定性好，无毒，易与水和石油混溶，其对 $CaCl_2$ 水溶液极为敏感。通过 $CaCl_2$ 水溶液反应生成强度高、黏附性好的憎水物质，堵塞出水孔道。反应方程式如下所示：

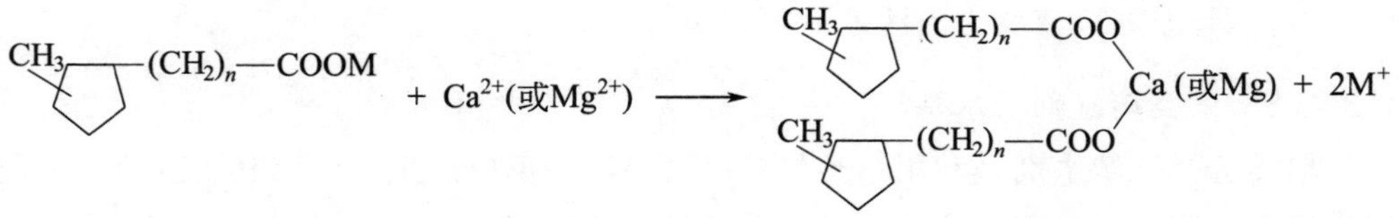

4.3.1.6 有机硅类（油基）

有机硅类化合物包括 $SiCl_4$、氯甲硅烷和低分子氯硅氧烷等。它们对地层温度适应性好，可用于一般地层温度，也可用于高温（200℃以上）地层。烃基卤代甲硅烷是有机硅化合物中使用最广泛的一种易水解、低黏度的液体，其通式为 $RnSiX_{4-n}$。其中 R 为烃基、X 表示卤素（F、Cl、Br、I）。羟基卤代甲硅烷可与水反应生成相应的硅醇，硅醇中的多元羟基很容易缩聚生成聚硅醇沉淀，从而封堵出水层。适用于选择性堵水的有机硅化合物较多，由于烃基卤代甲硅烷是油溶性的，所以需将其配成油溶液使用，以二甲基二氯甲硅烷［$(CH_3)_2SiCl_2$］为例。

① $(CH_3)_2SiCl_2$ 可与砂岩表面的羟基反应，使砂岩表面憎水化，其反应方程式如下所示：

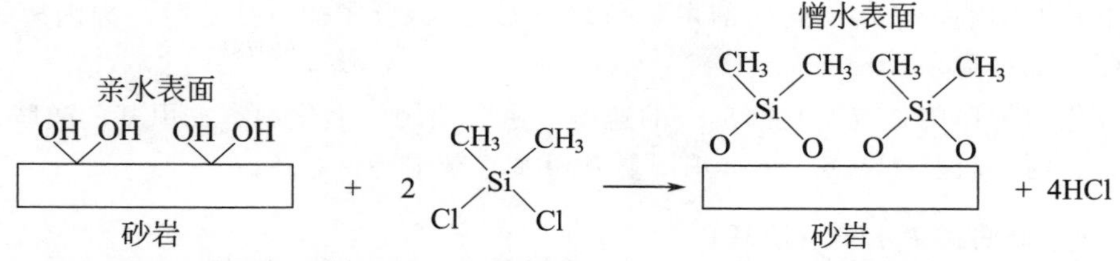

由于出水层的砂岩表面由亲水反转为亲油，增加了水的流动阻力，因而减少了油井出水。

② $(CH_3)_2SiCl_2$ 可与水反应生成硅醇，硅醇很易缩聚，生成聚硅醇。$(CH_3)_2SiCl_2$ 与水的反应方程式如下所示：

$$(CH_3)_2SiCl_2 + 2H_2O \longrightarrow (CH_3)_2Si(OH)_2 + 2HCl$$

二甲基甲硅二醇极易缩聚，生成聚合度足够高的不溶于水的聚二甲基甲硅二醇沉淀，封堵出水层。

由于烃基卤代硅烷价格昂贵，并且与水反应剧烈，一般不直接使用。实际应用中常用烷基氯硅烷生产过程中的釜底残液部分水解制堵水剂。该堵水剂适用于砂岩油层堵水，适用井温为150～200℃，且施工时要求绝对无水。

4.3.1.7 聚氨基甲酸酯（油基）

聚氨酯类堵水剂是由多羟基化合物和多异氰酸酯聚合而成，聚合保持异氰酸基（—NCO）的数量超过羟基（—OH）的数量，即可制得有选择性堵水作用的聚氨酯。这样得到的聚氨基甲酸酯发生选择性堵水的作用是因为过剩的异氰酸基遇水可发生一系列反应，即异氰酸基与水作用生成氨并放出二氧化碳，所产生的氨基可继续与异氰酸基作用生成脲键。其反应方程式如下所示：

$$\text{—NCO} + H_2O \longrightarrow \text{—}NH_2 + CO_2$$

$$\text{—}NH_2 + \text{—NCO} \longrightarrow \text{—NH—CO—NH—（脲键）}$$

脲键上含有活泼氢，还可以与其他未反应的异氰酸基反应，使原来可流动的线型的聚氨基甲酸酯最后变成不能流动的体型的聚氨基甲酸酯，将出水层堵住。而在油层，则没有上述反应，所以不产生堵塞。可见聚氨基甲酸酯是一种选择性较好、封堵能力很强的堵水剂。

在聚氨酯堵水剂中还需要加入以下成分。

（1）稀释剂

稀释剂用于稀释聚氨基甲酸酯，提高流动性，常用的有二甲苯、四氯化碳或石油馏分等。

（2）封闭剂

封闭剂是在一定时间内，将聚氨基甲酸酯中的异氰酸基全部反应（封闭）掉，使堵水剂不会再变成体型的结构。这样，进入油层的堵水剂，即使留在油层也不会产生不好的影响。常用的封闭剂主要是 C_1～C_6 的低分子醇（如乙醇、异丙醇等）。

（3）催化剂

催化剂的作用是改变封闭反应的速率。主要使用的催化剂有二甲基乙醇胺、三乙胺、三丙胺以及 2,4,6—三（三甲氨基甲基）苯酚等。

4.3.1.8 稠油类堵水剂（油基）

稠油类堵水剂包括活性稠油、稠油-固体粉末和偶合稠油等。近几年，国内外一些油田工作者开展了活性稠油堵水技术研究，即在具有一定黏度的稠油中加入W/O型乳化剂。活性稠油进入地层后，遇水能在较低搅动强度下形成稳定的 W/O 型乳状液，黏度增加，阻止地层水向井底流动。遇油则被稀释，黏度下降，流出地层。因此活性稠油是一种堵水不堵油的选择性堵水剂。

（1）活性稠油

稠油中本身含有一定数量的 W/O 型乳化剂，如环烷酸、胶质、沥青质等。这类表面活性剂往往由于 HLB 值太小不能满足稠油乳化成油包水型乳状液的需要，所以需加入一定量 HLB 值较大的表面活性剂，如 AS、ABS、油酸、斯盘-80 等。

配制活性稠油的稠油（胶质、沥青质含量大于 50%）黏度最好在 300～1000mPa·s，表面活性剂在稠油中的浓度一般为 0.05%～2%。活性稠油用量为每米厚油层 5～2m^3。辽河油田勘探局曾丛荣等开发出一种新的油井选择性堵水用的活性稠油乳化剂 C-911，此类乳化剂是由斯盘类表面活性剂、聚丙烯酰胺类聚合物及其他添加剂组成的一种复合型乳化剂，外观为淡黄色透明黏稠液体，密度为 1.12～1.20g/m^3，pH 值为 6～8，凝固点低于－17℃，与水形成稳定的乳液，溶于甲苯等有机溶剂。

（2）稠油-固体粉末

在乳化剂的作用下，稠油、固体粉末混合液泵入地层后与地层水形成油包水型乳状液，可改变岩石表面性质，使地层水的流动受阻并因此降低水相渗透率。稠油中胶质和沥青含量应大于 45%，黏度大于 500mPa·s，固体粉末贝壳粉、石灰或水泥的粒度为 150～200 目，表面活性剂为 AS 或 ABS。配方为稠油、粉末与水的质量比为 100∶3∶230。该堵水剂可用于出水类型为同层水的砂岩油层堵水，在注入地层前应加热至 50～70℃。

（3）偶合稠油

该堵水剂是将低聚合度、低交联度的苯酚-甲醛树脂或它们的混合物（21℃时最好为液体）作偶合剂溶于稠油中配制而成。这些树脂与地层表面反应，发生化学吸附，加强地层表面与稠油的结合（偶合），使稠油不易排出，从而延长有效期。

4.3.1.9 醇基堵水剂

醇基堵水剂包括松香二聚物、醇基复合堵水剂等，其应用较少。为了探索用于地层温度高、油层渗透率低的深井的隔离液及在不提升井下设备条件下选择性封堵油层含水带的可能性，前苏联研究人员在实验研究的基础上，研制出一种封堵材料，其组分主要是水溶性聚合物和硅酸钠含水乙醇溶液。

(1) 松香二聚物的醇溶液

松香可在硫酸作用下进行聚合，生成松香二聚物。松香二聚物易溶于低分子醇（如甲醇、乙醇、正丙醇等）而难溶于水。当松香二聚物的醇溶液与水相遇，水即溶于醇中，减少了它对松香二聚物的溶解度，使松香二聚物饱和析出。由于松香二聚物软化点较高（100℃以上），所以松香二聚物析出后以固体状态存在，对于水层有较高的封堵能力。

在松香二聚物的醇溶液中，松香二聚物的含量为40%～60%（质量分数），含量太大则黏度太高；含量太小则堵水效果较差。

(2) 醇-盐水沉淀堵水剂

该方法是向注水井地层先注入浓盐水，然后再注入一个或几个水溶性醇类（如乙醇）段塞。醇与盐水在地层混合后会产生盐析，封堵高渗透层，使其渗透率降低50%，原油采收率提高15%。实验表明，盐水的浓度为25%～26%，乙醇的浓度为15%～30%时较为适宜，采用多段塞法的效果则更为明显。醇和盐水的流动性好，有利于选择性封堵高渗透含水层。

(3) 醇基复合堵水剂

C. M. KacyMOB等在实验研究的基础上，研制了一种新的封堵材料，主要成分为水玻璃（$Na_2O \cdot mSiO_2 \cdot nH_2O$，模数为2.9）和HPAM，后者的作用是与地层水混合后提高混合液的黏度和悬浮能力。该材料中同时含有较低浓度的含水乙醇，其作用是加速盐类离子的凝聚过程。乙醇能提高吸附离子接近硅酸胶束表面膜的能力，从而可增加凝胶的吸附量。该堵水剂遇水后析出沉淀堵塞水流通道。

4.3.2 非选择性堵水剂

非选择性堵水剂适用于出水位置和出水层明显的油层，封堵油藏中单一出水层或高含水层，这类堵水剂用于封堵油井中单一水层和高含水层或水淹后不准备再生产的油井。非选择性堵水剂主要分为水泥浆堵水剂、树脂型堵水剂、沉淀型堵水剂、凝胶型堵水剂和冻胶型堵水剂五种类型。

4.3.2.1 水泥堵水剂

水泥用于油田堵水的历史最长，水泥是一种非选择性堵水剂，是利用凝固后的不透水性来进行封堵的。水泥堵水剂大多用于封堵高渗透的夹层水、底水、油层和水层窜通的含水井段及各分层压力相似的油层水淹井和吸收能力高的水淹层等。水泥的种类有水基水泥、油基水泥、改性“索拉”水泥、膨胀水泥、水泥树脂聚合物以及水溶性聚合物——水泥聚合物等。

(1) 水基水泥

水基水泥层内堵水工艺是将相对密度为1.4～1.9（平均为1.6）的水基水泥通

过油管挤入被封隔器隔开的油层底水段或次生水段，以控制水流的堵水方法。出油层段是通过用相等量的原油平衡的方法得到保护的。水基水泥层内堵水后，污染油井段是一个普遍存在的问题，它是造成水泥堵水失败的最主要原因。据某油田 35 口井次统计，出油井段污染的有 25 口井次，占 71.4%。

(2) 油基水泥

用水泥暂堵油层时，如果油水层交错，在工艺上无法确保油水层分开的情况下将会堵塞油层，为此可用油基水泥代替普通水泥。油基水泥就是以油做基液，将水泥分散悬浮于其中，挤入水层后，油被置换出使水泥固化。如果挤入油层（不含水），水泥不凝固，施工后可以从油层中返出。但油层中只要有少量的水或与井筒的水接触，水泥将会稠化，失去流动性，使地层的渗透率大大下降。地层中存在的束缚水往往足以使少量的水泥在地层面上凝固，故油基水泥只有部分的选择性堵水作用。

一般所用的配方为，煤油或柴油 $1m^3$，水泥 300～800kg，表面活性剂 0.1～10kg。水泥静置沉淀，使多余煤（柴）油游离出来，最后使水泥相对密度介于 1.05～1.65 之间。油基水泥中“多余柴油”（润湿和充填水泥颗粒空隙后多出来的油）对油基水泥在地层中凝固是有害的。

(3) 水泥聚合物堵水剂

水泥聚合物堵水剂不同于水泥，主要是在配浆时加入一定量的环氧树脂和相应的硬化剂——聚乙烯胺溶液。它能影响封堵剂的性质，使封堵剂形成硬度较高的堵水物质。该堵水剂用于封堵被底水所淹的含水油井或含油层、含水层两者窜通后通过环形空间水侵入油井的含水层。前苏联曾广泛应用将水溶性聚合物和水泥配合的技术，利用水溶性聚合物溶液的非牛顿性，将水泥导入地层，对水泥起增强作用，其所用的水溶性聚合物为水解聚丙烯腈等。

(4) 泡沫水泥

把水泥、起泡剂（通常为有机碱金属硫酸盐或季铵盐）、稳泡剂（亦为表面活性剂）混合，通过 N_2 配成泡沫水泥。利用泡沫水泥的黏弹性、低密度和有气泡等特性，能够有效改善堵水材料的性质，提高封堵效果。

由于水泥颗粒大，不易进入中低渗透性地层，造成的封堵是永久性的，因而长时间这类堵水剂的应用范围受到限制。但此类堵水剂价格便宜，强度大，可以用于各种温度，至今仍在研究和应用。

4.3.2.2 树脂型堵水剂

树脂型堵水剂是由低分子物质通过缩聚反应产生高分子物质的堵水剂。非选择性堵水剂常采用热固型树脂，如酚醛树脂、脲醛树脂及环氧树脂等。树脂液经稀释后进入地层，在固化剂和温度的作用下，固化成具有一定强度的固态树脂而堵塞空隙，达到封堵水层的目的。这种堵水剂适用于封窜堵漏和高温地层。

树脂型堵水剂是指由低分子物质通过缩聚反应生成的具有体型结构的、不熔的高分子物质。树脂按受热后物质的变化又分为热固型树脂和热塑型树脂两种。热固型树脂指成型后加热不软化，不能反复使用的体型结构的物质；热塑型树脂则指受热时软化或变形，冷却时凝固，能反复使用的具有线型或支链型结构的大分子。

(1) 酚醛树脂

将市售酚醛树脂（20℃时黏度为150～200mPa·s）按一定比例加入固化剂（草酸）混合均匀，加热到预定温度至草酸完全溶解树脂，呈淡黄色为止，然后挤入水层便可形成坚固的不透水屏障。树脂与固化剂比例及加热温度需要通过实验加以确定。目前酚醛树脂应用较为广泛，其结构如下所示：

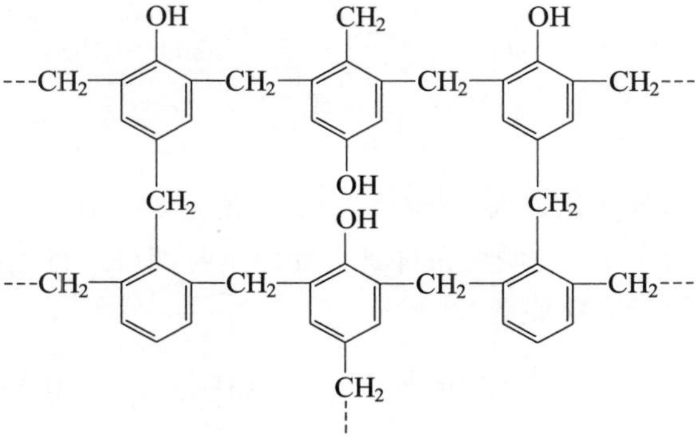

若需提高强度，除在泵前向树脂中加石英砂或硅粉外，还应加入γ-氨丙基三乙基硅氧烷使树脂和石英砂（或硅粉）之间能够很好地黏结。常用配方：树脂与草酸的质量比为1∶0.06。酚醛树脂固化后热稳定温度为204～232℃，可用于热采井堵水作业。

(2) 脲醛树脂堵水剂

将脲（NH_2CONH_2）与甲醛在碱性催化剂的作用下制成一羟、二羟和多羟甲基脲的混合物，然后加入固化剂氯化铵，混合均匀后注入地层，进一步缩合形成热固型树脂封堵出水层，其结构式为：

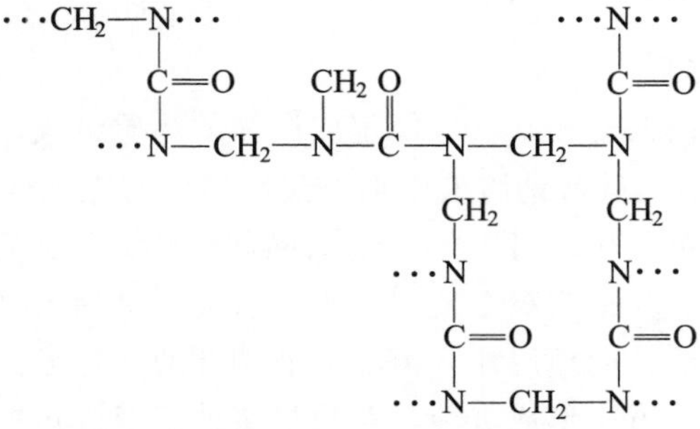

基本配方：尿素、甲醛（浓度36%）、水与氯化铵（浓度15%）之间的质量比为1∶2∶（0.5～1.5）∶（0.01～0.05），该堵水剂适用温度为40～100℃。

(3) 环氧树脂

环氧树脂是一种热固型树脂，强度比酚醛树脂大，但是价格较为昂贵。在泵入前可向液态环氧树脂加入几种硬化剂，硬化剂和环氧树脂反应后使其聚合成坚硬的惰性固体。常用的固化剂为乙二胺、多元酸酐等，稀释剂为乙二醇单丁基醚。环氧树脂是双酚-A 和环氧氯丙烷在碱性条件下反应的产物，其反应式及结构式如下：

$$HO-C_6H_4-C(CH_3)_2-C_6H_4-OH + ClCH_2-\underset{O}{CH-CH_2} \xrightarrow{OH^-}$$

$$-\!\!\left[O-CH_2-CH-O-C_6H_4-C(CH_3)_2-C_6H_4\right]_n\!O-CH_2-\underset{O}{CH-CH_2}$$

(4) 糠醇树脂

糠醇是一种琥珀色液体，沸点为 174.7℃，熔点为－15℃，相对密度为 1.13，20℃时的黏度为 5mPa·s。在酸性条件下，糠醇本身即可进行缩合反应生成坚固的热固型树脂，其化学反应式如下：

$$C_4H_3O-CH_2OH \xrightarrow{H^+} C_4H_3O-CH_2-\!\!\left[C_4H_2O-CH_2\right]_n\!-C_4H_2O-CH_2OH + n\,H_2O$$

将酸液（80％的磷酸）打入欲封堵的水层，后泵入糠醇溶液，中间加隔离液（柴油）以防止酸与糠醇在井筒内接触，当酸与糠醇在地层与水混合后，便产生剧烈的放热反应，生成坚硬的热固型树脂，堵塞地层孔隙，该堵水剂的适用温度为 50～200℃。

树脂类堵水剂的优点是可注入地层孔隙并且具有足够高的强度，封堵孔隙、裂缝、孔洞、窜槽和炮眼中的液体流动。树脂为中性，通常与井下各种液体均不会发生反应，其有效期长。树脂类堵水剂的缺点是，树脂固化前对水、表面活性剂、苛性碱和酸较敏感，易发生固化反应，且其成本高，无选择性，误堵后解除困难。近年来，纯树脂型堵水剂已很少使用。

4.3.2.3 沉淀型堵水剂

沉淀型堵水剂是由两种相互反应能生成沉淀的物质组成，该类堵水剂主要以水玻璃（Na_2SiO_3）为主。硅酸钠溶液中加入酸性物质后先生成单硅酸，后缩合成多硅酸，多硅酸具有长链结构，可以形成空间网状结构，呈现凝胶状，即硅酸凝胶，在地层中起堵塞作用。为适应高温地层堵水的需要，可加入醛、醇或氧化物等以延迟胶凝时间。通常做法为向地层注入由隔离液隔开的两种无机化学剂溶液，在注入过程中，使其在地层孔道中形成沉淀，对被封堵地层形成物理堵塞，从而封堵地层孔道。由于这两种反应物均是水溶液，且黏度较低，与水相近，故能优先进入高吸水层，有效地封堵高渗透层。

最常用的沉淀型堵水剂为水玻璃-卤水体系。卤水体系包括 $CaCl_2$、$FeCl_2$、$FeCl_3$、$FeSO_4$、$Al_2(SO_4)_3$ 以及甲醛等。一般来说，沉淀量越大，堵塞能力就越大。

硅酸钠($x Na_2O \cdot y SiO_2$)又名水玻璃、泡花碱，为无色、青绿色或棕色的固体或黏稠液体，其物理性质随着成品内氧化钠和二氧化硅的比例不同而不同，是日用化工和化工工业的重要原料。

通常将水玻璃中 SiO_2 与 Na_2O 的摩尔比称为水玻璃的模数（M），即：

$$M=\frac{SiO_2}{Na_2O}\times 1.0323$$

因为模数主要由 SiO_2 组成，模数增大，沉淀量也增大。模数大小通常为 2.7～3.3，且可用 NaOH 来调整。几种常见的水玻璃的模数及性质见表 4-2 和表 4-3。

表 4-2　水玻璃的主要性质

产地	相对密度	Na_2O(质量分数)	SiO_2(质量分数)	模数	外观
上海	1.62	0.20	0.218	1.12	白色固体
东营	1.60	0.148	0.339	2.36	墨绿色液体
淄川	1.42	0.093	0.308	3.43	墨绿色液体

表 4-3　水玻璃浓度与黏度的关系（60℃）

模数	水玻璃的黏度(10^{-4}mPa·s)			
	10%	20%	30%	40%
1.12	1.73	2.40	4.34	13.4
2.36	1.81	2.22	3.87	15.23
3.43	1.72	2.11	3.79	19.44

隔离液使用水或轻质油，用量取决于产生沉淀物的位置。例如选用水玻璃-$CaCl_2$ 堵水剂，现场注入程序为：清水→水玻璃→清水→氯化钙溶液，一般泵注段塞循环，最后再顶替 5～10m^3 清水，关井 24h。

为了提高沉淀型堵水剂的封堵强度，可采用复合型堵水剂，其配方为水玻璃、$CaCl_2$、PAM、HCl 及甲醛的质量比为（1～1.6）：0.6：0.04：（0.5～0.78）：0.04。该复合型堵水剂的优点是可泵性好，易解堵并且混合比较均匀，节约原料等，可用于封堵油井单一水层、同层水、窜槽水及炮眼，成功率达 73%。沉淀型堵水剂作业成功率高，有效期长，施工简单，价格较低，解堵容易，适用性强，但易污染油层。

4.3.2.4　凝胶型堵水剂

（1）凝胶的定义及类型

凝胶是固态或半固态的胶体体系，它是由胶体颗粒、高分子或表面活性剂分子互相连接形成的空间网状结构。其结构空隙中充满了液体，液体被包在其中固定不动，使体系失去流动性，其性质介于固体和液体之间。

凝胶分为刚性凝胶（如无机凝胶 TiO_5、SiO_2 等）和弹性凝胶（如线型大分子凝胶）两类。无机凝胶属非膨胀性凝胶，呈刚性，而线型大分子形成的凝胶会吸水膨胀，具有一定的弹性。当溶胶（sol）在改变温度、加入非水溶剂、加入电解质或通过化学反应以及氢键、范德华力作用时，就会失去流动性转变成凝胶。

（2）凝胶（gel or jel）与冻胶（jelly）的区别

① 化学结构上的区别。凝胶是化学键交联，在化学剂、氧或高温作用下，大分子间交联而凝胶化，不会在不发生化学键破坏的情况下重新恢复为可流动的溶液，为不可逆凝胶。

冻胶是由次价力缔合而成的网状结构，在温度升高，机械搅拌，振荡或较大的剪切力作用下，结构破坏而变为可流动的溶液，为可逆凝胶。

② 网状结构中含液量的区别。凝胶含液量适中，而冻胶的含液量很高，通常大于 90%（体积分数）。

（3）硅酸凝胶

硅酸凝胶是在水玻璃溶液中加入电解质或在适当浓度的硅酸盐溶液加酸生成的。该凝胶软而透明，有弹性，其强度可以阻止通过地层的水流。凝胶的强度可用模数来控制，模数小的凝胶强度小，反之则凝胶强度大。

硅酸有多种组成成分，常以通式 $x\mathrm{SiO_2}\cdot y\mathrm{H_2O}$ 表示。偏硅酸 H_2SiO_3（$x=1$，$y=1$）、正硅酸 H_4SiO_4（$x=1$，$y=2$）和焦硅酸 $H_6Si_2O_7$（$x=2$，$y=3$）都具一定的稳定性并能独立存在。水溶液中主要是以 H_4SiO_4 的形式存在，H_4SiO_4 可通过聚合反应形成多硅酸即硅酸溶胶，如：

```
          OH        OH        OH        OH
          |         |         |         |
  ···O—Si—O—Si—O—Si—O—Si···
          |         |         |         |
          O         O         O         O
          |         |         |         |
  ···O—Si—O—Si—O—Si—O—Si···
          |         |         |         |
          O         O         O         O
          |         |         |         |
  ···O—Si—O—Si—O—Si—O—Si···
          |         |         |         |
          ⋮         ⋮         ⋮         ⋮
```

因为在各种硅酸中以偏硅酸的组成最简单，所以通常以 H_2SiO_3 代表硅酸。采用不同的方法制备的硅酸溶胶可分为两种，即酸性硅酸溶胶和碱性硅酸溶胶。前者是将水玻璃加到盐酸中制得，因反应在 H^+ 过剩的情况下发生，根据法扬斯法则，它应形成如图 4-9（a）所示的结构，胶粒表面带正电。该体系胶凝时间长，凝胶强度小。后者是将盐酸加到水玻璃中制得，因反应在硅酸过剩的情况下发生，若水玻璃的模数为 1，硅酸根将为 SiO_3^{2-}，根据法扬斯法则，它应形成如图 4-9（b）所示的结构，胶粒表面带负电。这两种硅酸溶胶都可在一定的温度、pH 值和硅酸的含量下进行胶凝。酸能使硅酸钠发生胶凝，故称为活化剂，常用的活化剂有盐酸、草酸、CO_2、$(NH_4)_2SO_4$、甲醛和尿素等。

堵水机理：Na_2SiO_3 溶液遇酸后，先形成单硅酸，后缩合成多硅酸。它是由长链结构形成的一种空间网格结构，在其网格结构的空隙中充满了液体，故呈凝胶状，主要靠这种凝胶物封堵油层出水部位或出水层。反应方程如下所示：

$$Na_2SiO_3 + H^+ 或 Me^{2+} \longrightarrow 凝胶 \quad ①$$

$$Na_2SiO_3 + 2HCl \longrightarrow 2NaCl + H_2SiO_3 \downarrow \quad ②$$

$$Na_2SiO_3 + 2CH_2O \longrightarrow H_2SiO_3 \downarrow + 2HCOONa \quad ③$$

在式①反应中生成的硅酸以极细小的颗粒分散在水中，pH 值为 7 时，随时间的延长，溶胶颗粒通过脱水反应连接起来生成凝胶。若溶胶中有过剩的 HCl 或 Na_2SiO_3 时，则可以作为稳定剂延长凝胶时间。如图 4-9（a）所示，当 HCl 过剩时，H^+ 与 Cl^- 将在 H_2SiO_3 胶粒表面吸附，使颗粒带正电，颗粒间因静电斥力而不能彼此合并，因而使溶胶稳定性增强。在水玻璃过剩时，则形成另一种稳定结构，如图 4-9（b）所示。因此，在施工时只要控制 pH 值即可控制胶凝时间，使得溶胶在可泵时间内注入地层。

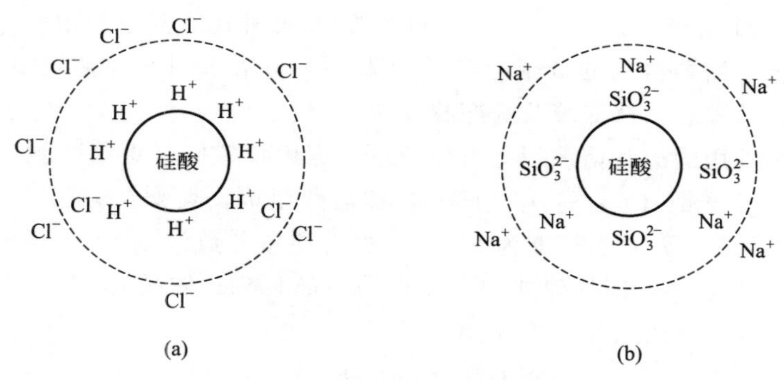

图 4-9 硅酸凝胶的胶团结构

硅酸凝胶的优点在于价廉且能处理井半径为 1.5～3.0m 的地层，能进入地层小空隙，在高温下稳定。其缺点是 Na_2SiO_3 完全反应后微溶于流动的水中，强度较低，需要加固相增强或用水泥封口，此外 Na_2SiO_3 能与多种普通离子反应。

（4）丙凝堵水剂

丙凝堵水剂是以丙烯酰胺（AM）和 *N*,*N*-亚甲基双丙烯酰胺（MBAM）为原料，过硫酸铵为引发剂，铁氰化钾为缓凝剂，通过自由基水溶液聚合的方式生成的凝胶。该堵水剂可用于油、水井堵水。常用配方为丙烯酰胺、*N*,*N*-亚甲基双丙烯酰胺、过硫酸铵、铁氰化钾之间的质量比为（1～2）：（0.04～0.1）：（0.016～0.08）：（0.0002～0.028）。

混合物中堵水剂质量分数为 5%～10%，每口井用量为 13～30m^3。胶凝时间受温度、过硫酸铵和铁氰化钾含量的影响。在 60℃下，AM 与 MBAM 的质量比为 95：5，总质量分数为 10%，过硫酸铵占 0.2%，铁氰化钾为 0.001%～0.002%（质量分数）时，胶凝时间为 92～109min。

（5）盐水凝胶

Wittington 研究了一种盐水凝胶堵水剂，已在现场用于深部地层封堵。盐水凝胶组成为羟丙基纤维素（HPC）、十二烷基硫酸钠（SDS）及盐水，三者混合后形成凝胶。盐水凝胶优点是可通过控制水的含盐度引发胶凝，故不需加入铬或铝等金属盐作为活化剂。HPC/SDS的淡水溶液黏度为80mPa·s，当与盐水混合后黏度可达70000mPa·s。该凝胶在砂岩的岩心流动试验中，可使水的渗透率降低95%。施工时不必对油藏进行特殊设计和处理，有效期达半年。当地层中不存在盐水时，几天内就会使其黏度降低。

4.3.2.5 冻胶型堵水剂

冻胶是指由高分子溶液经交联剂作用而失去流动性形成的具有网状结构的物质。能被交联的高分子主要有聚丙烯酰胺（PAM）、阴离子型聚丙烯酰胺（HPAM）、羧甲基纤维（CMC）、羟乙基纤维（HEC）、羟丙基纤维素（HPC）、羧甲基半乳甘露糖（CMGM）、羟乙基半乳甘露糖（HEGM）、木质素磺酸钠（Na-Ls）和木质素磺酸钙（Ca-Ls）等。交联剂多为由高价金属离子所形成的多核羟桥铬离子（如Cr^{3+}，Zr^{4+}，Ti^{3+}，Al^{3+}等）。此外还有醛类（甲醛、乙二醛等）或醛与其他分子缩聚得到的低聚合度的树脂。该类堵水剂的种类较多，诸如铝冻胶、铬冻胶、锆冻胶、钛冻胶及醛冻胶等。

油田较为常用的冻胶堵水剂是由部分水解聚丙烯酰胺、重铬酸钠（$Na_2Cr_2O_7 \cdot 2H_2O$）、硫代硫酸钠（$Na_2S_2O_3 \cdot 5H_2O$）和盐酸组成，典型配方为：HPAM的分子量为300万～500万，水解度为5%～20%，质量分数为0.4%～0.8%；重铬酸钠占0.05%～0.10%；硫代硫酸钠占0.05%～0.15%；体系pH值为3.5～4.5。

在60～80℃下能发生如下氧化还原反应：

$$6S_2O_3^{2-} = 3S_4O_6^{2-} + 6e^-$$

$$Cr_2O_7^{2-} + 14H^+ + 6e^- = 2Cr^{3+} + 7H_2O$$

Cr^{3+}可与HPAM结构中的羧钠基发生交联作用，使聚合物形成网状结构的冻胶，可封堵油井的高渗透层。该堵水剂适用于碳酸盐岩地层堵水，处理层渗透率大于0.5μm^2，平均每米厚油层堵水剂用量为25～35m^3。

以上配方若用亚硫酸钠代替硫代硫酸钠作还原剂，用甲酸乙酯在地下缓慢水解，产生的甲酸代替HCl调节pH值，则可相应延长成胶时间，延长堵水有效期。

4.3.3 化学堵水剂总结与发展趋势

综上可知，部分水解聚丙烯酰胺有独特的堵水选择性，且易于交联使用，适用于不同渗透层。泡沫堵水剂虽存在有效期短的缺点，但能用于大规模施工，成本低，对油气层不产生损害，是一种较好的选择性堵水剂。稠油是堵水剂中唯一可以回收的堵水剂，且不损害地层，与泡沫堵水剂有相同的优点，但是使用时一般需进行地层的预处理（如用阴离子表面活性剂油溶液处理），使地层变成油湿，并增加水层的含油饱和度以利于稠油进入。

水基、油基和醇基三类堵水剂中，水基堵水剂能优先进入出水层，而且比醇基堵水剂更便宜，因此与油基堵水剂和醇基堵水剂相比，是一种应用更为广泛的堵水剂。我国现有的堵水剂种类较多，基本上能满足国内各类油藏条件下堵水调剖的需要，但是能满足某些特殊要求的品种较少。

油井非选择性堵水剂中，按堵水强度以树脂最好，冻胶、沉淀型堵水剂次之，凝胶最差。按成本，则是凝胶、沉淀型堵水剂最低，冻胶次之，树脂最高。沉淀型堵水剂是一种较好的堵水剂，具有耐温、抗盐、耐剪切等特性。

目前我国大部分油田已处于高含水开采期，许多油层被水淹或长期注水使孔隙结构发生很大变化，非均质性更加严重。这些地层需要进行大剂量多段塞深部处理，堵水剂用量大，因此开发廉价的堵水调剖剂具有广泛的使用价值。近年来研究推广应用的土类堵水剂已取得明显的经济效果，纸浆废液和工业废酸的应用同样具有研究前景，进一步加强廉价原料和工业废弃物的研究利用是堵水调剖研究的方向之一。在20世纪80年代，我国的油田堵水工作由原来的生产井堵水转向注水井调剖，近年来为了改善油藏开发效果，扩大可采储量，各油田都进行以控水措施为主的区块整体综合治理，即在注水井进行大剂量调剖，同时在对应的生产井堵水。生产井堵水措施的增加，需一种可处理生产井油水交互大厚层的更先进的选择性堵水剂，这个问题国内外尚未得到有效解决。

4.4 注水井调剖

4.4.1 注水井调剖的概念及意义

注水井调剖是指从注水井调整注水地层的吸水剖面，注水地层的吸水剖面是非均匀的。图4-10即为注水井注水地层的吸水剖面，通过注水井调剖可使注水地层的吸水剖面变得相对均匀。

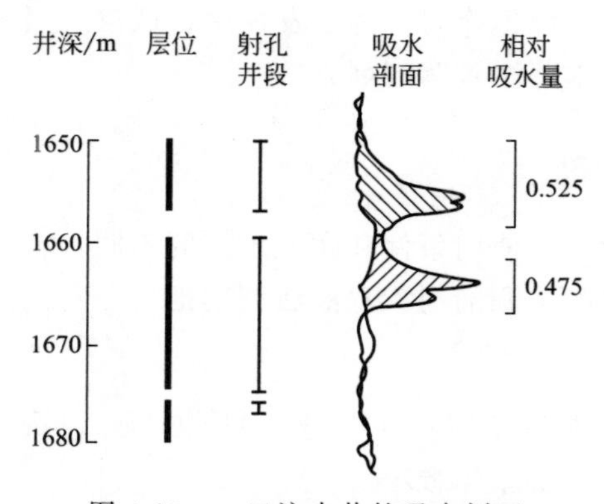

图4-10 一口注水井的吸水剖面

地层存在高渗透层，注入水必然首先沿着高渗透层突入油井，减小注入水的波及系数，降低水驱采收率，如图 4-11 所示。

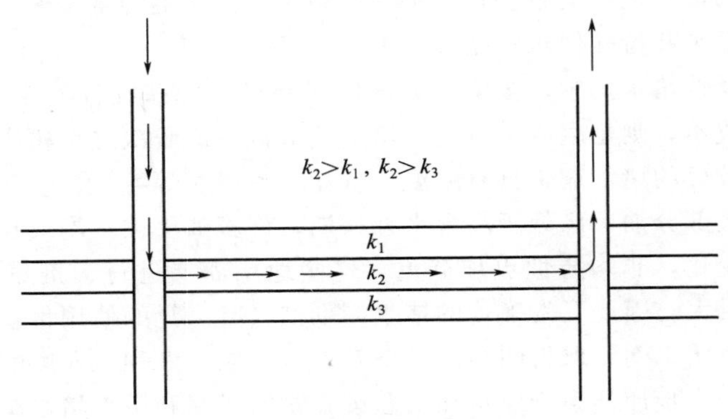

图 4-11　注入水沿高渗透层突入油井

为了提高水驱采收率，必须封堵高渗透层，其原理如图 4-12 所示。

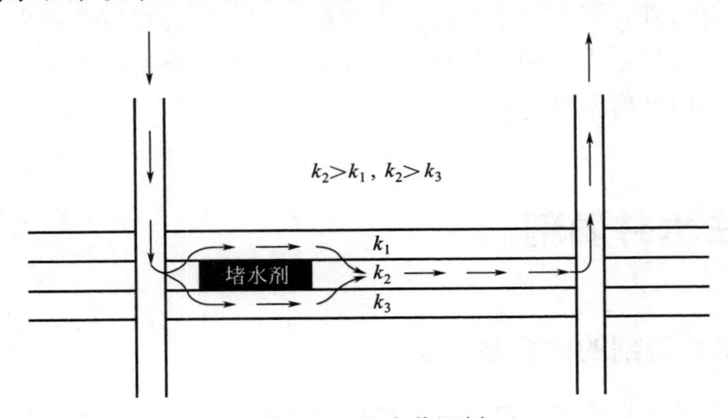

图 4-12　注水井调剖

由于油层的不均质，注入油层的水通常有 80%～90%的量为厚度不大的高渗透层所吸收，致使注入剖面不均匀。为了发挥中、低渗透层的作用，提高注入水的波及系数，就必须向注水井注入调剖剂。

4.4.2 注水井调剖剂

按调剖剂的作用原理、使用条件和注入工艺的不同，本节将注水井调剖剂分为三类：粒状调剖剂、单液法调剖剂、双液法调剖剂。

4.4.2.1 粒状调剖剂

常用的粒状调剖剂主要有 $Mg(OH)_2$、$Al(OH)_3$、石灰乳、黏土、炭黑、塑料颗粒、果壳颗粒以及水膨胀体颗粒。

① $Mg(OH)_2$ 调剖剂是将 $Mg(OH)_2$ 悬浮在水溶液中送到渗滤面可起到封堵作用，该调剖剂溶于稀盐酸，易解堵。

② $Al(OH)_3$ 调剖剂是用PAM溶液为介质，将其调为碱性，然后加入铝酸钠溶液，搅拌混合，即得到 $Al(OH)_3$ 悬浮体，进行注水并调剖。

③ 石灰乳作为氢氧化钙在水中的悬浮体。由于氢氧化钙的颗粒直径较大（大于 $10^{-5}m$），故特别适用于封堵裂缝性的高渗透地层。

以上三种调剖剂在不需要封堵时，可随时解堵。

④ 黏土矿物主要有蒙脱石、高岭石、伊利石和绿泥石等，用作封堵剂则应采用易于水化膨胀的黏土矿物蒙脱石，因为其在水中易于水化膨胀、分散，能产生较好的堵塞。

⑤ 炭黑调剖剂的优点是其具有化学惰性，即使酸化也不失效。它通常分散在非离子表面活性剂（如聚氧乙烯松香酸）水溶液中使用。

⑥ 塑料颗粒调剖剂可按地层渗透率的大小将不同粒径的塑料原粒分散在水中或在稠化水中注入。

⑦ 果壳颗粒调剖剂是将坚果的壳（如核桃壳等）制成的颗粒，一般调剖剂粒径小于60目。这种调剖剂由于密度小，易于被水带入注水层的渗滤面。此外还有青石粉、蚌壳粉等。

⑧ 水膨胀体颗粒调剖剂是一类适当交联、遇水膨胀而不溶解的聚合物颗粒，使用时将它们分散在油、醇或饱和食盐水中送到渗滤面。几乎所有的适当交联的水溶性聚合物都可以制成遇水膨胀颗粒，用得最多是水膨胀型聚丙烯酰胺，体积膨胀倍数可达20～30倍。当水膨胀型聚丙烯酰胺与膨润土复配，会产生更好的封堵效果，其膨胀倍数最高可达70～80倍，且使成本降低。

4.4.2.2 单液法调剖剂

(1) 硅酸溶胶

硅酸溶胶是一种典型的单液法调剖剂，在处理时将硅酸溶胶注入地层，经过一定时间后，在活化剂的作用下可使水玻璃先变成溶胶而后变成凝胶，将高渗透层堵住。活化剂分为无机活化剂和有机活化剂两大类。无机活化剂包括盐酸、硝酸、硫酸、氨基磺酸、碳酸铵、碳酸氢铵、氯化铵、硫酸铵及磷酸二氢钠等，有机活化剂包括甲酸、乙酸、乙酸铵、甲酸乙酯、乙酸乙酯、氯乙酸、三氯乙酸、草酸、柠檬酸、甲醛、苯酚、邻苯二酚、间苯二酚、对苯二酚和间苯三酚等。

单液法用的硅酸溶胶通常用盐酸作活化剂，其反应如下：

$$Na_2O \cdot mSiO_2 + 2HCl \rightleftharpoons mSiO_2 + H_2O + 2NaCl$$

硅酸凝胶主要的缺点是胶凝时间短（一般小于24h），且地层温度越高，它的胶凝时间越短。为了延长胶凝时间，可用潜在酸活化或在50～80℃地层，用热敏活化剂如乳糖、木糖等活化。此外硅酸凝胶缺乏韧性，可用HPAM将水玻璃稠化后再活化的方法予以改进。

(2) 无机酸类

① 硫酸。硫酸可利用地层中的钙、镁盐产生调剖物质。将浓硫酸或含浓硫酸的化工废液注入井中，使硫酸先与井筒周围地层中的碳酸盐反应，增加了注水井的

吸收能力，而产生的细小硫酸钙、硫酸镁将随酸液进入地层并在适当位置（如孔隙结构的喉部）沉积下来，形成堵塞。由于高渗透层进入硫酸多，产生的硫酸钙、硫酸镁也多，所以主要的堵塞发生在高渗透层。用硫酸进行调剖的主要反应如下：

$$CaCO_3 + H_2SO_4 = CaSO_4 \downarrow + CO_2 \uparrow + H_2O$$

$$MgCa(CO_3)_2 + 2H_2SO_4 = MgSO_4 \downarrow + CaSO_4 \downarrow + 2CO_2 \uparrow + 2H_2O$$

② 盐酸-硫酸盐溶液。该体系利用地层的钙、镁盐产生调剖物质，例如将一种配方为 4.5% ～ 12.3% HCl、5.1% ～ 12.5% Na_2SO_4、0.02% ～ 14.5% $(NH_4)_2SO_4$ 的盐酸-硫酸盐溶液注入含碳酸钙的地层，则可通过下列反应产生沉淀，起调剖作用。

$$CaCO_3 + 2HCl = CaCl_2 + CO_2 \uparrow + H_2O$$

$$CaCl_2 + SO_4^{2-} = CaSO_4 \downarrow + 2Cl^-$$

(3) 聚合物类

聚合物地下交联调剖是将一定量的聚合物溶液与交联剂混合后注入地层，在地层温度条件下进行交联反应，生成冻胶封堵高渗透层。

① PAM-六亚甲基四胺-间苯二酚冻胶。该调剖剂的反应原理是六亚甲基四胺在酸性介质中加热可产生甲醛，甲醛与间苯二酚反应可生成多羟甲基间苯二酚，甲醛、多羟甲基间苯二酚均可与聚丙烯酰胺（PAM）发生交联作用，生成复合冻胶体，反应方程式如下所示：

$$(CH_2)_6N_4 + 6H_2O \longrightarrow 4NH_3 + 6HCHO$$

$$C_6H_4(OH)_2 + 2HCHO \longrightarrow C_6H_2(OH)_2(CH_2OH)_2$$

（间苯二酚：HO, OH；产物：OH, HO, CH_2OH, CH_2OH）

$$\text{-[}CH_2-CH(CONH_2)\text{]}_n\text{-} + CH_2O \longrightarrow \text{-[}CH_2-CH\text{]}_n\text{-}-C(=O)-NH-CH_2-NH-C(=O)-\text{-[}CH_2-CH\text{]}_n\text{-} + H_2O$$

$$\text{-[}CH_2-CH\text{]-}C(=O)N(H)-H + HO-H_2C-C_6H_2(OH)_2-CH_2-OH + H-N(H)C(=O)-\text{[}CH_2-CH\text{]-} \xrightarrow{-2H_2O}$$

$$\text{-[}CH_2-CH\text{]-}C(=O)-NH-H_2C-C_6H_2(OH)_2-CH_2-NH-C(=O)-\text{[}CH_2-CH\text{]-}$$

六亚甲基四胺在较高温度下才能释放出甲醛，因此可以延缓交联时间。聚丙烯酰胺与多羟基酚反应后，在分子链中引入苯环，可增强冻胶体的热稳定性。典型配方（质量分数）为PAM（分子量为4×10^6～6×10^6，水解度为5%～15%）0.6%～1.0%、六亚甲基四胺0.12%～0.16%、间苯二酚0.03%～0.05%，pH=2～5。该调剖剂适用于砂岩非均质油藏层内调剖，井温范围为60～80℃。

② 黄原胶（XC）冻胶。XC是生物聚合物，其结构如图4-13所示。其分子中的羧基与多价金属离子Cr^{3+}等结合而形成XC冻胶（图4-14），这种结合是一种弱结合方式，冻胶在受到剪切作用时可变稀，当剪切消除时仍可恢复其交联强度。

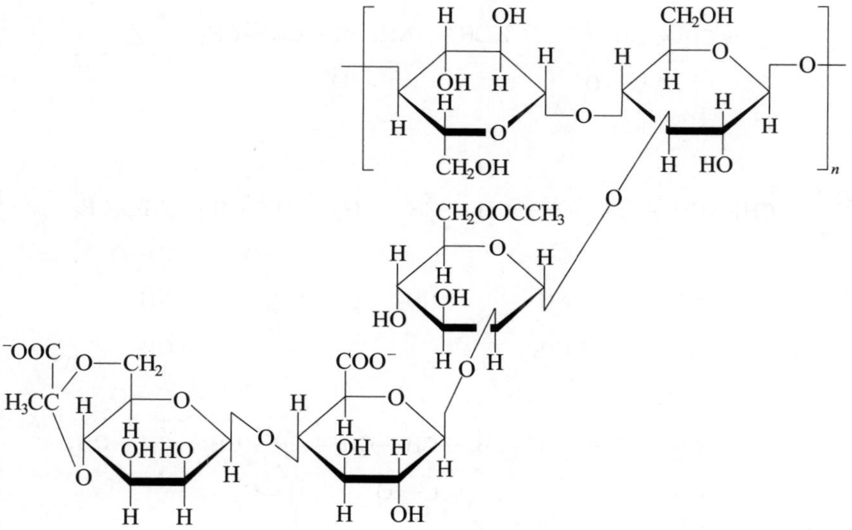

图4-13 黄原胶的分子结构

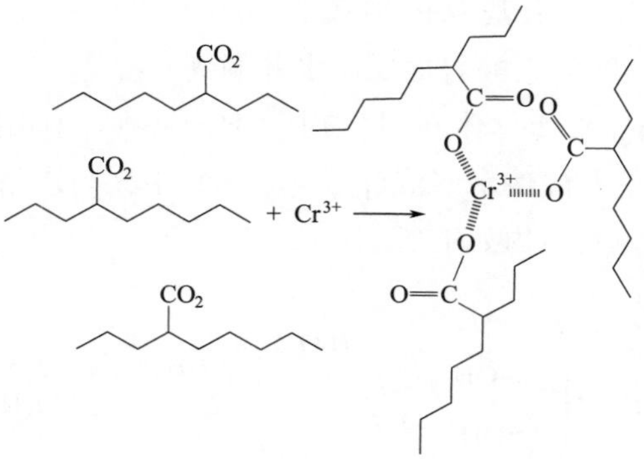

图4-14 黄原胶冻胶结构

典型配方（质量分数）为黄原胶（分子量为 $2.5\times10^{6}\sim2.5\times10^{7}$）0.25%～0.35%、三氯化铬 0.01%～0.02%，甲醛（浓度为 37%）0.1%～0.2%，pH＝6～7，适用于砂岩地层，井温范围为 30～70℃。

③ 单体地下聚合调剖。聚合物溶液黏度较大，在向地层注入过程中易产生剪切降解，影响其使用性能，特别是对低渗透油藏，聚合物溶液注入较困难。但其活泼单体水溶液黏度低，易用泵注入地层的深远部位，并进行聚合反应生成冻胶，有效地调整地层吸水剖面。

a. AM-亚甲基双丙烯酰胺冻胶。AM 单体可与亚甲基双丙烯酰胺同时进行聚合和交联反应生成网状结构的高黏度聚合物，其反应过程如下：

$$m\,CH_2{=}CH(C{=}O)NH_2 \;+\; n\,CH_2{-}(NH{-}\underset{\underset{O}{\|}}{C}{-}CH{=}CH_2)_2 \xrightarrow{\triangle}$$

$$\begin{array}{l}
-CH_2-\underset{C(=O)NH_2}{CH}-CH_2-\underset{C(=O)NH}{CH}-CH_2-\underset{C(=O)NH_2}{CH}-CH_2-\underset{C(=O)NH_2}{CH}-CH_2-\underset{C(=O)NH}{CH}-CH_2- \\
\qquad\qquad\qquad\qquad\quad |\,CH_2 \qquad\qquad\qquad\qquad\qquad\qquad\qquad\qquad\quad |\,CH_2 \\
\qquad\qquad\qquad\qquad\quad |\,C{=}O \qquad\qquad\qquad\qquad\qquad\qquad\qquad\qquad |\,C{=}O \\
-CH_2-\underset{C(=O)NH_2}{CH}-CH_2-CH-CH_2-\underset{C(=O)NH_2}{CH}-CH_2-\underset{C(=O)NH_2}{CH}-CH_2-CH-CH_2-
\end{array}$$

典型配方（质量分数）为 AM3.5%～5%、引发剂硫酸盐（钾、铵）0.008%～0.02%、交联剂 N,N-亚甲基双丙烯酰胺 0.015%～0.03%、缓聚剂铁氰化钾 0.005%，适用于 30～90℃碳酸岩地层注水井调剖。

b. AM-过硫酸铵。AM 单体在引发剂 $(NH_4)_2S_2O_8$ 作用下，生成 PAM 聚合物，而交联剂重铬酸钠在酸性水溶液（pH＝2～6）中先与水络合、水解、羟桥作用产生多核羟桥络离子，其结构如下所示：

$$\left[(H_2O)_4Cr\left(\begin{array}{c}OH\\OH\end{array}\right)\underset{H_2O}{\overset{H_2O}{Cr}}\left(\begin{array}{c}OH\\OH\end{array}\right)Cr(H_2O)_4\right]^{n+4}$$

多核羟桥络离子与PAM进行交联反应生成冻胶，其结构式为：

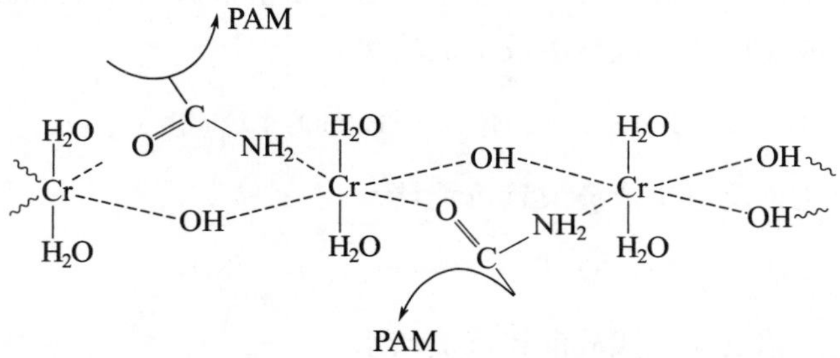

典型配方（质量分数）为AM4%～5%、$(NH_4)_2S_2O_8$ 0.2%～0.4%、重铬酸钠0.05%～0.1%，适用于50～80℃砂岩地层注水井调剖。

（4）木质素磺酸盐类

木质素磺酸盐的分子量为5.3×10^3～1.3×10^6，分子结构中含非极性的芳环侧基和极性的磺酸基，为一种阴离子表面活性剂。因其所含的邻苯二酚基，使它具有螯合性，可与重铬酸盐作用生成铬木质素磺酸盐类。

① 铬木质素冻胶。铬木质素冻胶是使用重铬酸盐将木质素磺酸钠（木钠）交联而成。一般认为木钠中的邻苯二酚基是其反应活性中心，它能与六价铬生成稳定的三维空间结构的螯合体（冻胶）。该调剖剂的一般配方（质量分数）为木钠2%～5%、重铬酸钠2.0%～4.5%。为减少重铬酸钠的用量，延迟交联时间和增加冻胶强度，可加入碱金属或碱土金属的卤化物如NaCl、$CaCl_2$和$MgCl_2$等。这些盐的浓度反比于重铬酸钠浓度，这种冻胶的成胶时间可长达2×10^3h，能对地层进行大剂量调剖，适用于50～80℃砂岩地层。

② 木质素复合冻胶。采用木钠-PAM复合冻胶能够提高木质素磺酸盐类调剖剂的黏弹性和强度，并增强其对地层的吸附性，提高封堵效果，其对50～90℃砂岩地层进行调剖具有良好效果。其一般配方（质量分数）为木钠4%～5%、PAM 0.4%～1.0%、重铬酸钠0.5%～1.4%、氯化钙0.4%～1.6%。

单液法的优点是能充分利用药剂，因调剖剂是混合均匀后注入地层的，经过一定时间后，所有调剖剂都能在地层起封堵作用，这是双液法所不能相比的。

4.4.2.3 双液法调剖剂

双液法堵水剂一般可作为调剖剂使用，双液法调剖剂主要分为沉淀型、凝胶型、冻胶型和泡沫型四种类型。

（1）沉淀型

沉淀型调剖剂具有强度大、对剪切稳定、耐温性好、化学稳定性好和成本低等优点。在注水井调剖时，常用的第一反应液为硅酸钠或碳酸钠溶液，第二反应液有三氯化铁、氯化钙、硫酸亚铁和氯化镁等的水溶液。在注入过程中，用隔离液隔开，使其在地层孔道中形成沉淀，对被封堵地层形成物理堵塞，从而封堵地层孔道。由于这两种反应物均是水溶液，且黏度较低，与水相近，因此，能选择性地进入高渗透层产生更有效的封堵作用。如水玻璃与一些凝胶剂的反应在调剖处理层中生成凝胶而封堵水流。凝胶剂可与酸或金属盐的水溶液反应生成沉淀堵水。

硅酸钠与盐酸反应生成硅酸凝胶沉淀堵水：

$$Na_2SiO_3 + 2HCl = H_2SiO_3 + 2NaCl$$

硅酸钠与氯化钙反应生成硅酸钙沉淀堵水：

$$Na_2SiO_3 + CaCl_2 = CaSiO_3 + 2NaCl$$

硅酸钠与硫酸铝反应生成硅酸铝沉淀堵水：

$$3Na_2SiO_3 + Al_2(SO_4)_3 = Al_2(SiO_3)_3 + 3Na_2SO_4$$

第一反应液对第二反应液的黏度比越大，指进越容易发生。黏度不高的硅酸钠溶液通常作第一反应液，用 HPAM 稠化。

综上所述，作为第一反应液的选择，硅酸钠优于碳酸钠，而在硅酸钠中，应选模数大的，浓度以 20%～25%为好，稠化剂选用浓度 0.4%～0.6%的 HPAM 为佳。第二反应液的选择以浓度为 15%的 $CaCl_2$、$MgCl_2 \cdot 6H_2O$ 为佳。由于 $FeSO_4 \cdot 7H_2O$ 和 $FeCl_2$ 对金属设备和管道有腐蚀性，故不易使用，或与适量缓蚀剂复配后使用。

(2) 凝胶型

凝胶是指由溶胶转变而成的失去流动性的体系，凝胶型双液法调剖剂是指两种反应液相遇后能形成凝胶的物质。常用的凝胶型双液法体系主要有硅酸盐-硫酸铵体系和硅酸盐-盐酸体系两种。

① 硅酸盐-硫酸铵。向地层注入硅酸钠溶液和硫酸铵溶液，用水作隔离液，两反应液在地层相遇可发生如下反应，产生的凝胶可封堵高渗透层。

$$Na_2O \cdot mSiO_2 + (NH_4)_2SO_4 + 2H_2O = mSiO_2 + H_2O + Na_2SO_4 + 2NH_4OH$$

② 硅酸盐-盐酸。硅酸钠在酸性条件下生成硅酸，反应式为：

$$Na_2O \cdot SiO_2 + 2HCl = 2NaCl + H_2SiO_3$$

生成的硅酸溶胶进一步凝聚，形成网状结构凝胶可封堵高渗透出水层。第一反应液硅酸钠（模数为 3～4）溶液的含量为 5%～15%，第二反应液为 10%的盐酸，第一、二反应液用量的体积比 4∶1，用水作隔离液，适用于砂岩地层水井调剖，其温度为 60～80℃。

(3) 冻胶型

冻胶型双液法调剖剂是指两种反应液相遇后能产生冻胶的物质，通常是一种反应液为聚合物溶液；另一种反应液为交联剂溶液。它们在地层相遇后，可产生冻胶封堵高渗透层。常用的体系主要有以下六种。

a. 第一反应液为 HPAN、CMC、CMHEC（羧甲基羟乙基纤维素）或 XC，第二反应液为柠檬酸铝，相遇后产生铝冻胶。

b. 第一反应液为 HPAN、CMC 或 XC；第二反应液为丙酸铬，相遇后产生铬冻胶。

c. 第一反应液为 HPAM、CMC 或 XC 加 $Na_2S_2O_3$（或 $Na_2Cr_2O_7$），第二反应液为 $Na_2Cr_2O_7$（或 $Na_2S_2O_3$），相遇后 $Na_2S_2O_3$ 可将 $Na_2Cr_2O_7$ 中的 Cr^{6+} 还原为 Cr^{3+}，Cr^{3+} 进一步生成多核羟桥络离子将聚合物交联，产生铬冻胶。

d. 第一反应液为 HPAM、CMC 或 CMHEC，第二反应液为乙酸铝＋乳酸锆＋氧氯化锆＋乳酸＋三乙醇胺，相遇后可产生铝冻胶＋锆冻胶。

e. 第一反应液为 HPAM、CMC、CMHEC 或 XC，第二反应液为 $Na_2Cr_2O_7$＋$NaHSO_3$＋非离子聚合物稠化剂（如 HEC），第二反应液稠化的目的是延长两反应液相遇的距离，相遇后产生铬冻胶。

f. 第一反应液为木质素磺酸盐＋丙烯酰胺，第二反应液为过硫酸盐。两反应液在地层相遇后，即引发聚合和交联反应生成冻胶。

(4) 泡沫型

将起泡剂溶于水中，然后与液体二氧化碳交替注入地层，可在地层（主要是高渗透地层）中形成泡沫，产生堵塞。所用的起泡剂包括非离子表面活性剂（如聚氧乙烯烷基苯酚醚）、阴离子表面活性剂（如烷基芳基磺酸盐）和阳离子表面活性剂（如烷基三甲基季铵盐）。将起泡剂溶于硅酸溶胶（由硫酸铵加入水玻璃中配成，pH 值为 0.5～11.0）中注入地层，然后注天然气或氮气，则可在地层中先产生以液体为分散介质的泡沫，随后硅酸溶胶胶凝，就可产生以凝胶为分散介质的泡沫，所用的起泡剂为季铵盐表面活性剂。

双液法调剖剂的主要优点是可处理远井地带，能有效地改变流体在地层中的流动剖面。但由于这种调剖剂并不是所有反应液在地层均能相遇产生堵塞物质，故药剂不能充分利用，但可通过以下四个方面来提高双液法调剖剂的使用效果。

① 隔离液的选择。可用水或馏分油（煤油、柴油），若用水时应注意它对反应液的稀释作用。

② 处理的单元数。两种反应液一次交替处理叫一单元处理，为使两种反应液充分接触，最好采用多单元（3～5 个）处理。

③ 反应液的黏度。第一反应液的黏度应稍大于第二反应液的黏度，以防止第二反应液不易突破或过早突破第一反应液。

④ 对多单元处理时各单元隔离液体积的选择。一种是隔离液体积越来越大，另一种是隔离液体积越来越小。

4.5 注水井调剖的发展趋势

（1）降低调剖剂成本

其中包括降低调剖剂原料成本和降低调剖剂的使用浓度。前者如用水体改造后剩下的残渣（石灰泥）、造纸厂的废液（黑液）和热电厂产出的粉煤灰作调剖剂原料，配成调剖剂，用于调剖。后者如用低浓度的聚合物与低浓度的交联剂配成的CDG调剖剂。CDG调剖剂是通过冻胶束的形成对压差小的深部地层进行封堵，由于CDG调剖剂的原料浓度低，所以成本低，因此可大量使用。

（2）合理组合调剖剂

可将调剖剂按地层压降漏斗的特点进行组合。在组合调剖剂中有不同强度的调剖剂，其中强度较大的调剖剂用于封堵近井地带，强度较小的调剖剂用于封堵远井地带。调剖剂的合理组合，可以减少调剖剂用量，即降低调剖剂费用。

（3）把握调剖剂注入时机

调剖剂注入时机不同，有不同的增油效果。对油藏开发阶段，有调剖的最佳时机。研究认为最佳的时机是在区块油产量开始下降的时候，调剖后的重复施工中也有最佳时机。应在投入产出比合理的条件下，及时重复施工，使地层渗透率尽快趋向均质化，二者的机理如图4-15和图4-16所示。

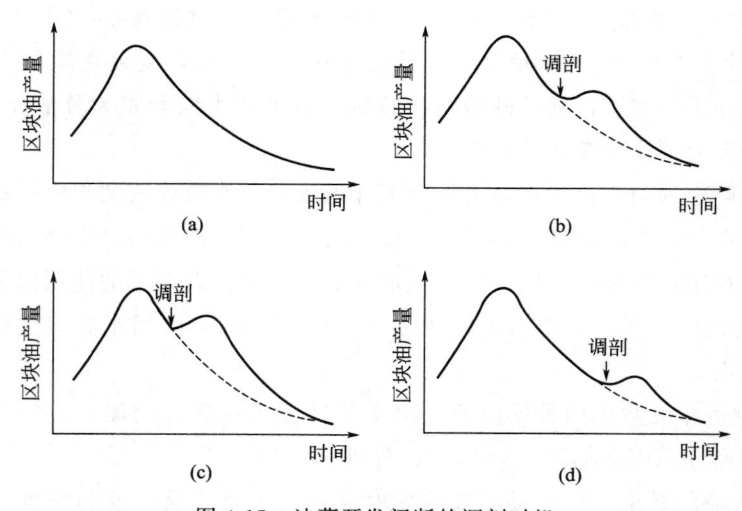

图4-15　油藏开发间断的调剖时机

（4）由近井调剖过渡至远井调剖（深部调剖）

调剖剂放置离井眼的位置先近后远，而注水井调剖的发展趋势是由近井调剖过

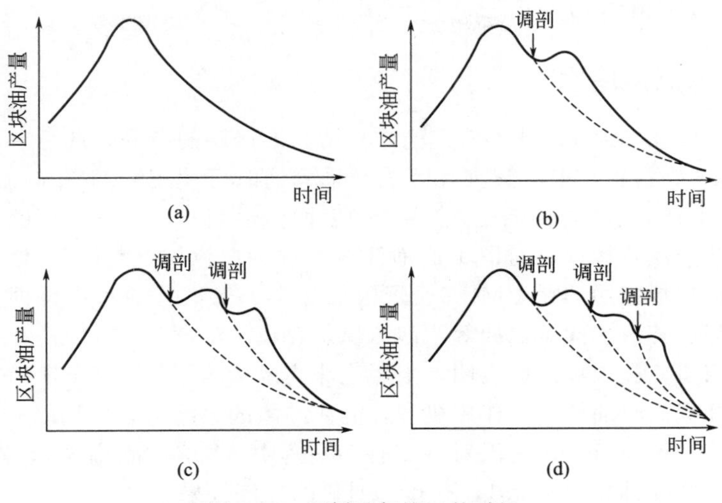

图 4-16 调剖重复施工的时机

渡至远井调剖。近井调剖投入少，施工时间短，但波及系数提高小；远井调剖虽然投入多，施工时间长，但波及系数提高大。两者中，由近井调剖过渡至远井调剖，这是注水井调剖的必然发展趋势。

(5) 将调剖技术与驱油技术结合

将调剖技术与驱油技术相结合，例如调剖技术与化学驱油技术结合、调剖技术与气驱技术结合、调剖技术与热驱（热力采油）技术结合、调剖技术与微生物驱技术结合。

4.6 用于蒸汽采油的高温堵水剂

用蒸汽开采稠油虽然已被人们认为是一种最为有效的方法，但大量的现场数据表明，注蒸汽采油通常受到井距、油层非均质性、原油特性、重力分离、油层压力和温度、相对渗透率、蒸汽质量、流度比以及地层中流体饱和度等因素的影响。影响稠油采收率的主要原因：一是蒸汽重力超覆；二是蒸汽指进。在重力超覆情况下，由于蒸汽的相对密度低，将其注入地层时，蒸汽沿油层顶部驱油，当蒸汽在生产井中穿透时，还有相当一部分油层下部的储量仍留在地层中。在蒸汽指进的情况下，相对高渗透层首先注入蒸汽，所以蒸汽沿着高渗透层指进驱油，而周围大部分低渗透层未被蒸汽驱扫。由于重力超覆和指进的存在，蒸汽开采所具有的潜在经济性往往受到限制，对 28 个蒸汽开采稠油项目进行评价的结果，认为目前垂向波及效率可能低于 40%，而蒸汽前沿的面积波及效率和垂向波及效率对蒸汽驱的经济效益有很大的影响。为了解决此问题，就必须提高蒸汽注入剖面质量，其主要方法之一就是添加高温堵水剂来堵塞高渗透层。

4.6.1 泡沫高温堵水剂

1968年Needham首次获得蒸汽泡沫封堵高渗透层的专利，此后有不少研究报告发表。Fitch等指出，采用蒸汽吞吐法开采稠油时可使用COR-180/GEL封堵高渗透层。COR-180是一种阴离子/非离子型表面活性剂，由聚氧乙烯硫酸盐和铵盐调配而成，与蒸汽直接接触时即生成泡沫，故称为蒸汽泡沫。GEL是一种交联聚合物凝胶，在现场应用的是CMC-9、聚丙烯胺类、聚氧乙烯和二聚糖化物，所用交联剂有甲醛、乙醛、间苯二酚等，泡沫稳定存在的温度为163℃。

通过室内研究和现场试验表明，采用泡沫高温堵水剂具有降低蒸汽流度比、提高波及系数和提高驱油效率的作用机理，能使油藏的最终采收率得以提高。如美国CORCO公司在Kern Fron油田对两口注气井采用COR-180高温泡沫进行调剖，使油汽比由0.205升高到0.361，获得了明显的经济效果。

高温泡沫不会对油层产生永久堵塞，具有良好的选择性。用高温泡沫堵水剂进行调剖实验，可先将起泡剂配成水溶液，使其随蒸汽溶液，在0.5～4MPa下注入岩心。20℃下的试验结果见表4-4。

表4-4 28℃下的气井堵水剂试验结果

堵剂各组分质量分数/%		试验条件		透水性/(mL/min)
氟硅酸钠	硅酸	表压/MPa	凝结时间/min	
—	—	0.5	2	55～60
8	92	0.5	2	14
8	92	0.5	360	0.0
13	87	0.5	2	13.8
13	87	0.5	360	0.0
10	90	4.0	360	0.46

4.6.2 氧化镁沉淀

氧化镁沉淀堵水剂适用于高矿化度地层水的封堵，其配方（质量分数）为MgO53%～63%，NaOH 2%～5%，加有粉煤灰的水泥1%～20%，其余为水。该堵水剂与地层盐水中的钙盐和镁盐反应，形成坚固的整体沉淀物，从而堵塞地层盐水通道，以此抑制地层盐水进入气井。该堵剂优点是充分利用了高矿化度地层水，封堵液的膨胀效应及堵水剂与地层孔隙表面的黏结效果俱佳，并且黏结强度可根据地层岩性和地层水成分调节。

4.6.3 聚合物乳胶浓缩液

聚合物乳胶浓缩液可作为一种气井选择性堵水剂，属聚合物油包水乳状液。这种浓缩液用烃稀释后或者直接以浓缩液原液形式注入气水同产层，能够大大降低该层的水相渗透率，而该层的气相渗透率则基本上不受影响，这样将显著增加产出流体的气水比。

该堵水剂的主要成分有聚合物、水、烃稀释剂及油包水乳化剂。增黏用的聚合物为丙烯酰胺及其衍生物的均聚物或共聚物，其质量分数为25%～35%，水在堵水剂中的质量分数为1%～25%。烃类稀释剂指脂肪族芳香化合物，如原油、柴油、凝析油等，其质量分数为15%～25%，油包水乳化剂质量分数通常为0.5%～5%。用该处理液流过两个填砂柱，其试验结果见表4-5。

表4-5 填砂模型中水与气的相对渗透率

注入处理液后的观测时间/min	水体系填砂柱渗透率/μm^2	气体系填砂柱渗透率/μm^2	占初始气渗透率的百分数/%
0	7.76	4.83	—
5	被封堵住	1.57	33
20	被封堵住	1.06	43
60	被封堵住	2.54	53
120	被封堵住	3.01	62
180	被封堵住	3.97	82
240	被封堵住	3.97	82

现场应用中，某气井最初日产气2832m³，后因日产水11m³，产气量甚小而关闭。用该剂处理后，不再产水，且又恢复日产气2800m³。

4.7 高温注蒸汽调剖剂

目前，国内外的稠油开采大多采用注蒸汽法，而蒸汽窜流是注蒸汽法中最主要的问题。受油层非均质、蒸汽与稠油的高密度差和高流度比等不利因素的影响，在油层中发生蒸汽超覆和蒸汽指进，从而导致井与井之间发生汽窜现象。汽窜使得油层纵向上吸汽剖面不均，横向上蒸汽不均匀推进，使蒸汽的波及体积变小，从而降低稠油热采采收率和增加能耗。高温化学调剖技术是解决这一矛盾的有效方法之一，利用高温化学调剖剂的耐温性能封堵汽窜，可以调整蒸汽在纵向上和平面上吸汽不均的问题，达到改善吸汽剖面，增强注汽质量和蒸汽热效率，提高稠油动用程度及采收率的目的。目前，国内外常用的高温调剖剂见表4-6，其耐温极限不尽相同。

表4-6 高温调剖剂类型及其耐温极限

调剖剂	丙烯酸环氧乳剂	聚合物凝胶	丙酮甲醛树脂	木质素	热固型树脂	造纸废液	HN-TP-04
耐温限/℃	153	200	200	230	232	300	300

表中，前面五种调剖剂已经得到了很好的应用，但是由于价格较高，从而制约了它们的广泛应用，造纸废液充分考虑了环境保护和油田综合应用两方面的性能，是一种很具开发潜力的产品。

HN-TP-04是较好的一种高温调剖剂，主剂是由有机酸与碱作用生成的单宁酸钠，单宁酸钠通过配价键吸附在黏土颗粒上，同时剩余的—ONa及—COONa基团水化，又使黏土颗粒边缘形成水化层，阻止黏土颗粒的聚结、沉降，使其能悬浮在调剖剂溶液中形成黏土复合物。调剖剂在高温下形成的凝胶不溶且不熔，具有一定的强度，耐高温，抗冲刷，可堵塞大孔道。此外，凝胶体中的—OH与砂岩表面形成氢键而吸附在岩石表面上，延长了有效期。该调剖剂在20℃下10天不变质不成胶，在65℃下成胶时间大于4天；在200℃下成胶时间为6小时，在此温度下调剖剂在9个月内稳定，不破胶、不变质、强度不降低。HN-TP-04室内流动试验表明，堵塞率达97%，平均残余阻力系数为84。现场试验5口井，成功率100%，对应的12口油井全部有效。

草浆黑液中含有一定量的碱木素，而碱木素分子上的酚基可与甲醛反应，生成类似于酚醛树脂的产物。依据此原理，将黑液直接与甲醛和搬土等按一定比例复配，在交联剂的作用下，于180～300℃的温度范围内，成胶50～70h。由高温岩心模拟试验得到，其可使岩心渗透率降低96%以上，蒸汽突破压力可达4.5MPa并具有易泵入、热稳定性好等特点。

用草浆黑液配制的高温调剖剂，在油田对10口油井做了现场试验，共用去黑液1300t，6个月增产稠油4000t，获经济效益230万元。目前我国油田每年需进行高温调剖的油井有数百口，对草浆黑液的需用量是较大的。

4.7.1 高温调剖剂选择依据

作为在热采井上使用的高温调剖剂，必须具有长期耐高温（300℃以上）的特性，且需具有一定的耐蒸汽冲刷强度，才能确保现场实施后，蒸汽不再进入被封堵的层位。

4.7.2 性能指标确定

① 高温注蒸汽调剖多选择以单液法为主的配方，高温调剖剂性能首先要保证黏度不宜太大，不影响施工注入。

② 调剖剂剂量较大，注入时间必然延长，所以成胶时间应可以控制到足够长。

③ 耐温性能好，这也是高温调剖剂的最基本特性。

④ 应具有很好的封堵性能。

4.7.3 高温调剖剂性能评价体系

蒸汽驱用高温调剖剂需具有耐高温、耐剪切、低配制液黏度、高封堵强度和封堵率的特点。

（1）调剖剂的耐温性能

方法一：成胶体采用差热分析法进行实验，在程序升温环境里使其缓慢分解，升温速率为10℃/s，由差热分析曲线可知其耐高温性。

方法二：将高温调剖剂在特定温度（成胶温度）下充分成胶，然后在不同温度下，测定其受热时间和抗压强度的关系曲线，从而测定出适用温度上限。

（2）调剖剂抗剪切性能

将配制液在室温下以4000r/min转速搅拌30min，在成胶温度下充分成胶后，测定凝胶的抗压强度与未剪切下的抗压强度作比较，即可分析出调剖剂的抗剪切性能。

（3）调剖剂的配制液黏度

调剖剂的配制液黏度是一个很重要的参数，若过大便会直接增加施工的难度、施工时间和施工成本。一般是用黏度计测定调剖剂配制液的室温黏度，黏度计可采用数字式超声波黏度计或旋转黏度计。

（4）封堵强度和封堵率

采用高温高压线性实验系统，在长40.5cm、直径2.54cm的不锈钢管中湿法充填石英砂，测定填砂管（人造岩心）的水相渗透率K，将填砂管风干，注入调剖剂配制液，在成胶温度下保持一定时间使之胶凝，然后用耐温性能测试出的它的温度上限的蒸汽驱替，观测并记录进出口压力及突破压力，自然降温，测突破后水相渗透率K_2。

参考文献

[1] 佟曼丽．油田化学．东营：石油大学出版社，1996.
[2] 赵福麟著．采油用剂．东营：石油大学出版社，1997.
[3] 刘翔鹗．采油工程技术论文集．北京：石油工业出版社，1999.
[4] 秦涛，王利美，杜永慧，等．用于油田的复合颗粒型耐温抗盐化学堵剂的研制．石油炼制与化工，2003，34（11）：60-62.
[5] 易飞，崔会凯，麻凤芹．一种新型水玻璃单液法堵剂的室内试验．石油钻采工艺，1994，16（2）：91-94.
[6] 钟光健，康莉．气井堵水工艺技术．石油与天然气化工，1999，28（1）：61-64.
[7] 陈立滇编译．油田化学新进展．北京：石油工业出版社，1999.
[8] 赵修太，郑延成，佘跃惠，等．丙烯酸钠-丙烯酰胺交联共聚树脂堵水剂的研制．江汉石油学院学报，1995.17（1）：68-72.
[9] 肖翠玲，丁伟，张荣明，等．油基超细水泥浆选择性堵剂研究．油田化学，2000，17（1）：28-30.
[10] 罗跃，王正良，王志龙，等．用于热采井的几种高温调剖堵水剂．油田化学，1991，16（3）：212-219.
[11] 赵福麟，张贵才，孙铭勤，等．黏土双液法调剖剂封堵地层大孔道的研究．石油学报，1994，15（1）：56-65.
[12] 张小平，赵修太，郑延成．无机颗粒类堵水剂与地层渗透率的匹配关系．钻采工艺．1995，18（4）：80-82.
[13] 刘翔鹗，等译．油田堵水调剖译文集．北京：石油工业出版社，1995.
[14] 马宝岐，吴安明，等著．油田化学原理与技术．北京：石油工业出版社，1995.
[15] 刘翔鹗．97油田堵水技术论文集．北京：石油工业出版社，1998.
[16] Bailey L，Meeten G. Filtercake Integrity and Reservoil Damage. SPE 39429，1998.
[17] David Burnett. Wellbore Cleanup in Horizontal Wells. SPE 39473，1998.

[18] Wand D, Cheng J, Li Q, et al. Experience of IOR practices from large scale implementation in layered sandstones. SPE64287, 2000.

[19] Kabir A H. Chemical water & gas shut off technology an overview. SPE 72119, 2001.

[20] Bond A J, Blount C G, Davics S N. Novel approaches to profile modification in horizontal slotted liners at Prudhoe Bay Alaska. SPE 38832.

第5章

原油乳状液与破乳

随着国民经济的快速稳定增长，我国石油资源供需紧张的问题日益显著。随着我国油田开发进入中后期，采出的原油水含量剧增，为了稳定原油生产，各种采油工艺和增产措施相继被应用，如表面活性剂驱油、聚合物驱油、三元复合驱油及蒸汽驱油等，以强化油层中残余油的采出，提高最终采收率；但其采出液性质与常规采油措施相比变化很大，采出液乳化严重，乳化稳定性增强，由于原油中含水会对采油、集输、储存和炼厂加工带来较大的影响，因此，需要对含水原油进行破乳处理，从而导致油田地面化学破乳技术应用中破乳剂的需求量日益增加。

本章主要介绍原油乳状液及性质、破乳方法、化学破乳剂、破乳机理及其评价方法。

5.1 原油乳状液及其性质

5.1.1 原油乳状液的生成

5.1.1.1 原油乳状液的生成原因

油和水形成乳状液必须具备三个条件：①存在两个不相溶的液体，如原油和水。②要有乳化剂存在。乳化剂的油溶性较强，有利于形成W/O型乳状液，乳化剂的水溶性较强，则有利于形成O/W型的乳状液。③具有使油水混合物中一种液体分散到另一种液体充足的混合力或搅拌力。原油含水是世界上大多数油田原油生产的共同特点，同时这些含水原油在开采和集输过程中，水被分割成单独的微小液滴；原油中含有天然乳化剂，它们吸附在油-水界面上形成保护膜；含水原油经过地层孔隙、管线、泵、阀门时的搅拌以及突然脱气时造成的搅拌，结果就使得产出油成为乳状液。因此，可以说，油田原油和水（包括地层水、注入水等）所形成的乳状液是地球上数量最多的乳状液。尽管在油田发现的大部分乳状液是很规则的油包水（W/O）型，但偶尔也会发生反相，变成水包油（O/W）型。乳状液反相所需要的条件包括：①水的含量高；②水中含高价金属盐的量很低；③乳化剂主要存在于水相。此外，在油田开发过程中由于各个生产环节所添加的化学剂不同，如压裂、酸化中的各种化学助剂，注稠化水中的稠化剂，清、防蜡所用的清、防蜡剂，各种防垢剂、缓蚀剂等也会影响所形成的乳状液的类型和稳定性。在某些条件下，由于原油与水的多次混合和搅拌，形成多重乳状液，即 O/W/O 或 W/O/W 型乳状液。

5.1.1.2 搅拌程度对乳状液的影响

（1）自喷井油嘴前后乳化程度的变化

当原油、地层水和伴生气自地层向油井井底流动时，由于流动缓慢一般不会产生乳状液。当油水自井底向地面流动时，随着压力的降低，伴生气不断逸出，气体体积膨胀，会使油水产生搅动。当到达油嘴后，由于油嘴孔径小，压降大，流速剧增，并伴有温度下降，使原油和水的乳化程度迅速提高（表 5-1）。

表 5-1 自喷井油嘴前后乳状液变化情况

取样位置	分析次数	油嘴压降	平均含水率/%		
			总含水	游离水	乳化水
油嘴后	78	2.5～3.5	60.0	22.0	38.0
油嘴前	46	2.5～3.5	62.2	44.7	17.5
油嘴后	9	9～10	60.0	0.7	59.3

油嘴后游离水减少，乳化水增加，油嘴压降大时变化幅度大，这表明搅拌程度对乳化程度有影响。

（2）集输过程中乳化程度的变化

从油井向集油站的集输过程中，原油中水珠粒径是逐渐变小的，特别是经过分离器和泵以后变化很大。分析结果见表 5-2 和表 5-3。

表 5-2 泵进出口油样对比

取样位置	油水分离时间/s	分出游离水(体积分数)/%	油相颜色
泵进口	30	60	黑色
泵出口	60	20	红棕色

表 5-3 原油中水珠粒径变化情况

取样位置	油井井口	分离器进口	分离器出口	离心泵出口
水珠粒径/μm	1～200	5～25	3～10	3～5

由表5-2和表5-3可以看出，原油与水在设备管线中流动时间越长，搅动越剧烈，原油中所乳化的水量就越多，水珠数量稠密，粒径小，并趋于均匀。

5.1.1.3 原油乳化剂

原油乳状液之所以比较稳定，主要是由于原油中含有胶质、沥青质、环烷酸类等天然乳化剂以及微晶蜡、细砂、黏土等微细分散的固体物质。这些物质在油水界面形成较牢固的保护膜，使乳状液处于稳定状态。

原油中的天然乳化剂大致有四种类型物质：

① 分散在油相中的固体，如高熔点微晶蜡、含钙质黏土、炭粉等，其颗粒很细，直径$<2\mu m$，容易被吸附在油水界面上形成油包水型乳状液。如果是砂或含钠盐较多的黏土则容易形成水包油型乳状液。

② 溶解于原油中的环烷酸、脂肪酸的皂类具有强烈的表面活性和较强的亲水性，其乳化机理主要是靠分子吸附。它们所形成的乳状液稳定性相对较弱，但分散度很高。

③ 分散在原油中的胶质、沥青质。这类有机高分子物质表面活性较低，亲油性较强。研究表明，它们是含有羰基、酚基等基团的杂环极性高分子化合物。羰基、酚基向着水相排列，而烃基突出在油相，从而在油水界面上形成一个非常稳定的界面膜。

④ 溶解在水中的盐类。水中含有K^+、Na^+等离子，容易形成水包油型乳状液；若含Ca^{2+}、Mg^{2+}、Fe^{3+}等多价金属离子，则容易形成油包水型乳状液。

因此，原油乳状液的性质取决于上述原油乳化剂的性质。此外，原油中轻质组分、气相（如甲烷、CO_2、H_2S等）以及pH对乳状液的稳定性亦有重要作用。

研究表明，原油的乳化稳定性很难用其表面活性表达：原油中表面活性最强的物质主要集中在重质油馏分，但它的乳化能力并不强；胶质的表面活性不强，乳化能力却强；沥青质的表面活性虽弱，但乳化能力最强，所以，天然乳化剂对原油乳状液稳定性影响的研究主要是针对沥青质进行的。沥青质通常是指石油中不溶于小分子正构烷烃（如正戊烷、正庚烷等）而溶于苯的物质，是石油中分子量最大，极性最强的非烃组分。它们能对原油有较好的稳定性是由于沥青质和胶质是以胶体状态存在于原油中，能与固体颗粒形成机械性能很强的膜，而且胶质之间存在着双电层。

5.1.2 影响原油乳状液稳定的因素

5.1.2.1 界面张力

从热力学角度说，原油乳状液是一个不稳定体系，容易破乳，但是由于原油中含有大量的表面活性剂，降低了油水界面张力，例如：石蜡油-水体系的界面张力为40.6mN/m，向体系中加入一定量油酸乳化剂，界面张力会降到30.05mN/m，如果加入油酸钠乳化剂，界面张力可降至7.2mN/m，由于上述物质的存在，使原油乳状液的稳定性得到加强。虽然降低界面张力有利于乳状液的稳定，但是乳状液体系界面积比较大，因而就会有一定量的界面自由能，从热力学角度看，乳状液体系总是向着界面积减小和能量降低的方向运动，直至最终破乳分层。界面张力并不是乳状液稳定的决定性因素，界面张力高低主要表明乳状液形成的难易程度，界面张力低并不能保证乳状液就一定稳定，而原油中除了含有大量的天然乳化剂外，在开采过程中，会有酸化、压裂、驱油等过程，在这些过程中会注入大量的表面活性剂，这些表面活性剂会起到乳化剂的作用，降低油水界面张力。

5.1.2.2 界面膜的性质

界面膜的强度和界面膜中乳化剂分子排列的紧密程度是影响乳状液稳定的最主要因素。在油-水体系中加入表面活性剂后，在降低界面张力的同时，根据 Gibbs 吸附定理，表面活性剂必然在界面发生吸附，吸附在界面上形成界面膜，若形成的界面膜具有一定的机械强度和黏弹性，对分散相液滴起保护作用，使其在相互碰撞时不易聚结，形成稳定的乳状液，界面膜中乳化剂分子排列得越紧密，界面膜的机械强度和黏弹性越好，乳化剂分子越不容易脱附，乳状液越稳定。

界面膜与不溶性膜相似，当表面活性剂浓度较低时，界面上吸附的分子较少，膜中分子排列松散，膜的强度差，形成的乳状液不稳定。当表面活性剂的浓度增加到能在界面上形成紧密排列的界面膜时，膜的强度增加，足以阻碍液珠的聚结，从而使得形成的乳状液稳定。形成界面膜的乳化剂结构与性质对界面膜的性质影响很大，例如同一类型的乳化剂中，直链结构比带有支链结构所形成的膜更稳定。研究表明，乳化剂分子结构和外相黏度对界面膜的黏度有重要的影响，它们能影响到液滴在外力作用下界面膜发生变形和恢复原状的能力。如果乳化剂能增加分散介质的黏度，分子量较大的乳化剂或乳化稳定剂就其类似性质，可以有效地阻止液滴凝聚，从而稳定乳状液。乳化剂分子在界面的吸附形式（是直立式还是平卧式）、吸附在界面上链节的多少以及受温度和电解质影响的大小对乳状液的稳定性都有很重要的作用。

实践中人们发现，混合乳化剂形成的复合膜具有相当高的强度，不易破裂，所形成的乳状液很稳定，这是因为混合乳化剂在油水界面上形成了混合膜，吸附的表面活性剂分子在膜中能紧密排列。同时研究发现，当在表面活性剂水溶液加入某些极性有机物，如脂肪醇、脂肪酸及脂肪胺等，会使其表面活性大大增加，膜强度大大提高。如经提纯的十二烷基硫酸钠，临界胶束浓度（cmc）为 8×10^{-3} mol/L，此浓度时界面张力约为 38mN/m，一般十二烷基硫酸钠商品中常含有十二醇，其临界胶束浓度大为降低，界面张力下降到 22mN/m，而且此混合物溶液的表面黏度及起泡能力大大增加。上述情况说明，由于十二醇的存在，表面膜的强度增加，不易破裂。又如，将含有胆甾醇的液体石蜡分散在十六烷基硫酸钠水溶液中，可得到稳定的 O/W 型乳状液，而只用胆甾醇或只用十六烷基硫酸钠，生成的是不稳定的 O/W 型乳状液。自上述情况可以看出，提高乳化效率，增加乳状液稳定性的一种有效方法是使用混合乳化剂。混合乳化剂的表面活性比单一表面活性剂的表面活性往往要优越得多，混合膜理论的研究表明，只有界面膜中的乳化剂分子紧密排列形成凝聚膜，才能保证乳状液的稳定。对于离子型表面活性剂，界面吸附量的增加还能使界面上电荷增加，从而使液滴间的排斥更大。这些都有利于乳状液的稳定。

5.1.2.3 扩散双电层

胶体质点上的电荷可以有三个来源，即电离、吸附和摩擦接触。在乳状液中，电离和吸附是同时发生的，二者的区别常常很不明显。对于离子型表面活性剂（如阴离子型的RCOONa），在O/W型的乳状液中，可设想伸入水相的羧基“头”有一部分电离，则组成液珠界面的基团是-COO^-，使液珠带负电，正电离子（Na^+）部分在其周围，形成双电层（图5-1）。同理，用阳离子表面活性剂稳定的乳状液，液珠表面带正电。由于这些电荷的存在，一方面，由于液珠表面所带电荷电性相同，当液珠相互接近时相互排斥，从而防止液珠聚结，提高了乳状液的稳定性；另一方面，由于界面电荷密度加大，使得界面膜分子排列得更紧密，界面膜强度增大，进一步提高了液珠的稳定性。

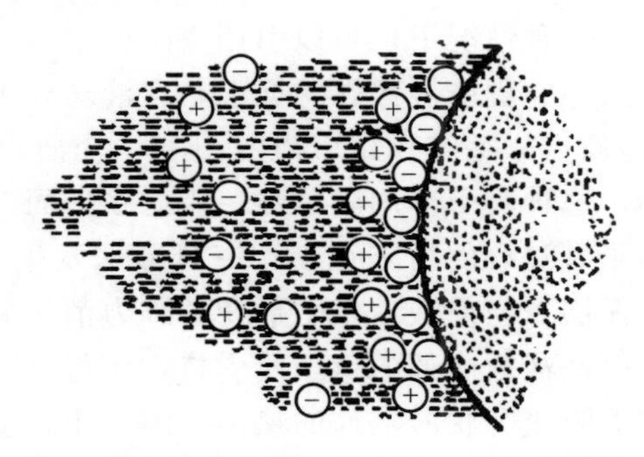

图5-1 在油水界面的双电层（理想示意图）

在用非离子型表面活性剂或其他非离子物质所稳定的乳状液中，特别是在W/O型乳状液中，液珠带电是由于液珠与介质摩擦而产生的，犹如玻璃棒与毛皮摩擦而生电一样。带电符号用Coehn规则判断：即两个物体接触时，介电常数较高的物质带正电荷。在乳状液中水的介电常数（水的介电常数为80）远比常遇到的其他液相高，故O/W型乳状液中的油珠多半是带负电的，而W/O型乳状液中的水珠则是带正电的。液珠的双电层有排斥作用，故可防止乳状液由于液珠相互碰撞聚结而遭破坏。

乳状液因液珠带电而表现出电动现象。将乳状液放在外加电场中，带电液珠将根据其电荷的符号向相反的电极移动，这种电动现象叫作电泳。

电泳现象通常可用界面移动法来观察，界面移动的速度即是液珠的平均速度。因测得的质点速度V与外加电势梯度E有关，电泳结果通常用淌度μ来表示：

$$\mu=\frac{V}{E} \quad 单位\ \mu m/(V\cdot cm) \tag{5-1}$$

即单位电势梯度下液珠的速度值。电脱水就是利用电泳法来破坏原油乳状液。

5.1.2.4 固体的稳定作用

固体颗粒存在于油-水界面时也可以作为乳化剂，提高原油乳状液的稳定性。这类固体颗粒的颗粒直径非常小，比液滴的尺寸要小很多，一般在几微米以下，微粒尺寸越小，乳状液的稳定性会越好。固体的乳化作用，与水和油对固体粉末能否润湿有关，只有当它既能被水也能被油润湿时才能停留在油-水界面上，润湿的理论规律可以用 Young 方程来表达。

$$\gamma_{so}-\gamma_{sw}=\gamma_{wo}\cos\theta \qquad (5\text{-}2)$$

式中 γ_{so}——固-油界面张力；

γ_{sw}——固-水界面张力；

γ_{wo}——水-油界面张力；

θ——接触角。

若 $\gamma_{so}>\gamma_{wo}+\gamma_{sw}$，固体存在于水中；若 $\gamma_{sw}>\gamma_{wo}+\gamma_{so}$，固体存在于油中；若 $\gamma_{wo}>\gamma_{sw}+\gamma_{so}$，或三个张力中没有一个张力大于其他二者之和，则固体存在于水 - 油界面。只有在最后一种情况下，可以引用 Young 方程，固体方能作乳化剂。

当固体被高度分散后，它们能漂浮在界面上，在液珠外围形成一层固体的“盔甲”。浮在界面上的固体质点靠毛细作用可以吸引另一个质点，它们之间空隙中的弯月面的曲率半径越小，这种吸引作用就越强，因此在界面上的固体粉末表现出十分明显的黏结作用。如果有过剩的粉末存在，一旦液珠发生形变使界面面积增大，过剩的粉末可以挤入表面层。当使液珠发生形变的外力消失后，液珠仍能保持着形变，因为嵌入的质点可以被液珠内部的负压所支持，使得这种“盔甲”被固体填充得十分紧密而结实，它能阻止乳状液液珠的聚结，因此用合适的固体粉末作乳化剂也能得到稳定的乳化液。

若 $\gamma_{sw}<\gamma_{so}$，则 $\cos\theta$ 为正，$\theta<90°$，说明水能润湿固体，固体大部分在水中。同样，若 $\gamma_{so}<\gamma_{sw}$，则 $\cos\theta$ 为负，$\theta>90°$，油能润湿固体，固体大部分在油中。当 $\theta=90°$时，固体在水中和油中各占一半。以上讨论的三种情况见图 5-2（a）。

形成乳状液时油-水界面面积越小越好。显然只有固体粉末主要处于外相（分散介质）时才能满足这个要求。固体粉末的稳定作用还在于它在界面形成了稳定坚固的界面膜和具有一定的 Zeta 电位。对于油水体系，Cu、Zn、Al 等水湿固体是形成 O/W 型乳状液的乳化剂，而炭黑、煤烟粉、松香等油湿固体是形成 W/O 型乳状液的乳化剂，见图 5-2（b）。固体颗粒在原油中是非常常见的物质，如石蜡、砂、铁锈等，这些物质都会影响原油乳状液的稳定性。

5.1.2.5 温度对原油乳状液的影响

由于原油与水的体积膨胀系数不同，温度升高时二者的密度虽然都趋于降低，但降低的幅度不同，所以，温度升高二者的密度差会发生变化。当密度差增加时，油水的沉降分离速度将会提高，但并非所有的原油和水都是如此。

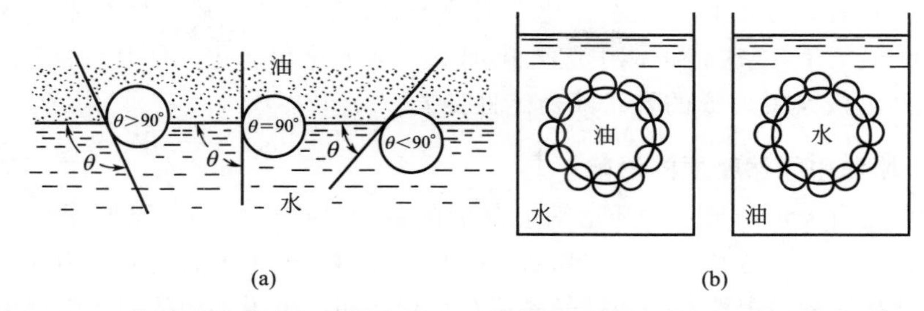

图 5-2 固体质点在油水界面分布的三种形式（a）和固体粉末乳化剂作用（b）

一般情况下，原油乳状液的黏度与温度成反比，温度越高，原油黏度越低。原油乳状液的黏度越低，水珠在原油中运动时产生的摩擦力越小，越有利于水珠的聚结，使得水珠的沉降速度越快，油水分离效果越好。温度升高，对乳状液的稳定不利。

原油乳状液中的水珠经过与原油一起被加热后，密度变小，体积膨胀，会使油水界面膜受内压而变薄，机械强度相应降低，这对乳状液的稳定是不利的。由于温度升高，会使起乳化作用的石蜡、胶质、沥青质在原油中的溶解度相应提高，也会进一步改变油水界面膜的机械强度，降低乳状液的稳定性。

5.1.2.6 原油黏度的影响

由于黏度的增加会增大摩擦阻力，使分散相液珠的运动变慢，液珠间的碰撞聚结越难，越有利于乳状液的稳定。由于稠油的黏度明显高于稀油，并且其中的胶质、沥青质是天然的成膜物质，其在稠油中的成分含量较高，因此，稠油中的乳状液稳定性更好。

5.1.2.7 无机盐对原油乳状液的影响

原油乳状液大多数情况下是 W/O 型的，根据 Coehn 规则，相互接触的两物质中介电常数较高的带正电荷，因此原油乳状液的内相即水相带正电荷。又根据 Schulze-Hardy 规则，与分散相电性相反的离子起破乳作用，其价数越高，破乳能力越大。因此，低价金属离子会使水滴变形，降低乳状液稳定性，而高价金属离子会加强乳状液的稳定性。对于同一种无机盐，其浓度越高，原油乳状液越不稳定，而对于同价次的金属离子，其半径越大，原油乳状液越稳定。

研究表明：同一种盐浓度越高，使乳状液稳定性降低的程度越大。同价次的金属离子半径越大，对原油乳状液稳定性影响越小，如在 45℃和 Cl^- 浓度相同的条件下，正离子使原油乳状液稳定性降低程度的大小次序为：$Na^+ > K^+ > Mg^{2+} > Ca^{2+} > Al^{3+}$；在 45℃和 Na^+ 浓度相同的条件下，负离子使乳状液稳定性降低程度的排列次序为：$Cl^- > Br^- > CNS^- > SO_4^{2-}$；但当温度变为 65℃时，该次序变为：$SO_4^{2-} > Cl^- > Br^- > CNS^-$。

5.1.2.8 pH 值对原油乳状液稳定性的影响

pH 值能改变油水界面张力，因此对原油乳状液有一定的影响，因此，在油田有其他施工过程，如酸化、压裂、化学驱油等时，乳状液的稳定性会发生变化。此外，当 pH 值大于 13 时，可能引起乳化剂发生某种化学变化，使其性能随之改变，造成乳化剂失效或者形成的乳状液稳定性变差。

5.1.2.9 原油中天然物质的影响

原油中含有大量的天然物质会对乳状液的稳定性产生影响，原油中含有极性基团，或作为微粒（常常和黏土、矿物质等一起）吸附在油水界面上或作为连续相的黏性剂促进乳状液的稳定性。一些蜡晶滞留在水滴之间，阻碍水滴从油相中挤出，或在水滴表面形成具有一定强度的蜡晶屏障，阻止水滴的合并，从而提高乳状液的稳定性。特别是蜡的网状结构的形成，将水滴分隔包围，使水滴不能絮凝、沉降合并，因而促进乳状液的稳定性。温度越低，蜡网状结构的强度越高，乳状液就越稳定。

沥青质是原油中的天然表面活性剂，它可以在原油油-水界面形成界面膜来影响原油乳状液的稳定。由于沥青质的分子量大，极性强，乳化能力强，在油-水界面可以形成一层或多层紧密排列的界面膜，且形成的乳状液分散度高，使原油乳状液的稳定性增强。

20 世纪 60 年代以来，以晏德福为代表的学者，应用各种先进物理仪器分析方法（如 NMR，XRD，IR 等）和化学降解方法深入、细致地研究沥青质，大大加深了人们对沥青质结构的认识。一般认为沥青质的基本结构是以稠环的芳香环系为核心，周围连接有若干个环烷环、芳香环和环烷环上带有若干长度不一的正构或异构烷基侧链，分子中杂有各种含 S、N、O 的基团，有时还络合有 Ni、V、Fe 等金属。沥青质通常采用平均分子结构模式表示，当前广泛采用的结构示意图是晏德福提出的。

沥青质的可能结构式为：

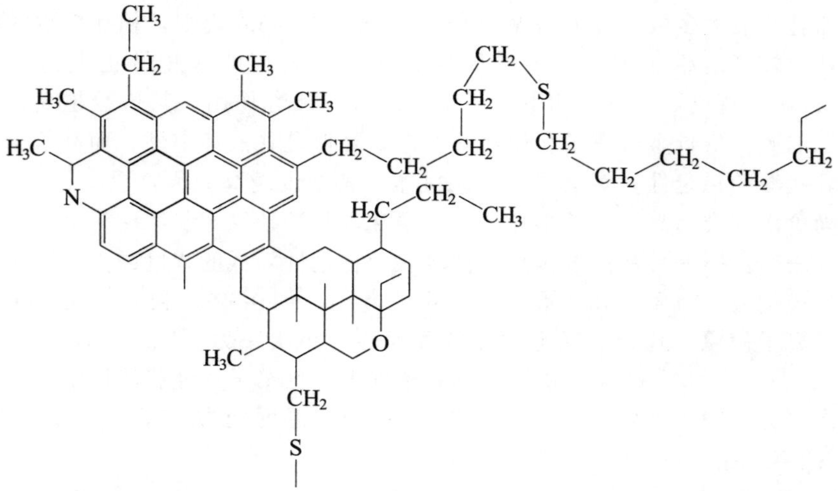

沥青质与胶质不同，沥青质含有相当高的芳构化结构，而胶质有比较高的甲基含量和羰基含量。一般来说，沥青质的分子量要比胶质大一些，胶质的分子量约为

500～1000，沥青质的分子量约为900～3500。

胶质的可能结构式为：

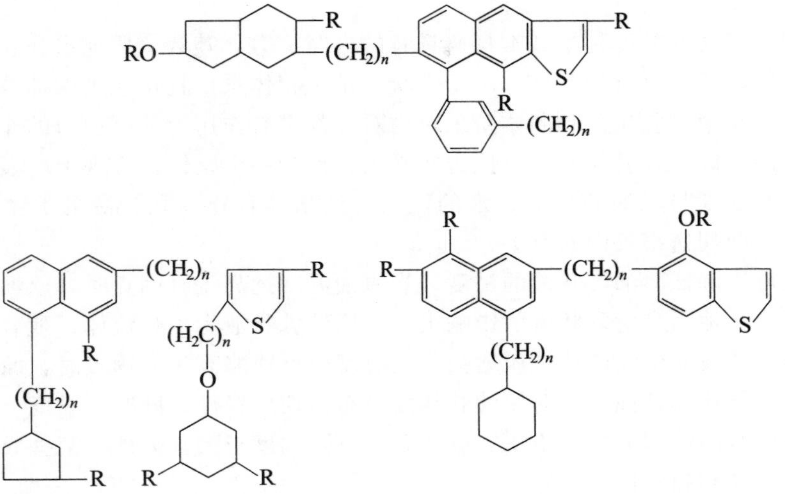

形成乳状液的能量，就是油、水在管线、泵、阀及原油脱气时的搅动混合能。搅动愈剧烈，时间愈长，乳状液愈稳定。用显微镜观察可以发现原油乳状液“老化”情况。如油相中水滴大小不等、水滴光滑的是新鲜乳状液；油相中水滴大小比较均匀，表面出现皱纹的是老化乳状液，乳状液在“老化”前破乳要容易得多。

5.1.3 原油乳状液的性质

原油和水在形成乳状液的过程中并不发生化学反应，故其化学性质仍然表现为原油和水的本来性质。但其物理性质的变化却是非常显著的，其电学性质也要发生变化，下面分别进行讨论。

5.1.3.1 原油乳状液的物理性质

(1) 原油乳状液的颜色

纯净的原油因其组成不同有黄、红、绿、棕红、咖啡色等不同颜色之分，但对一般重质油而言，大多数外观呈黑色。原油乳状液的外观颜色与含水量密切相关。含水率在10%以下时，油包水型原油乳状液的颜色与纯原油相同。随着含水率的增加，当含水率达到30%～50%时，原油乳状液的颜色变为深棕色，所形成的油包水型乳状液分散相的液珠直径在0.1～10μm之间，相对密度在0.8～1.06之间。

(2) 密度

原油乳状液的密度是指单位体积内原油和水，以及所含的机械杂质和盐分的总质量，单位为kg/m^3，其数值具有加和性。若已知乳状液水的体积分数为φ，原油和盐水的密度分别为ρO和ρ_W。则原油乳状液的密度ρ可按下式计算：

$$\rho=\rho O\ (1-\varphi)\ +\rho_W\varphi \tag{5-3}$$

当原油乳状液分散相的液珠直径为0.1～10μm，体积分数范围为0.001～0.95，相对密度在0.8～1.06之间。

(3) 黏度

原油乳状液的黏度是指其本身所具有的内摩擦力，其数值比纯水和纯油大数十倍到数百倍，且不具有加和性。由于乳状液是多相体系，且每颗水珠都被界面膜包裹着，界面膜中的乳化剂和固体粉末对内对外都具有作用力，这种力的作用方向是杂乱无章的。因此，乳状液内摩擦力非常大，作为一个整体，宏观上就显示出很高的黏度。其黏度与原油的性质、水的性质、油水体积比、乳状液的类型、乳化程度、温度、剪切速率等因素有关。

升温可以降低原油乳状液的黏度，当原油温度远高于凝固点时，原油乳状液的黏度很低，其他因素对乳状液的影响很小，原油乳状液为牛顿流体；随着温度的降低，原油乳状液非牛顿流体性质增强，当温度较低或略高于凝固点时，原油乳状液表现为非牛顿流体特性。这时原油乳状液具有剪切稀释性。同时，黏度下降的幅度与乳状液中水的体积分数φ有关，φ越大，下降幅度越大。另外，某些原油乳状液还具有触变性和黏弹性。

通常，高黏度原油形成的乳状液稳定性较好，如重油乳状液比稀油乳状液的稳定性要好，主要原因是：重油组分中胶质、沥青质及其他大分子量的环烷化合物含量较高，尤其是沥青质含量较高，是天然的成膜物质；同时，连续相介质的黏度高，摩擦阻力大，较大程度上阻止了水滴之间的相互碰撞聚结，减缓了水珠的下沉速度。所以，通常的化学破乳过程中常伴随加热过程，就是为了降低原油的黏度，增强化学破乳的效果。

(4) 原油乳状液的凝固点

由于在一定的含水率范围内原油乳状液的黏度随含水率的上升而增加，黏度的上升使流动性能变差，故原油乳状液的凝固点也随含水率的上升而有所提高。

(5) 原油乳状液的“老化”

分散在原油中的天然乳化剂，特别是固体乳化剂，在油水界面吸附并构成致密的薄膜需要一定的时间，表现出原油乳状液随时间推移变得逐渐稳定。这种乳状液的稳定性随着存放时间的延长而增加的现象称为乳状液的“老化”。“老化”现象的产生是由于乳状液存放时间长，乳化剂有充足的时间进行热对流和分子扩散，使界面膜增厚，结构更紧密，强度更高，乳化状态也就更稳定。在形成乳状液的初始阶段，“老化”十分明显，随后减弱，常常在一昼夜后乳状液的稳定性就很少再增加。因此，经过“老化”后的原油乳状液的破乳难度较大。

(6) 热力学性质

乳状液是一种液体高度分散于另一种液体中的体系，体系的界面会大大增加。也就是说，对体系做功，这一过程增加了体系的界面，体系的总能量也相应增加；这部分能量以界面能的形式存在于体系中，是一个非自发的过程。与此相对应，液珠之间不断碰撞聚结、体系的界面积缩小、界面能量减少的过程才是一种自发过程，因此，原油乳状液的破乳过程是一种自发进行的过程，所以原油乳状液具有热力学不稳定性。

5.1.3.2 原油乳状液的电学性质

原油乳状液的电学性质对于判别乳状液的类型、解释乳状液的稳定性以及选择破乳方法都有很重要的作用。

（1）原油乳状液的电导及导电性

电导的测定方法是在一定温度下，取面积为 $1cm^2$ 的两个平行相对的电极，其间距为 1cm，中间放置 $1cm^3$ 的原油或已知含水率的原油乳状液，则此时测出的电导值就为该原油或原油乳状液的电导率。

一般地讲，原油本身的电导率约为（1～2）$\times10^{-4}$S/m。石蜡基原油的电导率只有胶质、沥青质原油的一半。酸值较高的原油，其电导率往往超过 2×10^{-4}S/m，是各类原油中最高的。若是乳状液中水的含量大于或等于原油的含量则电导率由水的电导率所决定。

水油比例越大，电导率就越大。但是含水量（体积分数）在一定范围内的乳状液，若放置一定时间，则其电导率不随水油比例而改变。乳状液的电导率随温度的升高而增大，这是由于在高温下原油中的分子热运动加剧的结果。含水为 50%（体积分数）的原油乳状液的电导率比纯原油的电导率高 2～3 倍，温度自 25℃升到 90℃，电导率可增加 10～20 倍。在 1×10^5～2×10^5V/m 的电场下，用显微镜观察乳状液可以发现水珠像一串珠子似的排列成行，最后聚结成大滴。

（2）原油乳状液的介电常数

原油及其乳状液的介电常数是指在电容器的极板间充满原油或原油乳状液时测得的电容量 C_x 与极板间为真空时的电容量 C_0 之比。实验表明：纯原油的介电常数为 2.0～2.7；而水的介电常数为油的 40 倍，达到 80。如果原油与水形成乳状液，介电常数就将发生明显的变化，当含水率小于 50%时，介电常数与含水率存在线性关系，但当含水率超过 50%后，油包水型乳状液和部分游离水的混合物同时存在于体系中，导致介电常数的突然变化。原油乳状液的介电常数与含水率、烃类组成、压力、密度、含气量及温度等因素有关。

（3）原油乳状液的电泳

由于原油乳状液中的水珠大多带电，故在电场作用下会发生电泳。水珠在电场中的移动速度叫电泳速度，其数值大小可按下式计算：

$$V=\frac{\xi\varepsilon E}{4\pi\eta} \tag{5-4}$$

式中 V——电泳速度，m/s；

ξ——Zeta 电位，V；

E——电极间的电位梯度，V/m；

ε——原油的介电常数；

η——原油的黏度，m^2/s。

5.1.4 原油乳状液的危害

原油乳状液中含有的水、有机物、无机盐等物质，其物理性质发生很大变化，对采油、油气集输、储存和炼油厂加工都会带来较大影响。具体表现在如下几个方面。

(1) 增大了液流的体积，降低了设备和管道的有效利用率

原油含水，特别是目前很多区块的采油含水量超过 90%，降低了采油和油气集输系统管道和设备的有效利用率。

(2) 增加了输送过程中的动力消耗

当原油与所含水呈油包水型乳状液状态存在时，最突出的是黏度比纯油显著增加，再加上水的密度比原油的大，这就使管道摩阻增加，油井井口回压上升，抽油机和输油泵动力消耗增加。

(3) 增加了升温过程的燃料消耗

在油田原油集输、脱水和炼油厂加工处理过程中，往往要对原油加热升温，由于水的比热容为 1，原油的比热容为 0.45，所以燃料的消耗成倍增加。当原油含水率为 30%时，燃料的消耗量是纯油的 2 倍。特别是在原油集输过程中，一般要对原油反复加热升温，热能的消耗是非常大的。

(4) 引起金属管道、设备的结垢和腐蚀

当地层水中含有 $MgCl_2$、$CaCl_2$、$SrCl_2$、$BaCl_2$ 时，会因水解产生 HCl，引起金属管道和设备腐蚀变形、穿孔。

当原油中含有环烷酸等有机酸时，有机酸能和氯化物发生复分解反应，释放出 HCl。特别是在原油中含有粉末状氧化铁（Fe_2O_3）时，Fe_2O_3 对氯化物的水解和分解反应起催化作用，使金属的腐蚀加剧。

当原油中含有较多的硫化物时，由于水的存在，腐蚀速度会更快。因为硫化物受热发生分解，产生 H_2S，遇到水时，H_2S 与 Fe 反应生成 FeS 沉淀：

$$Fe + H_2S = FeS\downarrow + H_2\uparrow$$

$$FeS + 2HCl = FeCl_2 + H_2S$$

这样交替反应，腐蚀就会不断进行，使金属管道与设备穿孔损坏。

原油中所含的地层水都含有多种无机盐，盐类一般溶解在原油所含的水中，当水中含有较高的碳酸盐物质时，在换热器中，随着水分的蒸发，设备的内壁会形成盐垢，久而久之，会使液流通道直径变小，甚至完全堵塞。当用管式炉加热这种含水原油时，会因结垢而影响热的传导，严重时会引起炉管式火筒过热变形、破裂。

(5) 对炼油厂加工过程的影响

在原油炼化加工过程中，往往要将原油加热到 350℃左右，因水的分子量为 18，原油蒸馏时汽化部分的分子量平均为 200～250，在该温度下，等质量的水汽化后的膨胀体积远大于原油的膨胀体积，体积大到 10 多倍，这样会出现冲塔现象，

使生产不正常，严重时可能导致停产。

由于上述种种原因，为了保证油田开发和炼油厂加工过程的正常进行，必须在油田对原油进行脱水处理，而且越快、越早、越彻底越好。

5.2 原油脱水方法和原理

原油中的水主要以溶解水、悬浮水和乳化水三种形式存在，主要来源于原油本身所含的水和开采过程中所带入的水。其中，溶解水中的水成均相状态，以分子的形态存在于烃类化合物分子之间；悬浮水中的水呈悬浮状态，可用加热沉降的方法去除；乳化水中的水必须采用特殊的工艺才可去除，因为原油本身所含的沥青质、胶质等成分与原油中夹带的大量无机矿物盐颗粒等，都属于表面活性物质，是天然的、高性能的油水乳化剂，而这种乳化液比较稳定。

原油脱水的关键在于原油乳状液的破乳，破乳过程分为凝聚（coagulation）、聚结（coalescene）和沉降（sedimentation）三个过程，在凝聚过程中，分散相的液珠聚集成团，但乳状液的液珠之间有相当的距离，这些珠团往往是可逆的，按分层的观点来看，珠团像一个小水滴，若珠团与介质间的密度差足够大，则能使分层加速，若乳状液足够浓，则黏度显著增加。聚结是脱水的关键，在此过程中，珠团合并成一个大水滴，是不可逆的，造成液珠数目减少和原油乳状液被完全破坏。完成聚结后，大水滴依靠重力的作用和与原油的密度差沉降分离出来。综上，破乳、聚结与沉降分离是原油的整个脱水过程。

在由凝聚所产生的聚集体中，乳状液的液珠之间可以有相当的距离，光学技术已经证明，这种间距的数量级要大于100Å（1Å＝0.1nm），虽然厚度随着电解质浓度增加而降低，但是间距降低并不像双电层理论所预示的那样快，这表明除静电斥力和范德华引力外，还有别的力在起作用。

研究人员根据聚结速度得出结论：即使在浓乳状液中，其液珠被100Å（1Å＝10^{-10}m）或更大厚度的连续膜所隔开，液膜的厚度仍取决于水相的组分，而不取决于水量。

5.2.1 物理沉降分离

重力沉降是利用油水两相的密度差进行破乳。在重力的作用下，由于密度的差异，油相上浮，水相下降，液珠聚结，从而达到两相分离的效果。自然沉降多用于油田现场开采出原油中悬浮水的脱除，或作为高含水原油脱水前的预处理。这种方法设备简单、操作容易、绿色环保，可以有效脱除原油中大部分的悬浮水，但耗时长、效率低下，往往需要静置数十小时甚至几天，需要多个原油储罐，不能满足连续工作的需要。同时，自然沉降法无法满足黏度大、油水密度小、含水率低的原油的脱水。

Stocks 定律深刻地描述了沉降分离的基本规律，该定律的数学表达式为：

$$V=\frac{2r^2\ (\rho_1-\rho_2)\ g}{9\eta} \tag{5-5}$$

式中　V——水珠沉降速度，cm/s；

r——水珠半径，cm；

ρ_1——水的密度，kg/L；

ρ_2——油的密度，kg/L；

g——重力加速度，980cm/s^2；

η——原油的黏度，100mPa·s。

由上式可以看出，沉降速度与原油中水珠半径的平方成正比、与水油密度差成正比、与原油的黏度成反比。然而，从乳状液理论的角度加以分析，不难看出该公式并未包含原油乳状液稳定性的概念，也没有体现出乳化剂的严重影响。因此，根据这一公式计算出的水滴沉降速度，必然大于实际沉降速度。相反，对于破乳后的水珠而言，由于沉降过程中会出现水珠相互碰撞、聚结增大的现象，计算结果很可能会远远小于实际沉降速度。因此，定量地直接计算脱水效果则会带来较大的误差，但定性地利用该公式作原油脱水难易程度的衡量是可以的，所以通过该公式的指导，可以采用一系列有效的方法和措施来提高乳状液的破乳效率。

（1）增大水珠粒径的方法

① 添加化学破乳剂，降低乳状液的稳定性，以进一步实现破乳；

② 采用高压电场处理 W/O 型乳状液，利用电磁场对乳状液进行交变振荡破乳；

③ 利用亲水憎油固体材料使乳状液的水珠在其表面润湿聚结。

（2）增大水、油密度差的方法

① 向原油乳状液中掺入轻质油，降低原油的密度；

② 选择合适温度，使油水密度向着有利于增大密度差的方向变化；

③ 在油气分离过程中降低压力，使原油中少量的气泡膨胀，降低油的密度；

④ 向水中添加无毒无害物质，加大水相密度。

（3）降低原油黏度的方法

① 掺入低黏轻质油稀释原油；

② 加热以降低原油乳状液的黏度。

（4）提高油水分离速度的方法

采用离心机进行离心分离。

5.2.2 电脱水

电脱水法的基本原理是利用水是导体，油是绝缘体这一物理特性，将 W/O 型原油乳状液置于电场中，乳状液中的水滴在电场作用下发生变形、聚结而形成大水滴从油中分离出来。1909 年，人们开始研究电脱水技术，美国 F G Cottrell 博士研究了原油乳状液通过静电聚集合并的方法来实现破乳。1918 年，F M Seibert 等进行了直流电场对油水混合物进行破乳的试验研究，并且第一次提出了分散相液滴是通过电泳聚结和偶极聚结两种方式进行脱水的，从此直流电脱水开始应用于生产运行中。

电场根据其性质不同可分为直流电场和交流电场、脉冲供电、高频供电等。一般认为，乳状液中的液滴无论在交流或直流电场中，都能发生偶极聚结、电泳聚结和振荡聚结。其中，在直流电场中以偶极聚结和电泳聚结为主；在交流电场中以偶极聚结和振荡聚结为主；在交－直流二重电场中，上述数种聚结都存在；脉冲供电是电极间断送电，除促使振荡聚结和偶极聚结外，目的在于避免电场中电流的大幅度增长，可平稳操作和节约电能。

5.2.2.1 偶极聚结

置于电场中的 W/O 型乳状液的水珠，由于电场的诱导而产生偶极极化，正负电荷分别处于水珠的两端，如图 5-3 所示。在电场中的所有水珠，都受到此种诱导而发生偶极极化，所以相邻两个水珠的靠近一端，恰好成为异性，相互吸引，其结果是两个水珠合并为一体。由于外加电场是连续的，这种过程的发生呈“链锁反应”。原油在输送过程中，由于摩擦作用带有一定量正负电荷的水滴在电场力作用下发生电泳现象，致使水滴间相互碰撞聚结，变成大水滴，从而实现破乳效果。

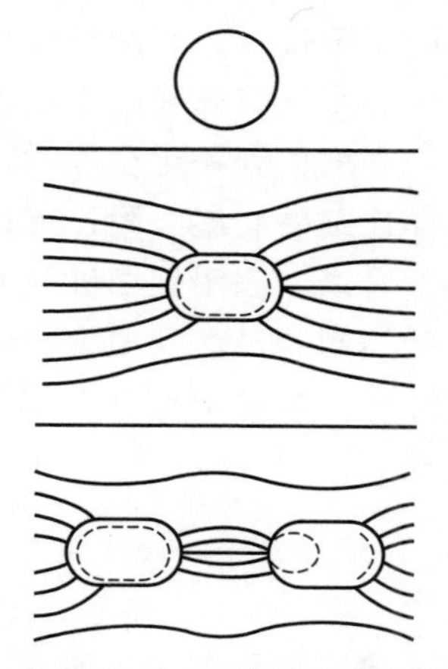

图 5-3　电场对 W/O 型乳状液水珠的影响

5.2.2.2 振荡聚结

当原油通过交流电场时，其中溶解有盐类的微小水滴在电场的作用下产生偶极性，水滴两端感应产生相反的电荷，在电场引力作用下水滴变长，由于是交变电场，水滴随之振荡，乳化膜强度减弱，相邻水滴相反极性端因互相吸引、碰撞使水滴破裂而合并增大，随着水滴的增大，水滴的沉降速度急剧上升，从而使油水分离。交变电场对 W/O 型乳状液水珠的另一个作用是引导其作周期性的振荡，其结果是水珠由球形被拉长为椭球形，界面膜增大变薄，乳化稳定性降低，振荡时相邻水珠相碰，合并增大自原油中沉降分离出来。

5.2.2.3 电泳聚结

乳状液的液珠一般都带有电荷，在直流电场的作用下，会发生电泳。在电泳过程中，一部分颗粒大的水珠会因带电多而速度快，速度的大小不等会使大小不同的水珠发生相对运动，碰撞、合并增大，当增大到一定程度后即从原油中沉降分出。其他未发生碰撞或碰撞、合并后还不够大的水珠，会一直电泳到相反符号的电极表面，在电极表面相互聚集（接触而未合并）或聚结在一起，然后从原油中分出。乳状液在直流电场中的这种电泳过程，会使水珠聚结，所以又称其为电泳聚结。

另外，电泳作用还使更小的水滴在一定情况下抵达极板，获得电荷后立即弹回，并反向移动，增加了水滴间的聚结机会，水滴聚结到一定程度，依靠重力沉降到下层，实现油水分离，达到破乳的目的。

5.2.3 润湿聚结脱水

润湿聚结脱水又称聚结床脱水，润湿聚结脱水法的基础是热-化学-沉降偶合脱水法，这是一种在热化学沉降脱水法基础上发展起来的脱水方法，即在加热、投入破乳剂的同时，使乳状液从一种强亲水物质（如脱脂木材、陶瓷、特制金属环、玻璃球等）的缝隙间流过。润湿聚结是乳化液中分散的水滴先在聚结介质表面上润湿并吸附，液滴与固体材料表面的水膜接触，利用极性相近原理使液滴与水膜融为一体，在这个过程中乳状液主体中的水珠与先吸附于介质表面的水滴碰撞并聚集，使介质上被吸附的水珠不断增大，当增大到一定程度时，液相搅拌所产生的曳力会将聚结水滴从介质表面脱除。这样连续的润湿吸附、碰撞、聚集和脱除，最终使水相和油相分层，进而达到油水两相分离。润湿聚结破乳方法应用的关键在于润湿材料的选取、搅拌时间与搅拌速率的控制。虽然润湿聚结法具有原料廉价易得、设备简单、操作简易等优点，但在实际操作过程中也存在不足，例如若乳状液体系的黏度过高，则需要输入很大的机械动力。

5.2.4 化学破乳法

化学破乳法是常见的原油乳状液破乳方法，该方法是在原油乳状液中加入一种或几种化学破乳剂，以降低油、水界面膜的强度，配合加热和搅拌等条件，达到撕裂界面膜、实现水珠聚结、完成油水分离的目的。向原油乳状液中添加化学助剂，破坏其乳化状态，使油水分离成两层，这种化学助剂叫破乳剂。破乳剂一般是表面活性剂或是含有两亲结构的超高分子表面活性剂。

破乳剂经搅拌会在油水界面溶解，由于破乳剂的界面活性高于原油中成膜物质的界面活性，能在油水界面上吸附或部分置换界面上吸附的天然乳化剂，并且与原油中的成膜物质形成具有比原来界面膜强度更低的混合膜，导致界面膜破坏，将膜内包裹的水释放出来。释放出的小水滴相互聚结形成大水滴，依靠自身重力作用沉降到底部，从而油水两相发生分离，达到破乳目的。

用化学破乳剂对原油乳化液进行破乳脱水是近代普遍采用的一种方法。该方法可单独使用，也可与其他方法联合使用。当联合使用时会得到最好的破乳脱水效果和更广泛的适用场合。

在油田中，原油脱水工艺主要使用电化学法和热化学法。电化学法用少量破乳剂在高压电场中进行脱水，其特点是速度快、效果好；热化学法需要使用高效破乳剂。当然，选用哪种方法适宜，取决于经济核算。一般来说，用化学法处理容易脱水的原油乳状液，用电场处理不是很稳定的乳状液，用电化学法处理顽固的乳状液。热化学脱水工艺及热-电化学法脱水工艺流程见图 5-4 和图 5-5。

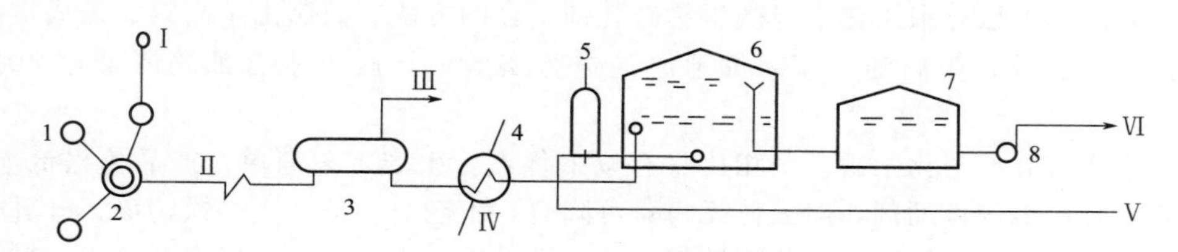

图 5-4 热化学脱水工艺流程

1—油井；2—计量站；3—油气分离器；4—加热器；
5—水封界面调节器；6—沉降罐；7—净化油缓冲罐；8—输油泵；
Ⅰ—化学破乳剂；Ⅱ—油气水混合物；Ⅲ—天然气；Ⅳ—净化原油；Ⅴ—脱出水；Ⅵ—热媒

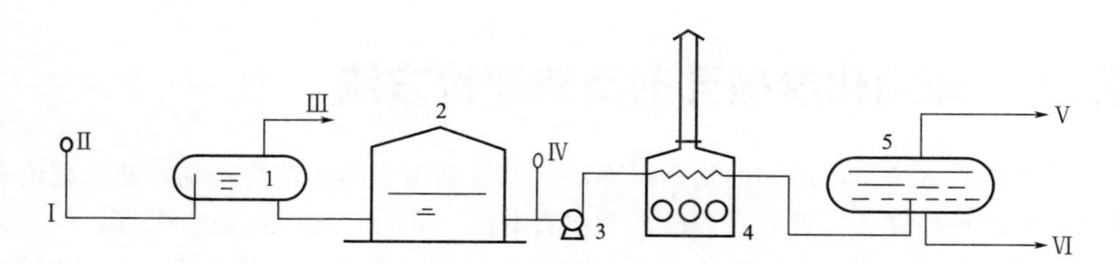

图 5-5 热-电化学脱水工艺流程

1—油气分离器；2—含水原油缓冲罐；3—脱水泵；4—加热炉；5—电脱水器；
Ⅰ—油气水混合物；Ⅱ—化学破乳剂；Ⅲ—天然气；Ⅳ—含水原油；Ⅴ—净化原油；Ⅵ—脱出水

5.2.5 生物破乳法

生物破乳法是在原油乳状液中加入生物破乳剂以实现乳状液破乳的方法。其原理是：有些微生物在生长过程中不断消耗表面活性剂，在生长过程中破坏乳状液，对其中的乳化剂有生物变构作用；与此同时，在代谢的过程中，某些微生物会分泌出带有表面活性的产物，这类代谢产物对于原油乳状液是良好的破乳剂。

1983 年，Koosarie 等报道称橙红球菌和枯草芽孢杆菌产生的代谢产物针对 O/W型乳状液具有破乳能力；而污泥诺卡氏杆菌和何氏汉逊酵母的产物针对 W/O 型乳状液具有破乳能力。国内对生物破乳剂的研究起步相对较晚，大约在 20 世纪

90年代末才开始该方面的研究。主要从2004年开始，我国关于生物破乳方面的研究开始深入。2004年，华东石油大学的韦良霞等从HRB系列7种生物破乳剂中筛选出了对来源于胜利油田纯梁采油厂的含水原油脱水效果最好的HRB-4型破乳剂，并将其应用于纯梁采油厂各站。

国外已有几家科研机构正致力于研究生物法原油脱水技术，美国能量生物系统公司（WBC）已拥有细菌酶，可制取一种生物催化剂，该催化剂在原油被加工前就能使Ni、Ca和Co等金属分离出来。

国内同样将生物破乳剂与普通破乳剂复配进行原油破乳。如崔昌峰等将生物制剂BA与大分子改性剂GD和助剂ZY组成复合破乳剂，在胜采坨一联合站进行脱水实验。娄世松等采用化学与微生物破乳剂结合的方法，研制出了高效、低成本的破乳剂，在对大庆原油、蓬莱等地原油进行实验时，脱出水含油均降低至40%以上。

生物破乳剂与化学破乳剂相比具有以下优点：生产工艺简单，产品价格低廉；不需要有机溶剂作助剂，对人体无害；可降解，不会对环境产生二次污染；破乳性能广泛，不存在化学破乳剂适应性专一的问题；脱水水质好，减轻企业负担；破乳能力与某些化学破乳剂相当甚至有所超越等。但是，由于培养微生物菌种耗时而且培养过程复杂，所以，生物破乳技术的规模化应用很难实现，对于生物菌的培养工序还需进一步系统地深化完善。

5.3 原油化学破乳剂及其评价方法

原油破乳方法，由最初的物理沉降法，发展到用表面活性剂破乳，破乳理论和技术也随之日趋完善。近年来，破乳剂向着低温、高效、适应性强、无毒、不污染环境的方向发展，因而要求破乳剂不仅具有高效破乳能力，而且还有一定的缓蚀、阻垢、防蜡及降黏等方面的综合性能。

原油破乳剂的使用大约已有近百年的历史，曾先后开发出多代产品。人们一直在对其品种和性能进行研究，并不断取得新成果。据不完全统计，国内外的破乳剂品种目前已达近三千种，年销售量约百万吨。

5.3.1 原油破乳剂发展概况

5.3.1.1 国外破乳剂发展概况

1914年，W. S. Bamickel将原油乳状液在一定的温度范围内用0.1%浓度的$FeSO_4$溶液对其进行破乳脱水实验，之后将其申请专利，于是最早的原油破乳剂就诞生了。

国外对破乳剂的研究从20世纪20年代到60年代，经历了三代破乳剂的更替。

第一代为小分子阴离子型表面活性剂，如芳基与烷基磺酸盐、脂肪酸盐、环烷酸盐等，这类表面活性剂的憎水基是一些不饱和的酸基。此类破乳剂价格低廉，但是用量大，效果不明显，且容易受原油中电解质的影响。

20 世纪 40 年代，环氧乙烷出现工业化大生产，使破乳剂的发展得到了质的飞跃，非离子型聚氧乙烯聚氧丙烯嵌段共聚物作为破乳剂主体被广泛使用，通过不同起始剂制备出多种不同类型嵌段聚醚破乳剂。第二代小分子非离子型破乳剂，如平平加型、OP 型和 Tween 型出现，其主要成分为脂肪醇、脂肪酸、烷基酚等为起始剂的环氧乙烷聚合物。它们能够耐酸、耐碱、抗盐，但用量还是很大，且破乳效果不理想。

到 80 年代，随着经济和生产工艺的发展进步，国外破乳剂的研究开发蓬勃发展，有了第三代破乳剂研究技术的支持，逐渐出现了两性离子型、聚合物型和聚胺类破乳剂。此类破乳剂用量低，一般在 100mg/L 以下，但是专一性强，不具备适应性。如 Philip M. J. 等用烷基酚醛树脂聚氧乙烯醚、多羟基化合物以及异丙醇组成复配物，用于原油乳状液脱水脱盐，达到油净水清的效果。Gordon T. 等由聚氧丙烯三胺衍生的阴离子破乳剂用于处理 O/W 型乳状液；Evich G. F. R. 等用嵌段聚氧乙烯聚氧丙烯甘油醚、交联聚醚、嵌段聚氧乙烯聚氧丙烯乙二醇、丙二醇醚或聚乙二醇与特定溶剂组成复配物处理油-水乳状液，低温破乳效率高，对重油高黏乳状液脱水效果好。

5.3.1.2 国内破乳剂发展概况

我国对破乳剂的研究起步较晚，20 世纪 60 年代以前，对破乳剂的需求主要依靠进口。随着我国原油采出量的增加，破乳剂需求量加大，出现了非离子型聚氧乙烯聚氧丙烯嵌段共聚物，其脱水速度快，效果较优，经常与其他类破乳剂复配使用。70 年代后期，出现了高分子量和超高分子量的聚醚型破乳剂，对破乳剂的研制由原来的嵌段共聚物转移到聚磷酸酯、聚氨酯及超高分子量聚醚型的破乳剂。到了 80 年代末期，原油破乳剂的研究进入缓慢发展的阶段，虽然规模没有完全形成，但是破乳剂的品种已达几百种。目前，我国对传统非离子型聚醚嵌段共聚物破乳剂的改性方法主要有：改头、换尾、加骨、扩链、交联、接枝、复配。改头是改变合成破乳剂所用到的起始剂，这里的起始剂可以去设计它的分子结构，也可根据油田的需要合成出来，但是，必须要含有活泼氢基团，如醇类、酚类、胺类、酰化多胺类、部分糖类以及它们的衍生物等。随着原油采出液变得越发复杂，大部分起始剂含有多个活泼氢，如多乙烯多胺等，以制得结构更加复杂，性能更优异的破乳剂。换尾是对破乳剂的端基进行改性，应用较多的是酯化反应，此法也是增大破乳剂分子量的有效手段。加骨是通过化学反应在破乳剂分子骨架中增加另一种新的分子骨架，也可以这么说，在原来的分子链上接入一个小的分子链，可以是在主链上，也可以是在侧链上，目的是提高破乳剂的破乳性能。扩链指通过分子中的活泼基团，将低分子量破乳剂连接起来，使分子量得到明显增加，增强破乳效果。交联是采用交联剂使大分子物质产生交联，制得超高分子量破乳剂。接枝是将一些具有特殊功能的官能团接入到高分子侧链中，使得分子结构发生改变，产生特殊的破乳效果。复配指利用单一破乳剂的某个优点与其他破乳剂的另外优点进行混合使用，使其协同作用于原油乳状液，达到优势互补的目的。一般情况下，破乳剂的性能并不是全面优异，往往具有一方面突出的特点，将脱水速率快、脱出水清的破乳剂与脱水率高的破乳剂进行复配，效果更加优异。复配是当前应用最广，最为直接的制备高效破乳剂的方法，通过复配可以得到用量更少、破乳率更高、破乳温度更低、水质更加清晰、有广泛适用性的破乳剂。

5.3.2 原油破乳剂的分类

5.3.2.1 按分子量大小分类

按分子量大小划分，破乳剂可分为：低分子量破乳剂、高分子量破乳剂和超高分子量破乳剂。

（1）低分子量破乳剂

分子量在1000以下的破乳剂为低分子量破乳剂，如无机酸、碱、盐；二硫化碳、四氯化碳；醇类、酚类、醚类等。这类物质虽然不是表面活性剂，但却能以其强烈的聚集、中和电性、溶解界面膜等方式破坏乳状液，此类破乳剂成本低，脱水效果差，现已停止使用。

（2）高分子量破乳剂

高分子量破乳剂指分子量在1000～10000之间的非离子型聚氧乙烯聚氧丙烯醚。这类破乳剂具有较高的活性和较好的脱水效果，不仅能降低净化油的含水率，而且使脱出水的含油率下降，水色更为清澈。如我国的AE，AP，BP，RA等型号和德国的王牌产品Dissolan4400、4411、4422、4433等属于这类物质。

（3）超高分子量破乳剂

人们在实践中发现，破乳剂的脱水效果会随着其分子量的提高而提高。因此，便出现了超高分子量破乳剂，这类破乳剂的基本成分同高分子量破乳剂相同，只是通过使用具有多活泼基团的起始剂、交联剂或改变催化剂，使聚醚的分子量达到数万到数百万。其中以分子量在30万～300万的聚合物破乳效果最佳。如用三乙基铝-乙酰丙酮-水三元体系作催化剂，合成的分子量在30万～250万的聚醚型破乳剂（UH系列）。这类破乳剂具有破乳温度低，出水率高，出水速度快等特点。

5.3.2.2 按聚合段数分类

（1）二嵌段聚合物

目前国内外使用最多的化学破乳剂为非离子型聚氧乙烯聚氧丙烯醚。在非离子型破乳剂的合成过程中，将起始剂（含有活泼氢）与一定比例的环氧丙烷（PO）先配制成“亲油头”（此为第一段），然后接聚上一定数量的环氧乙烷（EO）（此为第二段)，这种产品就叫作二嵌段化学破乳剂，即：[油头]$-(PO)_m-(EO)_n-H$。我国的AE8025，AE8051，AE8031，AE1910等属于此类。

(2) 三嵌段聚合物

在二嵌段聚合的基础上再接聚一段环氧丙烷，即为三嵌段式破乳剂：[油头]$-(PO)_m-(EO)_n-(PO)_z-H$，如我国的SP169，AP221，AP134，AP3111等。

油田开采后期原油乳状液以O/W为主，多重乳状液、微乳液共存，这种采出液的共同特点是：含水高、游离水含油、含杂质多、含水原油乳化程度深、很难脱水等，基于此种状况，新型破乳剂应具有水溶性的直链结构，在原油中易于分散，有良好的渗透性，以减少脱出污水的含油量；为实现较快的脱水速度和最大脱水量，破乳剂分子应具有合适的嵌段顺序和链段长度。

5.3.2.3 按溶解性分类

(1) 水溶性破乳剂

水溶性破乳剂主要指以甲醇或水为溶剂的破乳剂。水溶性破乳剂可根据现场需要配制成任意浓度的水溶液。

(2) 油溶性破乳剂

油溶性破乳剂的溶剂一般为苯或二甲苯。油溶性破乳剂的特点是不会被脱出水带走，且随着原油中水的不断脱出，原油中破乳剂相对浓度逐渐提高，有利于原油含水率的继续下降，但甲苯、二甲苯比较昂贵，破乳剂价格也较高。

5.3.3 常用化学破乳剂

目前，国内外原油破乳剂种类繁多，但应用最多的主要是非离子型聚醚。很多含有活性基团的物质均可以诱导环氧乙烷(EO)、环氧丙烷(PO)开环得到相应破乳剂，或通过一定反应方法将聚氧丙烯聚氧乙烯醚引入到分子结构中得到破乳剂。

5.3.3.1 酚醛树脂类破乳剂

酚醛树脂中含有大量的羟基，形成了多支型的结构，这些活泼的酚羟基通过与环氧化物如环氧丙烷(PO)、环氧乙烷(EO)聚合得到具有多支结构的聚醚破乳剂。如以下结构：

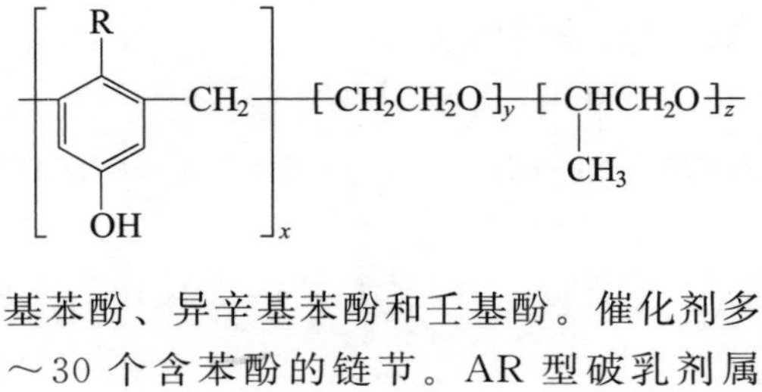

$$\left[-\mathrm{C_6H_2(R)(OH)}-\mathrm{CH_2}-\right]_x-\left[\mathrm{CH_2CH_2O}\right]_y-\left[\mathrm{CH(CH_3)CH_2O}\right]_z-$$

烷基酚常用异丁基苯酚、异辛基苯酚和壬基酚。催化剂多为HCl、H_2SO_4等。分子量一般控制在3～30个含苯酚的链节。AR型破乳剂属于该类聚醚，例如，

Al-Sabagh制备了多种烷基酚醛树脂破乳剂，在对EO比例、分子量等影响因素进行系统的研究后，发现最优破乳剂在60℃、用量为150mg/L、模拟油水比为1∶1的条件下，35min时脱水率可达100%。用异辛基酚醛树脂-聚氧丙烯聚氧乙烯醚（可简称为聚氧烷烯醚）可使含水（质量分数）为28%的原油，在破乳剂加量为15mg/L，小于或等于40℃下破乳脱水，原油含水降为0.3%，而使用普通聚环氧烷醚类破乳剂，需将原油加热到80℃脱水，原油含水方可下降至4%。我国研制的酚醛3111（或AF3111）就是这种类型的破乳剂。

5.3.3.2 含氮类破乳剂

(1) 多乙烯多胺聚氧乙烯聚氧丙烯型破乳剂

多乙烯多胺聚氧乙烯聚氧丙烯型破乳剂是以多乙烯多胺为引发剂，接聚PO、EO合成的非离子型表面活性剂，是一种多支型的聚醚。现有的AP、AE型破乳剂就属于该类聚醚，其理想的结构式为：

$$[H(EO)_y(PO)_x]_2N—(CH_2CH_2N)_n—CH_2CH_2—N[(PO)_x(EO)_yH]_2 \quad (\text{each chain N carries }—(PO)_x(EO)_yH)$$

对于上述两种类型破乳剂的破乳效果和应用各不相同，AP型破乳剂主要用于石蜡基原油乳状液的破乳，相比于SP型破乳剂，其脱水效果要好得多。这是因为AP型破乳剂是由多乙烯多胺引发的，分子链中可提供的活性基团多，容易形成多支链结构破乳剂，其润湿性能和渗透性能较高，亲水能力较强。当原油乳状液破乳时，AP型破乳剂的分子能迅速地渗透到油-水界面膜上，并且由于其多分支结构，分子排列占有的表面积要多得多，因而药剂用量少，破乳效果好，所以AP型破乳剂比SP型破乳剂具有更低的破乳温度，更短的破乳时间。

AE型破乳剂是一种二段型破乳剂，其可用于含沥青质原油的破乳。另外，由于该类破乳剂分子的多支结构，很容易形成微小的网络，将石蜡单晶体包围在网格内，阻碍其自由运动，进而使石蜡单晶体不能相互连接，降低原油的黏度和凝固点，所以，AE型破乳剂具有非常好的防蜡降黏剂，具有一剂多效的功能。

(2) 酚胺树脂醚型破乳剂

酚胺树脂醚型破乳剂是以壬基酚、双酚A、稠环酚等为代表的酚类与甲醛胺、乙烯胺为代表的胺类进行反应，制成酚胺树脂，再在酚胺树脂的活性基上接上PO、EO开环后的嵌段聚醚。依据所采用的酚类、胺类官能团的不同，酚胺树脂可以拥有不同的分支数。其理想结构式为：

$$M_2N—CH_2CH_2—[N(M)CH_2CH_2]_n—N(M)—CH_2—C_6H_2(O—M)—CH_2—N(M)—[CH_2CH_2N(M)]_n—CH_2CH_2NM_2$$
$$\text{(ring substituent: } —CH_2—N(M)—[CH_2CH_2N(M)]_n—CH_2CH_2NM_2)$$

式中，$M=(PO)_x(EO)_yH$。

国内的TA、PFA系列为此类破乳剂。同时国内也有较多的研究，如张志庆在酚胺树脂聚醚基础上交联的破乳剂，用于35℃的临盘原油采出液破乳脱水率达70%。此外，合成的壬基酚胺树脂二嵌段聚醚，也远优于线性SP169等，脱水率达到82%以上。檀国荣使用线型有机硅聚醚与酚胺树脂聚醚等物质按一定质量比例得到了组合型破乳剂，针对临盘稠油，低温下脱水率达到90%。许维丽等人针对新疆高含水原油的特性，制备了非离子型双酚A酚胺醛树脂嵌段聚醚破乳剂(BPAE)，通过热化学瓶试法对破乳剂进行性能评价，在破乳剂浓度为25mg/L，破乳温度为40℃、破乳时间为120min条件下，原油脱水率可达85.4%，优于破乳剂SP169的性能。

(3) 联胺氧化烯烃聚醚破乳剂

联胺氧化烯烃聚醚破乳剂是以四乙烯壬胺（TEPA）和$C_{17}H_{35}COOH$的反应产物为油头，接聚PO、EO制得。反应式为：

$$C_{17}H_{35}COOH+TEPA \longrightarrow$$

$$C_{17}H_{35}CONHC_2H_4NHC_2H_4\text{-}NHC_2H_4NHC_2H_4NHOC_{17}H_{35}+H_2O$$

上式产物$+(PO)_x(EO)_yH \longrightarrow$联胺聚氧丙烯聚氯乙烯醚。

(4) 季铵化聚氧烯烃破乳剂

季铵化聚氧烯烃类破乳剂是一种双季铵缩合物，它既可破乳，还有缓蚀作用，具有一剂多效的功能。其化学结构式如下：

$$R_1\left[\begin{array}{c} (C_2H_4O)_x(C_3H_6O)_y(C_2H_4O)_zH \qquad\qquad (C_2H_4O)_x(C_3H_6O)_y(C_2H_4O)_zH \\ CH_2-\overset{|}{\underset{|}{N^+}}-CH_2-R_2-CH_2-\overset{|}{\underset{|}{N^+}}-CH_2-R_3 \\ (C_2H_4O)_x(C_3H_6O)_y(C_2H_4O)_zH \qquad\qquad (C_2H_4O)_x(C_3H_6O)_y(C_2H_4O)_zH \end{array}\right]_n H_{2n}A$$

式中，$n=1\sim6$；$x=1\sim2$；$y=0\sim8$；$z=0\sim2$；$x+y>z$；R_1为$C_5\sim C_{24}$烷基、烯基或$C_6\sim C_{25}$的烷基苯基；R_2为$-C_6H_4-$；$-C_6H_4-C_6H_4-$；R_3为$C_5\sim C_{20}$亚烷基或$C_6\sim C_{25}$烷基亚苯基；A为Cl^-或Br^-。

(5) 聚氨酯类氧化烯烃嵌段共聚物破乳剂

对于大多数破乳剂而言，在分离W/O型乳状液时，往往要加热到40℃以上，来提高破乳剂的破乳效果。但改进共聚物结构后可使破乳剂在低温下发挥作用。如聚氨酯类氧化烯烃嵌段共聚物在环境温度下（10～40℃）不加热就可破乳。该破乳剂由聚乙二醇醚和一种二异氰酸酯反应制得，具有以下通式：

$$D\left[A_m-B_n-A_m-O-(D-A_m-B_n-A_m-O-)_x-H\right]_2$$

式中，D为由一个脂肪族、芳香族、脂肪环或芳香环二异氰酸盐衍生出来的二价原子团；A为$-OC_2H_4-$；B为$-OC_3H_6-$；n、m为10～200之间的整数；$x=0\sim5$之间的整数；嵌段A的分子量至少是嵌段B的0.6倍。该类破乳剂对含水50%（体积分数）的原油乳状液在温度<40℃下就可快速破乳，短则几分钟，最多

不超过 1～2h，当温度为 23℃，破乳剂加量 150mg/L，能使原油含水降至 1.0%（体积分数）。

（6）聚酰胺-胺型破乳剂

聚酰胺-胺型化合物（PAMAM）主要是由乙二胺向外不断生长，形成层层支化的树状大分子，在层层叠叠的氨基上，再分别与 PO、EO 进行反应，构成了树状聚醚破乳剂，在合成过程中可以先通过控制反应条件得到不同代数的聚酰胺类化合物后，再与 PO、EO 反应，得到不同的破乳剂。该类破乳剂的枝状结构较明显，现对它的研究较多，如周继柱分别以不同代数的 PAMAM 为起始剂，合成了一系列聚醚破乳剂，该破乳剂在 60℃、150mg/L 条件下，对潮海油田产出液脱水率超过 90%。张妹妍合成了一系列基于 PAMAM 的不同嵌段聚醚破乳剂，其中最佳二嵌段聚醚破乳剂在 50℃、200mg/L、120min 时脱水率最高达到了 84.5%，而破乳剂 SP-169 此时的脱水率为 73.61%；最佳三嵌段聚醚在 50℃、150mg/L、120min 时脱水率达到最高为 78.9%，而破乳剂 SP-169 的脱水率为 64.9%。

5.3.3.3 共聚物型破乳剂

共聚物破乳剂是一种将含有活性基团的物质聚合后再引入 EO、PO 等物质的破乳剂，在前期共聚物的合成中可以控制聚合条件，得到不同类型的共聚物后再引入相应支链，提高其破乳效果，该类物质的分子量较好，破乳效果好。如 Kang 在水溶液中合成了基于丙烯酸和丙烯酸酯类三元共聚破乳剂，对大庆油田破乳表明，在 35℃、1.5h、600mg/L 条件下，脱水率可达 67%，远高于其他破乳剂的脱水率 45%。Al-Sabagh 先得到马来酸酐-苯乙烯共聚物，再依次与醇、聚醚酯化得到共聚物破乳剂，该聚合物含有梳形结构，其在 60℃、100mg/L、150min 条件下，脱水率可以达到 96%，经过复配后，脱水率甚至可以达到 100%。张付生在苯乙烯-丙烯酸酯共聚物基础上，与 PO、EO 聚合得到了丙烯酸类梳状聚醚破乳剂，这类破乳剂能使大庆四厂三元复合驱处理液的污水含油量低于 100mg/L。

5.3.3.4 聚酯类

最常见的聚酯类破乳剂为聚亚烷基二醇类的醇酸树脂。Baker 首先提出醇酸树脂包括以下成分：多元酸缩合产物、多元醇及 6～22 个碳原子的脂肪族饱和-元酸或不饱和一元酸。多元酸缩合物为等于或小于 20 个碳原子的多聚体。它所用的聚亚烷基二醇的分子量为 400～10000，一般用聚乙二醇、聚丙二醇等。

这类破乳剂尤其适用于油井产出乳状液的破乳，其用量为 50～200mg/L。若该破乳剂和电脱水器采用电化学方法脱水，用 5～50mg/L 即可。该破乳剂若用量过大，有可能使 W/O 型乳状液反相变为 O/W 型乳状液。

5.3.3.5 反相破乳剂

反相破乳剂是对 O/W 型乳状液破乳的主要破乳剂，国内外用于破坏水包油型乳状液的反相破乳剂主要有小分子型的电解质、醇类，表面活性剂及聚合物三种类型。

(1) 小分子电解质、醇类

电解质能中和水珠表面的负电荷和改变沥青质、胶质、蜡等乳化剂的亲水亲油平衡而起到破乳作用，常用的电解质主要有金属盐类和酸类。醇类主要通过改变乳化剂的性质，向油相或水相转移而起到破乳作用，其需求量较大，易形成二次污染且除油效果不佳，已淘汰。

(2) 表面活性剂类

破坏O/W型乳状液的表面活性剂类反相破乳剂有阳离子、阴离子和非离子几种类型。

常见阳离子表面活性剂的亲水基绝大多数为季铵盐，阳离子基团带有大量的正电荷，能有效中和O/W界面膜上的负电荷，从而破除O/W型乳状液。这种破乳剂能快速、高效地同时破除W/O、O/W或复杂圈套式乳状液，同时又可用于污水除油，且具有一定的缓蚀性能。

聚季铵盐型破乳剂具备水溶性好、扩散速度快等优点，因此，合成的反相破乳剂阳离子度越大，破乳效果越好。王素芳等人用环氧氯丙烷、二甲胺、叔胺、多乙烯多胺等反应生成了季铵盐，再与聚铝复配得到反相破乳剂TS-761L，用于处理冀东油田联合站污水时除油率达到97%，悬浮物的去除率达到94%。

阴离子型表面活性剂是二硫代氨基甲酸盐，二硫代氨基甲酸盐除了具备高效的除油性能，还有杀菌、防垢的作用。高悦等人研究表明，二硫代氨基甲酸盐在污水中能先与Fe^{2+}反应形成絮体，再通过絮体吸附油滴从而除去污水中的油。二硫代氨基甲酸盐的除油能力与反应生成的絮体结构有关。所以，污水中所含的Fe^{2+}越多，能够生成的絮体越多，除油能力相对越强。当分子中二硫代甲酸根含量大时，生成的絮体是立体网状结构，除油效果好。

非离子表面活性剂主要是聚胺类，聚胺类物质含有多个氨基，其水溶性好，并且具有很高的表面活性，容易吸附到油水界面上，中和水滴表面的负电荷，减弱界面膜的稳定性，从而达到破乳脱水的效果。

(3) 聚合物类

国外从1986年起研发出一系列聚合型反相破乳剂，如二烯丙基二甲基氯化铵聚合物、单烯丙基胺聚合物等。国内也有类似研究，吴伟等用二甲基二烯丙基氯化铵、丙烯酰胺反应合成了DMDAAC-AM季铵盐，用于胜利油田孤三联污水破乳，该反相破乳剂能够压缩乳化油的双电层和击破界面膜，除油率好。张章等人通过环氧氯丙烷、丙三醇和三甲胺为材料反应生成了阳离子聚季铵盐破乳剂，该破乳剂与反相破乳剂CPM复配，对污水除油率达到99%以上，减少了后续再处理污水的费用。

同时胜利油田自主研制的CW-01型反相破乳剂属于阳离子聚醚型破乳剂，其分子式为：

$$R\text{-}[O\text{-}[CH_2\underset{\displaystyle CH_2R'_2N^+R''Cl^-}{\underset{|}{C}}HO]_m H]_n$$

式中，R为多价烷基，R′为一价烷基，R″为一价烷基或H。合成反应分为两步：①环氧氯丙烷在催化剂作用下，于50～90℃下开环聚合成氯代聚醚；②氯代聚醚和胺在50～130℃下进行离子化反应，生成阳离子聚醚。测定游离氮含量，使阳离子度大于90%。

用孤岛采油厂孤中-22-13井产O/W型乳状液作评价试验，并与国外同类型优质破乳剂进行对比试验，发现该破乳剂破乳效果最好，破乳率可达97.6%。

5.3.3.6 其他改性破乳剂

(1) 四氢呋喃嵌段共聚物

日本学者提出用环氧丁烷、四氢呋喃代替环氧丙烷，得到一种新的破乳剂，该破乳剂中的四氢呋喃嵌段分子量为1000～5000，环氧乙烷质量分数为5%～95%，其分子式如下：

$$H(OCH_2CH_2)_x[O(CH_2)_4]_y(OCH_2CH_2)_xOH$$

Langdon也制成了由四氢呋喃和C_2～C_4的氧化烯烃衍生出来的聚氧烯烃破乳剂。它们可以是嵌段或无规共聚物，其通式为：$Y(A_mB_nH)_x$。

式中，Y为起始剂，为C、H、O以外的元素，脱掉x个活泼氢原子的基团，但碳原子总数不超过20，如聚乙二醇、烷基醇、酚等；A为疏水基，如环氧丙烷、环氧丁烷、四氢呋喃；B为亲水基，如环氧乙烷；$x=1$～5；m为整数；n为整数；A_m的分子量为90～10000，产品分子量为1000～16000。

(2) 含Si型破乳剂

原油破乳剂具有很强的选择性，即某种破乳剂对某种原油具有良好的破乳效果，但对另一种原油却无任何作用。而硅氧烷型破乳剂具有对原油乳状液类型不太敏感的优点。

硅氧烷型破乳剂是硅氧烷-环氧烷的嵌段共聚物，其中聚硅氧烷嵌段含有3～50个硅原子，硅原子上可接有甲基、苯基等。聚氧烷烯嵌段，分子量一般在400～500之间，由环氧丙烷（PO）和环氧乙烷（EO）链节构成。EO∶PO为(40∶60)～(100∶0)之间。其典型结构为：

$$H(OC_3H_6)_{1.5}(OC_2H_4)_{9.1}(OC_3H_6)_{10.3}(OC_2H_4)_{9.1}(OC_3H_6)_{1.5}[OSi(CH_3)_2]_{1.5}$$
$$(OC_3H_6)_{1.5}(OC_2H_4)_{9.1}(OC_3H_4)_{10.3}(OC_2H_4)_{9.1}(OC_3H_6)_{1.5}OH$$

该破乳剂无论是单独使用或是复配使用均能有效地破乳，如聚二甲基硅油（分子量为3700）与聚氧乙烯嵌段共聚物（两个聚氧乙烯段的分子量各为2200）可使含水40%（体积分数）的乳状液在45℃，15min内完全脱水。而用无硅共聚物时，20h内只能脱水至9%（体积分数）。又如，某原油加入15mg/L常用破乳剂，效果不是很好，而加入12mg/L的烷基酚醛树脂-聚氧丙烯聚氧乙烯醚破乳剂和3mg/L的硅油聚氧丙烯聚氧乙烯醚破乳剂，即能有效地破乳。

刘龙伟等以异丙醇为溶剂，氯铂酸为催化剂，通过硅氢加成反应，将聚氧乙烯聚氧丙烯环氧基醚和聚氧乙烯聚氧丙烯甲基醚接枝到聚硅氧烷上，得到聚醚聚硅氧烷类原油破乳剂，破乳效果较好。

Flatt依据PO、EO含量的不同，合成了一系列烷基酚醛树脂及其四乙氧基硅烷改性破乳剂及3种聚丙二醇（分子量为4000）改性破乳剂。室内研究表明。大部分破乳剂脱水率都在50%～60%之间，只有四乙氧基硅烷改性过的聚丙二醇破乳剂在35min内达到79%的脱水率。Koczo以含氢硅油与烯丙基缩水甘油基聚醚进行的改性表明，有机硅破乳剂脱水速度快，脱水时间在120min时，脱水率可以达到96.4%，远远超过现场破乳剂。冷翠婷发现硅油连接聚醚而引入磺酸基后提高了破乳剂的界面活性，针对五里湾油田高含沥青质的原油脱水率可达94.8%。

(3) 纳米改性破乳剂

纳米材料因颗粒尺寸在纳米级而具有性质活泼的特点，广泛应用于油田的污水处理等各个方面。孙正贵等人将纳米材料如纳米Al_2O_3、纳米SiO_2、纳米TiO_2等改性聚醚破乳剂时发现，当纳米材料为聚醚的10%时，破乳效果最优，提高的幅度达到20%，同时也能提高破乳速度，减少破乳时间。

纳米Fe_3O_4作为一种磁性材料，具有可以在外加磁场进行回收的特点，许多聚合物接枝在其表面用作原油破乳剂。Peng将乙基纤维素接枝到Fe_3O_4纳米颗粒表面，从而制备了一种具有磁性的破乳剂，将这种破乳剂在85℃下加入原油乳液后，剩余水含量降低到0.3%，而未处理的纳米微粒剩余水含量仅降低到4.2%，而且，在特殊情况下，该磁性破乳剂在外加磁场条件下可回收重复使用。

(4) 含糖结构破乳剂

除了上述破乳剂外，郭东红分别以活泼氢多的瓜尔胶、黄原胶为起始剂，经过与PO、EO开环聚合得到具有多分支结构的聚醚破乳剂，得到的破乳剂与常规破乳剂复配后发现，脱水速度、脱水率都高于现场破乳剂。王存文等人以分子量大、活泼氢多的甲基纤维素为主链，将聚乙二醇单甲醚（MPEG）接枝到主链上，形成具有梳形结构和超高分子量的环境友好的新型多糖类原油破乳剂，结果表明用MPEG-1900形成的破乳剂，破乳效果最好，脱水率达到95.3%，脱水界面齐整，水层呈浅白色。

5.3.3.7 超高分子聚氧丙烯聚氧乙烯醚

随着研究的不断深入，对破乳剂的破乳效果和性能的认识也越来越深，通过研究发现，高分子量破乳剂的破乳效果明显优于低分子量破乳剂的破乳效果，并且十多年来，为人们所重视的超高分子量原油破乳剂，分子量提高到5×10^5～3×10^6。此类破乳剂具有优良的破乳效果，并能加快油水分离速度。所以可以通过提高破乳剂的分子量来提高破乳效果，目前提高破乳剂的分子量的方法有以下四种：

① 在分子量较大的高聚物中引入适当的亲水或亲油基团。

② 聚烷氧烯自聚体包括单环氧烷的自聚体和不同环氧烷的嵌段共聚物、环氧丙烷、环氧丁烷和四氢呋喃等。由于这类共聚物原料单一，在几种超高分子破乳剂中最受重视。

③ 用二元活泼基团化合物交联而制备超高分子聚合物，如聚磷脂聚酯、聚酰胺都属于此类。

④ 通过改变催化剂，提高聚醚型非离子的分子量，可用阴离子聚合催化体系，如碱金属氢氧化物、醇钠等催化剂；阳离子聚合催化剂体系，如路易斯酸；配位聚合催化体系，如有机金属化合物催化系统、碱土金属氧化物催化体系。

通过以三乙基铝-乙酰丙酮-水三元体系为催化剂，利用配位聚合而制备出的破乳剂，其分子量可以高达50000～5000000，UH6535和POI-2006属于该类破乳剂。将这类破乳剂应用于现场试验，结果证明该类破乳剂的破乳温度较低、脱水速度快。但是其制备生产的工艺环境要求较高，所以目前并没有形成大规模的生产。

5.3.3.8 其他破乳剂

（1）磺酸盐及其醚磺酸盐

R—(萘环)—SO_3Na

烷基萘磺酸盐

—SO_3Na

石油磺酸盐

$RO—CO—CH_2$

$RO—CO—CH—SO_3Na$

琥珀酸酯磺酸钠

$RO(C_2H_4O)_nSO_3Na$

氧化乙烯脂肪醇醚磺酸盐

分子量为800～1000的烷基苯磺酸钠盐（钙），溶于石油，可以用。作破乳剂，且不污染废水。据报道，$RC_6H_4(OC_2H_4)n \cdot OSO_3Na$，当其中R为$C_{14}$～$C_{15}$，$n$＝0.6～18.9时，其破乳能力大于ANP-2，它与OP型表面活性剂相似，但可以节省EO，引入一个—SO_3Na原子团相当于5～6分子EO。

（2）脂肪胺盐酸盐

俄罗斯使用的ANP-2为脂肪胺盐酸盐，即$RNH_2 \cdot HCl$。其平均碳原子数为15，当其用量为200～250mg/L时，可使含水25%～30%（体积分数）的乳状液脱水到含水＜2%（体积分数），这类破乳剂在酸性及中性介质中具有最高破乳能力。若将此破乳剂与C_1～C_3脂肪醇以（9∶1）～（7∶3）质量比混合使用，可提高其破乳能力。

（3）环烷酸钠及高碳烷基咪唑啉

环烷酸钠　　高碳烷基咪唑啉

(4) 高分子线型磷酸酯

其基本结构为：

$$-O-\underset{\displaystyle Z}{\overset{\displaystyle O}{\overset{\|}{\underset{|}{P}}}}\!\!-\!\!\left[OA\right]_n$$

式中，OA为氧化烯烃；$n=5\sim130$；Z为H、烷氧基、芳香基等。

聚磷酸酯一般由三氯氧磷来制备，首先将三氯氧磷与一定量的脂肪醇聚合，以制备烷基二氯氧磷，再与聚氧烷烯的二元醇聚合来制备聚磷酸酯。由于三氯氧磷具有很强的化学活性，因此不需要催化剂，反应就能够顺利进行。反应中产生的HCl，可以用物理法，即通入N_2将HCl带出反应体系；也可以用化学法，如用有机碱吡啶，从而除去HCl。

脂肪醇（$C_3\sim C_{16}$）聚氧乙烯醚（聚合度为2～13）的磷酸酯具有较宽范围的HLB值，与相应的脂肪醇醚相比，具有更高的表面活性，特别适用于原油乳状液破乳。

5.3.4 化学破乳剂的评价指标

目前，国内外有关破乳剂的评价方法仍采用Bottle法（瓶法），评价方法为：取80g新鲜油样，置于100mL具塞量筒中，在给定温度下，加入100mg/L破乳剂；然后取出，手摇200次（左右手各摇100次）；恒温静置2h，记录不同时间出水量；最后取上层净化油，用蒸馏法（或离心法）测定净化油含水量，取下层脱出水，测定污水含油量。记录间隔时间一般为：沉降开始后3min、5min、10min、15min、20min、25min、30min、40min、50min、60min、70min、80min、90min、120min。

测量原油含水率的方法还有蒸馏法、密度法、电容法、短波法、微波法、X射线测定法等。破乳脱水性能是化学破乳剂的基本实用性能，试验时应考虑其综合指标。

5.3.4.1 HLB值

破乳剂同时具有亲油亲水两种基团，比乳化剂具有更小的界面张力，更高的表面活性。HLB值反映了破乳剂分子中亲油亲水基团在数量上的比例关系，其范围一般在0～20之间。

5.3.4.2 脱水率

脱水率指某种化学破乳剂用于某种原油脱水时，在规定的条件下，从原油中脱出的水量与原油中原来所含的总水量之比。

5.3.4.3 出水速率

出水速率是指在一定的静置沉降时间内脱出水量的多少或脱水率的大小。化学破乳剂的出水速率一般有先快后慢、先慢后快、等速率三种情况。

5.3.4.4 油水界面状态

油水界面状态指原油沉降分出水后，油水界面处的分层状态。有的油水界面分明，有的油水间存在油包水或水包油型乳状液过渡层。一般随添加的化学破乳剂品种不同而出现不同的过渡层，应尽量选择造成暂时性过渡层，使界面清晰的化学破乳剂。

5.3.4.5 脱出水的含油率

脱出水的含油率指脱出水中的含油量，通常由质量分数表示，一般应小于0.05%。

5.3.4.6 最佳用量

原油脱水率一般不完全与破乳剂用量成正比，当破乳剂用量达到一定剂量后，原油脱水率不再继续提高，这与破乳剂的临界胶束浓度有关。在脱水温度下达到所要求的原油脱水率所需的破乳剂最小用量称为最佳用量，最佳用量越小越好。

5.3.4.7 低温脱水性能

低温脱水性能是指化学破乳剂在低温下同样可以达到脱水率较高、油水界面整齐、脱出水清澈、使用量较少等优良性能。其目的是为了降低含水原油加热时的能耗。

5.4 原油化学破乳剂的破乳机理

5.4.1 原油乳状液破乳理论

关于原油乳状液破乳的理论有多种，但最基本的一种是乳状液中有两种相对抗的力在连续不断地做功。这种理论认为水的界面张力可使其液滴趋向彼此聚结，形成粒径较大的液滴，由于油水密度差，靠重力从油中分离出来。此外，由于在液滴周围有乳化剂存在，它能促使液滴悬浮并彼此稳定，所以只有破坏了乳化剂的稳定性，才能实现破乳。破乳理论的重点是关于用化学剂、加热和电力改变乳化物原来的状态。

5.4.1.1 化学破乳理论

化学破乳理论认为：化学破乳剂能中和存在着的乳化剂，破坏乳状液，并使固相聚集，从而破乳。另一种理论认为，化学破乳剂能使乳化剂变得脆弱并降低它的膨胀能力，破乳剂破乳作用的关键是取代吸附在油水界面上的天然乳化剂，降低界面膜的弹性和黏性，从而降低其强度，加速液滴的聚结。当加热时，化学破乳剂使被包裹的水膨胀，打破了易碎的乳化膜，使乳状液解体。但是有些化学剂不必加热也可破乳，为了解释这一点，热理论的信奉者认为，化学破乳剂不仅使界面膜变得脆弱，而且也能引起界面膜充分收缩而产生破碎作用。

5.4.1.2 热学理论

热学理论认为：乳状液是以微小液滴的形式存在于其中，由于微小液滴有着类似于布朗运动的现象，因此，在加热过程中，可以增加液滴的动量，导致更大力量的碰撞，使膜破裂，水滴聚结。另外，由于加热降低了连续相油的黏度，促使碰撞力加大，同时，加热可以使水滴的沉降速度加快。

5.4.1.3 电学理论

电学理论认为：乳状液的界面膜是由外部带电的极性分子组成，它们很容易干扰或吸引水滴，而电场能导致乳状液微粒相互吸引，它们沿着静电力重新排列，使界面膜不能长期稳定下来，促使附近的水滴游离聚结，直到它们变得足够大时，靠自身的重力沉降下来。

5.4.2 破乳过程

5.4.2.1 加入破乳剂

破乳剂加入后，可以在整个油相中分布开，同时，破乳剂可渗入到被乳化的水滴的保护层并破坏保护层，达到破乳的效果。破乳剂在渗入过程中，会根据自己的溶解性不同，通过不同的运动方式到达保护层。由于油溶性破乳剂在油中容易分布，所以，它向乳化水滴表面层的移动是纯粹的分子扩散运动。而水溶性破乳剂，在运动过程中，首先要从水相进入油相，在油相中进行再分配以后，才能扩散到乳化的水滴上。所以，它进行了两种扩散，即分子扩散和对流扩散，这就是水溶性破乳剂脱水时间长于油溶性破乳剂的主要原因。

5.4.2.2 乳化水滴相互接近和接触

破乳剂在油水界面占据一种好的位置后，就开始进行下一步的絮凝作用。一种好的破乳剂，在水滴界面处聚集，对处于同一状态的其他水滴有很强的吸引作用。因此，大量的水滴就会被聚结在一起，当其足够大时，就出现一个个鱼卵大的水泡。破乳剂使水滴结合在一起的特性并不破坏乳化剂膜的连续性，恰恰相反，是加强了膜的连续性。如果乳化膜确实很脆弱，则絮凝作用足以使乳状液全部析出。可是在大多数情况下，须进一步加强水滴的结合作用，才能使水滴变得足够大并呈游离状态沉降下来。这种使水滴结合的作用称为聚结作用。

5.4.2.3 乳化水滴从连续相分离出来

在乳化水滴从连续相分离出来的过程中，水滴之间液膜中的油必须排出，因而膜变薄而最终破裂。有研究表明：当被分散相的粒径在 0.5～1μm 时，被分散相液滴就表现出宏观上的凝聚，液膜扩大并开始流动，直至变薄到 0.1μm 以至更薄。此时通过适当的几何重排，而使液膜破裂，液滴聚结。通过研究表明，液膜中液体的排出速率取决于界面剪切黏度和膜变薄的速率。

根据上述情况，化学破乳剂应具有三种主要作用：

① 对油水界面有强的吸引作用；

② 凝聚（絮凝）作用；

③ 聚结作用。

5.4.3 原油破乳剂的破乳机理

5.4.3.1 反相排替破乳机理

反相排替破乳机理主要是针对早期使用的破乳剂，一般是亲水性强的阴离子型表面活性剂，由于该表面活性剂的表面活性比油水乳液界面的乳化剂的表面活性高，因此，该破乳机理认为，破乳作用的第一步是破乳剂在热能和机械能作用下与油水界面膜相接触，排替原油界面膜内的天然活性物质，形成新的油水界面膜。这种新的油水界面膜亲水性强，牢固性差，因此油包水型乳状液便能反相变型成为水包油型乳状液。外相的水相相互聚结，当达到一定体积后，因油水密度差异，从油相中沉降出来。

5.4.3.2 絮凝-聚结破乳机理

随着破乳技术的不断提高，后期非离子型破乳剂问世后，由于其分子量比阴离子破乳剂大，因此，出现了絮凝-聚结破乳理论。这种机理并没有完全否定反相排替破乳机理，而是认为，在加热和搅拌下，当分子量相对较大的破乳剂分散在原油乳液中，会引起细小液滴的絮凝，使分散相中的液珠集合成松散的团粒。在团粒内各细小液珠依然存在，这种絮凝过程是可逆的。随后，这些胶团不断地扩大，通过聚结过程可将这些松散的团粒不可逆地集合成一个大液滴，导致乳状液珠数目减少，当液滴足够大时，因为油水密度的不同发生沉降分离。

5.4.3.3 碰撞击破界面膜破乳机理

随着后期高分子量及超高分子量破乳剂的问世，出现了碰撞击破界面膜破乳机理，该机理认为，高分子量及超高分子量破乳剂的加量虽然仅几毫克每升，但界面膜的表面积却相当大，在外界作用力加热或搅拌条件下，会使破乳剂碰撞原油乳状液油水界面膜的概率大大增加，一部分破乳剂会代替原有天然活性较强的乳化剂；另一部分会击破原来油水界面膜，或使界面膜的稳定性大大降低，因而发生絮凝、聚结，实现破乳。

5.4.3.4 中和界面膜电荷破乳机理

20 世纪 80 年代后，国内外出现了一系列反相破乳剂，大多是阳离子型聚合物。针对O/W型乳状液的破乳，提出了中和电性破乳机理。该机理认为：O/W型乳状液的液滴表面带有负电荷，其Zeta电位达−50mV，致使乳状液相当稳定。阳离子聚合物对O/W型乳状液有中和界面电荷、吸附桥联、絮凝聚结等作用，因此具有良好的破乳性能。

5.4.3.5 增溶机理

由于破乳剂达到一定浓度后，容易形成一些由数个分子组成的线团或胶束，这些线团或胶束具有增溶乳化剂分子的能力，使其进入胶束内部，界面膜乳化剂含量降低，乳液稳定性降低，最终破乳。

5.4.3.6 褶皱变形机理

科学家通过显微镜观察发现，对于油包水乳状液具有复杂的内部结构，往往具有双层或多层的水圈，水圈之间夹着油圈，向乳状液中加入破乳剂后，在外界作用力条件下，使水圈和油圈发生褶皱、变形、破裂，最终水圈与水圈相连，油圈与油圈相连，液滴变大，油水分离。

参考文献

[1] 陈宗淇，等编．胶体与界面化学．北京：高等教育出版社，2001.

[2] 姜兆华，等编．应用表面化学技术．黑龙江：哈尔滨工业大学出版社，2000.

[3] 李仲伟．聚合物驱原油破乳剂的研究及应用．济南：山东大学，2017.

[4] 刘佐才，崔秀山，高照连，等．复配原油破乳剂研究．油田化学，2001，18（2）：141-43，169.

[5] 陈大钧，等．油气田应用化学．北京：石油工业出版社，2006.

[6] 彭松良．BIP生物复配破乳剂的研究与室内评价．中外能源，2014，19（12）：37-40.

[7] 王存文，王磊，吕仁亮，等．多糖类原油破乳剂的合成及其破乳性能．武汉工程大学学报，2013，35（12）：1-6.

[8] 孙成林．接枝改性氟硅原油破乳剂的合成及性能研究．西安：陕西科技大学，2016.

[9] 高连真，刘月娥．复合型原油破乳剂的发展现状与展望．广州化工，2016，44（2）：25-27.

[10] 张鸿仁编著．油田原油脱水．北京：石油工业出版社．1990.

[11] Hart. Compositions and methods for breaking water-in-oil emulsions. US：5772866，1998.

[12] 朱原原．含聚原油乳状液生物破乳剂研究．大庆：东北石油大学，2012.

[13] 许维丽，姜虎生，王洪国，等．酚胺醛树脂破乳剂的合成与性能研究．应用化工，2015，44（1）：72-75..

[14] 高强，熊梅．生物破乳剂的研究现状．农家参谋，2017（12）．

[15] 魏鸿鹏．聚表剂驱采出液破乳技术研究．大庆：东北石油大学，2016.

[16] 刘龙伟，郭睿，解传梅，等．聚醚聚硅氧烷原油破乳剂的合成与性能评价．精细石油化工，2014，31（5）：5-9.

[17] 于德水，高贺，杨连忠．乳状液在油田中的应用．油气田地面工程，1997，16（16）：44-45.

[18] 张瑾．新型破乳剂的合成与应用．延安：延安大学，2016.

[19] 田军．原油破乳剂的研究应用与发展方向探析．中国石油和化工标准与质量，2017，37（4）：83-84.

[20] 继勇，陈大钧，王成文，等．一种油包水乳化压裂液的实验研究．石油与天然气化工，2003，32（6）：372-374，386.

[21] 肖稳发．原油破乳剂的研究进展．精细与专用化学品，2004，12（24）：18-20.

[22] 王学会，朱春梅，胡华玮，等．原油破乳剂发展综述．油田化学，2002，19（4）：379-381.
[23] 尹晓刚．原油破乳剂的研究与应用．长春：吉林大学，2013.
[24] 陈思奇，张嘉兴，李欣洋，等．原油脱水方法综述．当代化工，2016，45（8）：1860-1862.
[25] 赵西往，徐俊英，靳晓霞，等．多支化原油破乳剂的制备及破乳性能研究．石油炼制与化工，2017，48（4）：19-23.
[26] 周效全．论油田化学作用机理研究对油田化学专用技术创新的贡献．天然气工业．2004，24（9）：97-100.
[27] Reeve. Method of inhibiting the formation of oil and water emulsions. US：6348509，2002.
[28] 刘龙伟．聚醚改性聚硅氧烷原油破乳剂的合成与性能评价．西安：陕西科技大学，2015.
[29] 张金波，鄢捷年．国外特殊工艺井钻井液技术新进展．油田化学，2003，20（3）：285-291.

第6章

原油的清防蜡与降凝降黏

蜡在油层条件下通常以分子状态溶解在原油中。随着采油过程的不断进行，含蜡原油在从油层向近井地带、沿着油管从井底上升到井口、地面输油管道的流动过程中，随着温度、压力、流动速度、气相等条件的变化，原油中的石蜡微晶会随之析出。石蜡微晶的聚集将形成肉眼可见的石蜡颗粒，石蜡颗粒间的互相吸附，使石蜡长大并不断沉积，进而就出现了结蜡问题。几乎所有的石油生产区域都存在结蜡问题，通过对19个国家的69个不同油田的研究表明，包括巴西、科威特、沙特、俄罗斯、墨西哥等国家在内的高达18个国家的59个油田原油生产中存在结蜡问题。与世界上多数的产油国一样，我国主要的油田含蜡量都比较高（这是陆相油田的特点之一），我国的大庆、胜利、华北、南阳和中原等油田的原油中富含蜡，蜡的质量分数超过10%的原油几乎占整个产出原油的90%，而且大部分原油蜡的质量分数均在20%以上，有的甚至高达40%～50%。在开采高含蜡原油时，由于石蜡析出并不断沉积于油管管壁、抽油杆、抽油泵及其他井底设备、地面集输管线、阀门、分离器、储罐等的金属表面，减小了油流通面积，增加了原油的流动阻力，结果使油井减产。结蜡严重时，可以把油井管线完全堵塞，导致停产。因此，油井的防蜡和清蜡是保证含蜡原油正常生产的一项十分重要的技术措施。

6.1 蜡的化学结构及特征

6.1.1 蜡的化学结构

石蜡是在地层温度降低到析蜡点温度时，从石油中结晶、析出的固态烃类物质。蜡是石油中的重要组成部分，在石油中除了存在蜡外，还含有沥青质、胶质等物质，因此，从石油中采出的蜡并不纯净，既含有其他高碳烃类，又含有沥青质、胶质、无机垢、泥砂、铁锈和油水乳化物等的半固态和固态物质，使其颜色呈现黑色或棕色。所以石油的组成也非常复杂，它除了包含了主要的碳（83%～87%）、氢（10%～14%）元素外，还含有氮（0.1%～2.0%）、氧（0.05%～1.5%）、硫（0.05%～1.0%）以及微量的钒、镍、铁、铜等金属元素。

石蜡是C_{18}～C_{60}的碳氢化合物，其中大部分是直链碳氢化合物。油井中的蜡通常可以分为两大类，即石蜡和微晶蜡（或者称为地蜡）。正构烷烃蜡称为石蜡，它能够形成大晶块蜡，为针状结晶，是造成蜡沉积而导致油井堵塞的主要原因，通常为板状、鳞片状、带状结晶，分子量在300～500之间，分子中碳原子数是16～35，属正构烷烃，熔点在50℃左右。微晶蜡多是细小的针状结晶，主要为支链烷烃、长的直链环烷烃和芳烃，分子量在500～700之间，分子中的碳原子数是35～63，熔点在60～90℃之间，其分子量较大，主要存在于罐底和油泥中，当然也会明显影响大晶块蜡结晶的形成和增长。一般来说，蜡的碳数高于20都会成为油井生产的威胁。蜡的典型化学结构式如图6-1（a）所示，但是人们也常常把高碳链的异构烷烃和带有长链烷基的环烷烃或芳香烃也称为蜡，其结构如图6-1（b）～(d)所示。

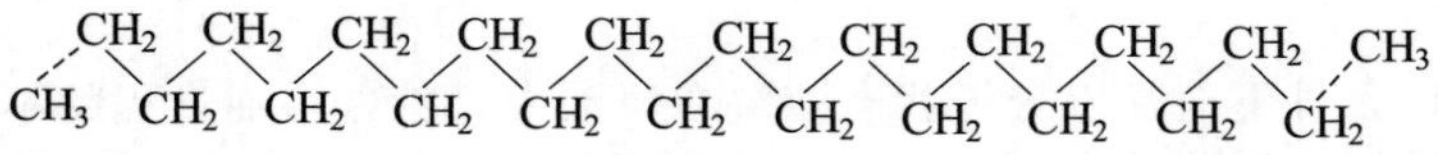

(a) 正构烷烃

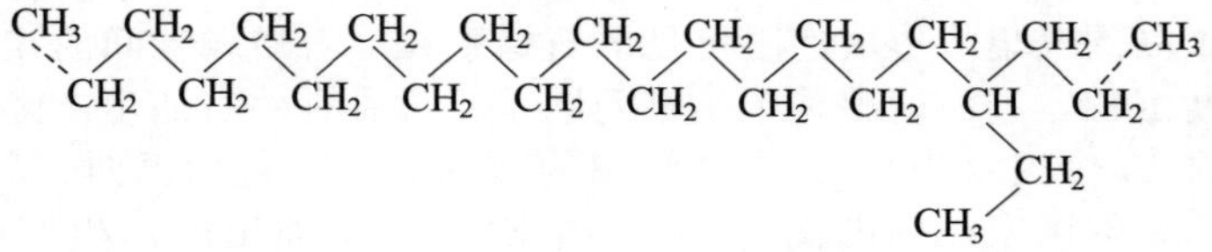

(b) 异构烷烃

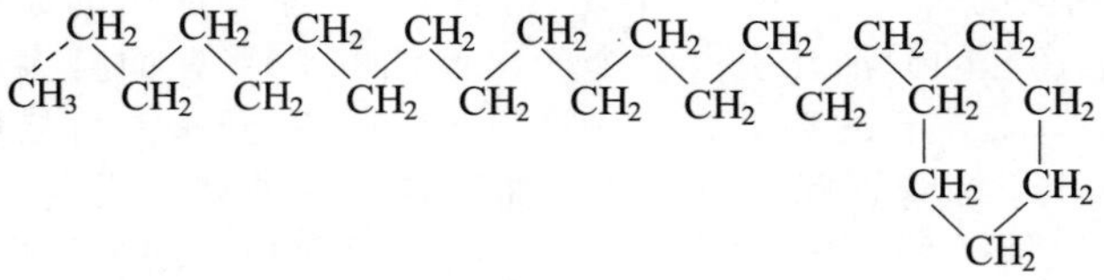

(c) 长链环烷

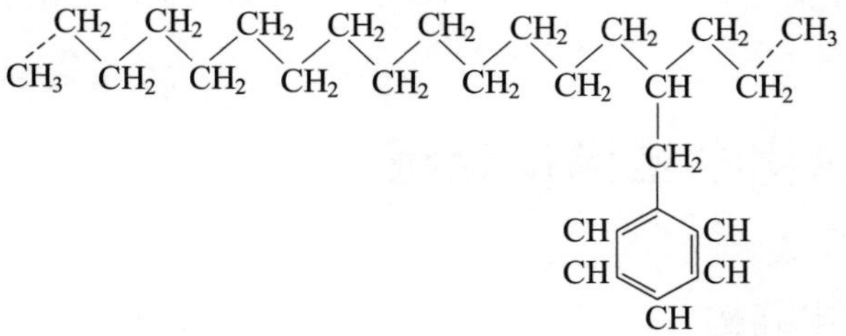

(d) 长链芳香烷

图6-1　石蜡的典型化学结构

6.1.2 蜡的特征

石蜡和微晶蜡的特征主要是碳数范围、正构烷烃数量、异构烷烃数量以及环烷烃数量的不同，具体区别见表 6-1。受蜡的结晶介质影响，蜡的晶型因条件的不同形成斜方晶格、六方晶格和过渡型晶格，在大多数情况下，蜡形成斜方晶格，但改变条件可以使之形成六方晶格，如果冷却速率比较慢，并且存在一些杂质（例如：胶质、沥青质以及其他添加剂）也会形成过渡型结晶结构。斜方晶格结构为星状（针状）或板状层（片状）并具有较好的连接性，比较容易形成大块蜡晶（团），其主要晶型结构如图 6-2 所示。

表 6-1 石蜡及微晶蜡的组成

项目	石蜡	微晶蜡
正构烷烃/%	80～90	0～15
异构烷烃/%	2～15	15～30
环烷烃/%	2～8	65～75
熔点范围/℃	50～65	60～90
平均分子量范围	350～430	500～800
典型碳数范围	16～36	30～60
结晶度范围/%	80～90	50～65

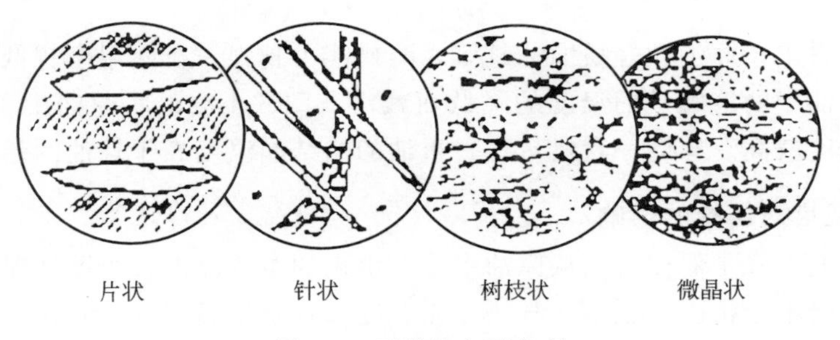

图 6-2 石蜡的主要晶型

6.2 油井结蜡影响因素及结蜡现象

6.2.1 油井结蜡影响因素分析

由于石油中的成分复杂，石油的储存深度通常也在几百米甚至几千米以下，所以在开采过程中也会有一系列条件的改变，所以很多因素将会影响石蜡的沉积，通过对油井结蜡现象的观察及结蜡过程的研究，影响结蜡的主要因素是原油的组成

(蜡、胶质和沥青质的含量)、油井的开采条件(温度、压力、气油比和产量)、原油中的杂质(泥、砂、无机垢和油水乳化物等)、管壁的光滑程度及表面性质。其中原油组成是影响结蜡的内在因素，而温度和压力等则是外部条件。而冷却速度、原油组成成分、温度和压力的变化等是石蜡沉积的主要影响因素。

6.2.1.1 原油中轻质馏分对结蜡的影响

原油中所含轻质馏分越多，则蜡的结晶温度就越低，即蜡不易析出，保持溶解状态的蜡量就越多。图 6-3 是三种不同的油中，温度与石蜡溶解量的关系。

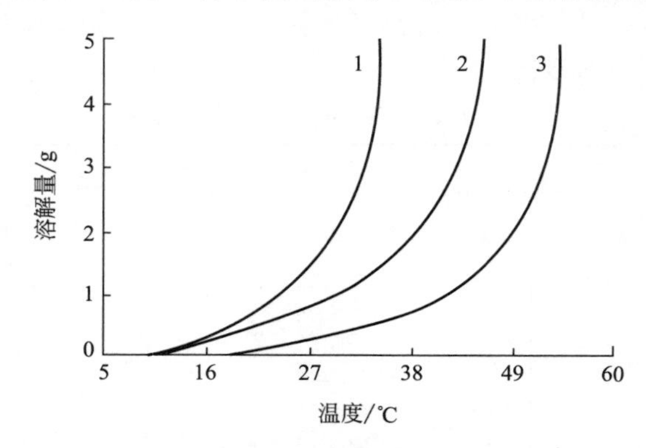

图 6-3 温度对石蜡溶解量的影响

1—密度 $\gamma=0.7352g/cm^3$ 的汽油中；2—密度 $\gamma=0.8299g/cm^3$ 的原油中；3—密度 $\gamma=0.8816g/cm^3$ 的脱气原油中

由图中看出，原油中轻质馏分越多，溶蜡能力越强，析蜡温度越低，越不容易结蜡。蜡在油中的溶解量随温度的降低而减小。图 6-3 也说明原油中含蜡量高时，蜡的结晶温度就高。在同一含蜡量下，重油的蜡结晶温度高于轻油的蜡结晶温度。

6.2.1.2 温度对结蜡的影响

原油温度下降是促使石蜡从原油中分离出来的主要原因。当温度保持在析蜡温度以上时，蜡不会析出，就不会结蜡，而温度降到析蜡温度以下时，开始析出蜡结晶，温度越低，析出的蜡越多(但是，析蜡温度是随开采过程中原油组分变化而变化的)。当然除了地表温度呈梯度递减造成井筒液体温度随液流上升而降低以外；还会随着开采的进行，产生热交换，使原油温度降低。

6.2.1.3 压力和溶解气的影响

在高温高压下，轻质组分是溶剂的一部分，会增加石油对石蜡的溶解性，降低其析出量。因此，在压力高于饱和压力的条件下，压力降低时，原油不会脱气，蜡的初始结晶温度随压力的降低而降低。在压力低于饱和压力的条件下，由于压力降低时，油中的气体不断析出，气体的析出使原油降低了对蜡的溶解能力，因而使初始结晶温度升高。压力越低，结晶温度越高。由于初期分出的是轻组分气体(甲烷、乙烷等)，后期分出的是重组分(丁烷等)，前者对蜡的溶解能力的影响小于后者，因而随着压力的降低，初始结晶温度明显升高。

在采油过程中，原油从油层流动到地面，压力不断降低。在井筒中，由于热交换，油流温度也不断降低。当压力降低到饱和压力以后，便有气体分出。气体边分离边膨胀，发生吸热过程，也促使油流温度降低。所以采油过程中，气体的析出降低了原油对蜡的溶解能力，降低了油流温度，从而有利于蜡晶析出和结蜡。

6.2.1.4 原油中的胶质和沥青质的影响

实验表明，随着胶质含量增加，析蜡温度降低。这是因为胶质本身是活性物质，可以吸附在蜡晶上来阻止蜡晶结晶长大，而沥青质是胶质的进一步聚合物，不溶于油，呈极小颗粒分散于油中，可成为石蜡结晶的中心，对蜡晶起到良好的分散作用。由此可见，由于胶质、沥青质的存在，蜡晶虽然析出，但不容易聚合、沉积。但是，有胶质、沥青质存在时，沉积的蜡强度明显增加，不易被油流冲走，又促进了结蜡，由此可见，胶质和沥青质对结蜡的影响，是矛盾的两个方面，既减缓结蜡，又促成结蜡，就看哪个矛盾方面占主导地位，就起哪方面的作用。

6.2.1.5 原油中的水和机械杂质的影响

原油中的水和机械杂质对蜡的初始结晶温度影响不大，但油中的细小沙粒及机械杂质将成为石蜡析出的结晶核心，有晶核存在时，会促使结晶加快，而机械杂质和水的微粒都会成为结蜡核心，加速结蜡。另外，油中含水量增加后对结蜡过程产生两方面的影响：一是水的热容量（比热容）大于油的热容量，故含水后可减少油流温度的降低；二是含水量增加后易在管壁上形成连续水膜，不利于蜡沉积在管壁上，所以出现了油井随着含水量的增加，结蜡过程有所减轻的现象。矿场实践和室内实验证明，当含水增加到 70%以上时，会产生水包油乳化物，蜡被水包住，阻止蜡晶的聚积而减缓了结蜡。

6.2.1.6 液流速度与管壁表面粗糙度及表面性质的影响

原油流速增加能减少原油在井筒的流动时间，使油温下降变慢，这样悬浮于油中的蜡晶颗粒来不及聚集沉积就被油流带走，结蜡得到缓解，另外由于原油流速大还会对管壁具有较大的冲刷作用，析出来的蜡晶不能沉积在管壁上，从而减轻了结蜡速度。

室内试验证明，流速与结蜡量的关系呈正态分布，其关系见图 6-4，开始随流速升高，结蜡量随之增加，当流速达到临界流速以后结蜡量反而下降。这主要是因为开始流速增加，单位时间通过的蜡量也增加，析出的蜡量也多，所以结蜡严重，而达到临界流速以后，由于冲刷作用增强，析出来的蜡晶不能沉积在管壁上，而减缓了结蜡速度。

油管的材料不同，结蜡量也不同。管壁越光滑，越不易结蜡。另外，管壁表面的润湿性对结蜡有明显的影响，表面亲水性越强越不易结蜡。另外，油井管壁结蜡是一个复杂的物理化学综合作用。其蜡的沉积过程表现有两种形式：一是管

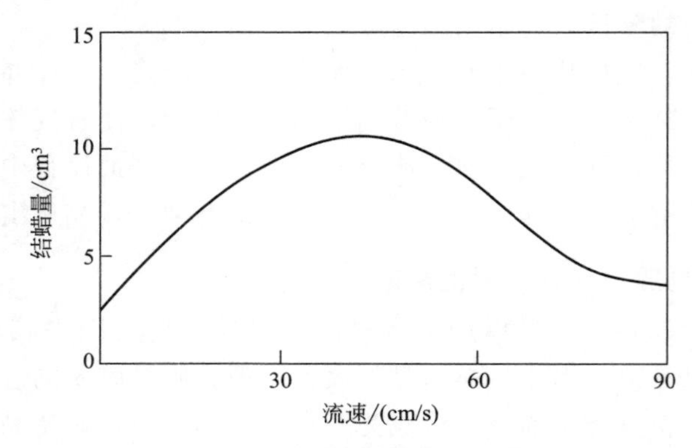

图 6-4 石蜡沉积与流速的关系

壁结晶过程，由于管壁和油温差的存在，使得体系接近管壁的流体含蜡质呈饱和状态，而使蜡质在管壁直接析出蜡晶，由于管壁不光滑，提供了结蜡核心，使蜡质晶体继续长大，而造成油井结蜡；二是蜡质点的黏附过程：由于体系压力和温度的下降，使蜡质点析出，在蜡质分子之间的相互吸引的范德华力作用下，再加上采油过程中的砂粒、泥土等提供了结蜡的核心，使蜡晶体长大、移动，蜡晶体被吸附于管壁上而造成蜡质的聚集，从而管壁结蜡。上述过程交替进行，便发生了油管结蜡。

6.2.1.7 举升方式对结蜡的影响

举升方式对油井结蜡有一定的影响。电动潜油泵和水力活塞泵采油因液流温度高，油井不易结蜡。气举中如果在井下节流时引起气体膨胀吸热，温度下降易造成结蜡严重。井口节流时，节流后油井结蜡会严重。

6.2.2 油井结蜡现象

不同油田，原油性质有较大差异，油井结蜡规律也不同，为了制定油井清防蜡措施，必须研究油井结蜡现象。国内各油田的油井均有结蜡现象，某油井结蜡剖面图见图 6-5，油井结蜡一般具有下列现象：

① 原油含蜡量愈高，油井结蜡愈严重。原油低含水阶段油井结蜡严重，一天清蜡 2～3 次，到中高含水阶段结蜡有所减轻，2～3 天清蜡一次甚至十几天清蜡一次。

② 在相同温度条件下，稀油比稠油结蜡严重。

③ 开采初期较后期结蜡严重。

④ 高产井及井口出油温度高的井结蜡不严重或不结蜡；反之结蜡严重。

⑤ 油井工作制度改变，结蜡点深度也改变，油嘴缩小，结蜡点上移，反之亦然。

⑥ 表面粗糙的油管比表面光滑的油管容易结蜡；清蜡不彻底的油管易结蜡。

⑦ 出砂井易结蜡。

⑧ 自喷井结蜡严重的地方既不在井口，也不在井底，而是在井的一定深度上。

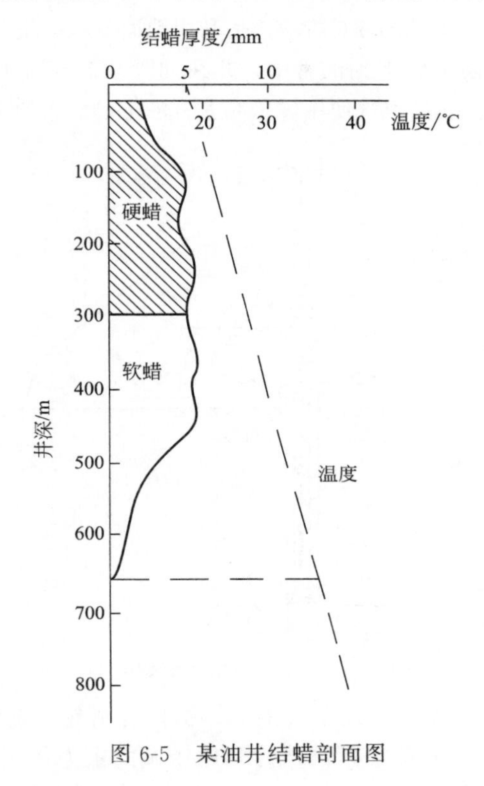

图 6-5　某油井结蜡剖面图

6.3　油井清蜡技术

含蜡原油在开采过程中虽有不少防蜡方法，但油井结蜡仍不可避免，为了降低结蜡后对油井生产带来的危害和影响，需要对结蜡油井中的蜡及时清除。现有的清蜡方法主要有机械清蜡、热力清蜡、化学清蜡等。

6.3.1　机械清蜡

机械清蜡是一种传统的、最常见的清蜡方法，一般采用“8”字形刮蜡片，用手动或者电动绞车将连在钢丝上的刮蜡片下至结蜡井段刮掉油管内壁的结蜡。目前，这种方法仍旧是国内外油田普遍采用的一种主要清蜡方法，具有设备、操作简单，成本低，效果好的优点。关键是要根据每口油井的结蜡规律和严重程度，制定出合理的清蜡制度（清蜡周期、刮蜡片直径、下井深度），并认真执行。

在自喷井中采用的清蜡工具主要有刮蜡片和清蜡钻头等。一般情况下采用刮蜡片；但如果结蜡很严重，则用清蜡钻头；结蜡虽很严重，但尚未堵死时，用麻花钻头；如已堵死或蜡质坚硬，则用矛刺钻头。

自喷井的机械清蜡装置如图 6-6 所示，是利用地面绞车，绕在绞车滚筒上的钢丝穿过滑轮后将清蜡工具经防喷管下到油管中，并在油管结蜡部位上下活动，将蜡沉积刮除，由液流携带出井筒。之前也曾使用过依靠上升液推动和自重下行的自动清蜡器。

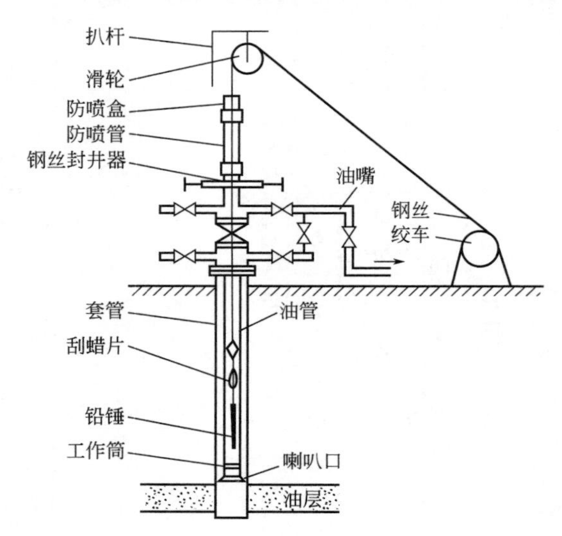

图 6-6　自喷井刮蜡片清蜡装置

由图 6-6 可见，主要设备为绞车、钢丝、扒杆、滑轮、防喷盒、防喷管、钢丝封井器、刮蜡片和铅锤。其原理是刮蜡片利用铅锤的重力作用向下运动，再通过绞车拉动钢绳向上运动，如此反复上下运动即可刮蜡，并利用液流将刮下的蜡带至地面，达到机械清蜡的目的。铅锤质量矿场常用下列经验公式计算：

$$W=(6\sim8)\ p_t$$

式中　W——铅锤质量（如果计算结果小于 9kg，则选用 9kg 的铅锤）；

p_t——油管压力，MPa。

采用刮蜡片清蜡时要掌握结蜡周期，使油井结蜡能及时清除，不允许结蜡过厚，造成刮蜡片遇阻下不去，而且结蜡过多也容易发生顶钻事故，要保证压力、产量绝对不受影响，否则必然会结蜡过多，影响刮蜡作业。

有杆抽油井的机械清蜡是利用安装在抽油杆上的活动刮蜡器清除油管和抽油杆上的蜡。油田常用尼龙刮蜡器，在抽油杆相距一定距离（一般为冲程长度的 1/2）的两端固定限位器，在两限位器之间安装尼龙刮蜡器。抽油杆带着尼龙刮蜡器在油管中往复运动，上半冲程刮蜡器在抽油杆上滑动，刮掉抽油杆上的蜡，下半冲程由于限位器的作用，抽油杆带动刮蜡器刮掉油管上的蜡。同时油流通过尼龙刮蜡器的倾斜开口和齿槽，推动刮蜡器缓慢旋转，提高刮蜡效果，由于通过刮蜡器的油流速度加快，使刮下来的蜡易被油流带走，而不会造成淤积堵塞。

尼龙刮蜡器表面亲水不易结蜡，摩擦系数小，强度高，耐冲击、耐磨、耐腐蚀，一般是铸塑成型，不须机械加工，制造方便，其高度多为65mm。值得注意的是，螺旋要有一定的夹角以保证油流冲击螺旋面时可产生足够的旋转力，使尼龙刮蜡器在上下运动时同时产生旋转运动。尼龙刮蜡器成圆柱体状，外围有若干螺旋斜槽，斜槽的上下端必须重叠，以保证油管内30°都能刮上蜡，斜槽作为油流通道，其流通面积应大于12.17cm²，为44mm抽油泵游动阀座孔面积的3.2倍以上。尼龙刮蜡器内径比抽油杆外径大1mm，外径比油管内径小4mm。在抽油过程中，做往复运动的抽油杆带动刮蜡器做上下移动和转动，从而不断地清除抽油杆和油管上的结蜡。刮蜡器的行程取决于固定在抽油杆上的限位器的间隔距离，限位器的距离要稍小于1/2冲程长度（要考虑抽油工作制度中最小冲程）。尼龙刮蜡器要在整个结蜡段上安装，但是应当看到它不能清除抽油杆接头和限位器上的蜡，所以还要定期辅以其他的清蜡方式，如热载体循环洗井、化学清蜡等措施。

6.3.2 热力清蜡

热力清蜡是含蜡油田清蜡最普遍的手段，热力清蜡技术是利用热能提高抽油杆、油管和液流的温度，从而实现清蜡。一般常用的方法是热流体循环清蜡（热洗和热油循环)、电热清蜡（电热自控电缆加热和电热抽油杆加热）和化学热清蜡等，目前国内外采用较多的是热载体循环洗井。

6.3.2.1 热流体循环清蜡

热流体循环清蜡法的热载体是在地面加热后的流体物质，如水或油等，通过热流体在井筒中的循环传热给井筒流体，提高井筒流体的温度，使得蜡沉积熔化后再溶于原油中，从而达到清蜡的目的。根据循环通道的不同，可分为开式热流体循环、闭式热流体循环、空心抽油杆开式热流体循环和空心抽油杆闭式热流体循环四种方式。

热流体循环清蜡时，应选择比热容大、溶蜡能力强、经济、来源广泛的介质，一般采用原油、地层水、活性水、清水及蒸汽等。为了保证清蜡效果，介质必须具备足够高的温度。在清蜡过程中，介质的温度应逐步提高，开始时温度不宜太高，以免油管上部熔化的蜡块流到下部，堵塞介质循环通道而造成失败。另外，还应防止介质漏入油层造成堵塞。根据矿场实践可采用以下经验公式进行抽油井热洗设计：

$$\frac{CQ\Delta T}{W}=K$$

式中 C——热载体比热容，J/(kg·℃)；

Q——热载体总用量，kg；

T——进出口温差,℃（一般取40～45℃）；

W——结蜡量，kg；

K——经验常数，空心抽油杆洗井取26151，油套环形空间洗井取34868。

上述清蜡一般有两种循环方法，一种是油套环形空间注入热载体，反循环洗井，边抽边洗，热载体连同产出的井液通过抽油泵一起从油管排出；另一种是空心抽油杆热洗清蜡，它是将空心抽油杆下至结蜡深度以下 50m，下接实心抽油杆，热载体从空心抽油杆注入，经空心抽油杆底部的洗井阀，正循环，从抽油杆和油管环形空间返出。正洗井与反洗井相比，热效率高、工期短、效果好。

水热载体清蜡应用中可以用热洗泵和蒸汽车热洗的方式进行，热洗泵洗井由于它运行简单，成本低廉，是清防蜡工作常用的手段，但洗井过程中使得大量洗井液注入油层，造成水淹油层，可能给油田造成无法弥补的损失。蒸汽车热洗就是利用地面高温蒸汽车，将清水加热至 140℃，高温水蒸气从油套环形空间注入井内，利用高温将附着在油管、抽油杆、抽油泵上的蜡熔化，最终达到清蜡的目的。由于蒸汽车热洗时，现场将洗井液加热可以达到 120～160℃的蒸汽，油井的出口温度可以达到 90℃左右，能更好地清除附着在管杆上的蜡，清蜡效果比较好，另外洗井液用量很少，有效地避免了水淹油层的危害。

6.3.2.2 电热清蜡

电热清蜡法是把热电缆随油管下入井筒中或采用电加热抽油杆，接通电源后，电缆或电热杆放出热量，提高液流和井筒设备的温度，熔化沉积的石蜡，从而达到清蜡的作用。

井下自控热电缆清蜡技术的工作原理是内部有两根相距约 10mm 平行导线，两导线间有一半导电的塑料层，是发热元件。电流由一根导线流经半导电塑料至另一根导线，半导电塑料因而发热。由于该半导电塑料有热胀冷缩的特性从而改变其电阻，造成随温度不同，通过半导电塑料的电流发生变化，导致自动控制发热量。

自控电热电缆的特性决定了它可以控制温度，保持井筒内恒温。当周期供电加热至井筒温度超过熔蜡温度时起清蜡作用，当温度达到析蜡温度以上时，则起防蜡的作用，但要连续供电保持温度。下入伴热电缆后井筒原油温度剖面如图 6-7 所示。因此可根据此原则选择自控电缆规范，根据井筒内原始温度剖面确定结蜡深度，一般要大于析蜡温度 3～5℃，据此初定伴热电缆长度。

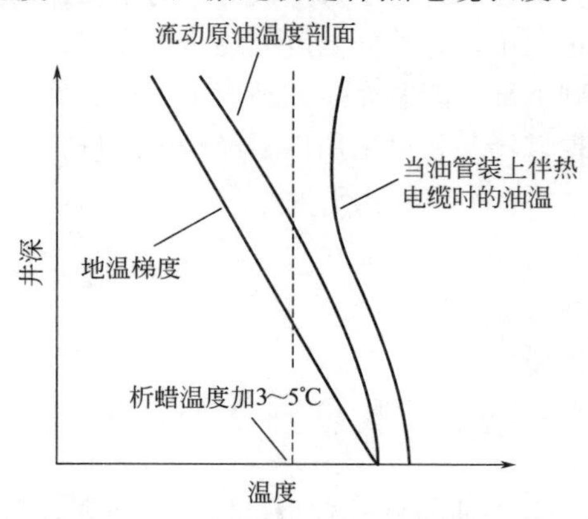

图 6-7　下入伴热电缆后井筒原油温度剖面

由于井下自控电热电缆的发热元件只有 20QTv（600v，AC 级）型自控伴热电缆相同的一种，因此，若计算的所选电缆总放热量小于所需热能时，需加长电热电缆长度，以达到热量平衡。

电热抽油杆清防蜡技术，是一种由变扣接头、终端器、空心抽油杆、整体电缆、传感器、空心光杆、悬挂器等零部件组成电热抽油杆，它与防喷盒、二次电缆、电控柜等部件组成电加热抽油杆装置。三相交流电经过控制柜的调节，变成单相交流电，与抽油杆内的电缆相连，通过空心抽油杆底部的终端器构成回路，在电缆线和杆体上形成集肤效应（空心抽油杆外经电压为零），使空心抽油杆发热。电热抽油杆控制柜分为 50kW 和 75kW 两种。电缆截面积为 $25mm^2$，额定电压为 380V，额定电流为 125A。可按抽油杆设计方法来选择空心抽油杆。

国内外实心抽油杆为了克服螺纹部分应力集中都采取了加大螺纹承载面积的办法，一般公螺纹承载面积加大了 1.38～1.67 倍，母螺纹承载面积加大了 2.49～3.41 倍。螺纹部分明显偏弱，强度设计不合理，实际上是与实心抽油杆等强度的空心抽油杆质量偏重，既浪费了钢材又增加了动载荷和惯性载荷。而且空心抽油杆系列内径不统一，抽油杆本体截面积与实心杆不等效，给抽油杆柱设计带来一系列困难。因此在选用空心抽油杆时要特别注意这个问题。

6.3.2.3 化学热清蜡

化学热清蜡方法是利用化学反应产生的热能来清除蜡堵。这种方法在较早的时期，通常应用于清除井底附近油层。例如使用 NaOH、Al、Mg 等与 HCl 等作用产生大量热能。

$$NaOH + HCl = NaCl + H_2O + 98.8kJ$$
$$2Al + 6HCl = 2AlCl_3 + 3H_2\uparrow + 525.4kJ$$
$$Mg + 2HCl = MgCl_2 + H_2\uparrow + 459.5kJ$$

传统的化学热清蜡法在实施时，需要在被堵段上方附近反应，由于反应瞬间完成且放出大量的热，操作时需要特别注意。近年来，随着对反应催化剂的深入研究，各种类型的新型可控热化学反应催化剂层出不穷。这些催化剂的特点是可以根据不同的要求精确控制反应的时间。但是这种方法效率较低，从经济环保的角度考虑，目前很少单独使用此种清蜡方法，通常与热酸处理联合使用，以作为油井的一种增产措施。

6.3.3 化学清蜡

6.3.3.1 化学清蜡剂的分类

化学清蜡法是有机溶剂法，即使用对蜡具有强溶解性能的溶剂来清除积蜡。近年来，随着表面活性剂的应用日益广泛，溶剂型清蜡剂有了较大发展，概括起来可以分为油基清蜡剂、水基清蜡剂、乳液型清蜡剂三种类型。

(1) 油基清蜡剂

油基清蜡剂主要由有机溶剂、表面活性剂和少量聚合物组成。例如大庆Ⅱ号清防蜡剂的配方为铂重整塔底油 30%，120 号直馏溶剂汽油 66.6%，聚丙烯酸胺 0.3%，T-渗透剂 0.3%。这类清蜡剂是溶蜡能力很强的溶剂，目前，国内外常采用的溶剂主要有：

① 芳烃。苯、甲苯、二甲苯、三甲苯、乙苯、异丙苯、混合芳烃。

② 馏分油。轻烃、汽油、煤油、柴油等。

③ 其他溶剂。二硫化碳、四氯化碳、三氯甲烷、四氯乙烯等。

芳烃的蜡溶量和溶蜡速度都比馏分油好。常用的表面活性剂有烷基或芳基磺酸盐、油溶性烷基铵盐、聚氧乙烯壬基酚醚、磷酸酯等。油基清蜡剂清蜡效果好，但其应用受到限制。这些溶剂中，二硫化碳、四氯化碳等是油田早期使用的清蜡剂，其清蜡效果优异，但由于它们本身的毒性以及在原油加工中造成的腐蚀性和催化剂中毒等问题，已经禁止使用。目前，含硫、氯的溶剂因对人体毒性大，使用越来越少。同时有机溶剂除了存在毒性外，很多溶剂还属于易燃易爆等危险品，在使用过程中存在着安全隐患。

(2) 水基清蜡剂

水基清蜡剂是由水、表面活性剂、互溶剂和碱按一定比例组成。现场使用的配方是根据各油田原油性质、结蜡条件不同而筛选出来的。以下为水基型清蜡剂所用的主要互溶剂：

① 醇类。异丙醇、正丙醇、乙二醇、丙三醇等。

② 醚类。丁醚、戊醚、己醚、庚醚、辛醚等。

③ 醇醚。乙二醇单丁醚、丁二醇乙醚、二乙二醇乙醚、丙三醇乙醚等。

表面活性剂分为阳离子型、阴离子型和非离子型，如季铵盐型、磺酸盐型、聚醚型、吐温型、平平加型、OP 型等。互溶剂的作用是增加油与水的相互溶解度，促使蜡晶溶解而进入油流中，用作互溶剂的有醇和醇醚，如甲醇、乙醇、乙丙醇、乙丁醇、乙二醇单丁醚及二乙二醇乙醚。碱性物质的作用是碱可以与蜡中的沥青质等极性物质反应，得到的产物易分散于水中。常用的碱包括氢氧化钠及碱性盐，如硅酸盐、正硅酸钠、磷酸钠、六偏磷酸钠等。水基清蜡剂以表面活性剂为主，由于表面活性剂价格高，使用浓度大，且清蜡效率低，不易推广。开发新型高效的表面活性剂，降低使用成本，提高使用效率是该类清蜡剂的发展方向。

(3) 乳液型清蜡剂

针对以上两种清蜡剂的不足，近年来发展起了乳液型清蜡剂。乳液型清蜡剂具有比油溶型清蜡剂溶蜡速度快的优点，这种清蜡剂的外相是水，不易着火且相对密度较大。下面给出一种典型的水包油乳液型清蜡剂的配方组成：硅表面活性剂 (40%～60%)、混合烃类溶剂 (5%～20%)、水 (30%～40%)。这种清防蜡剂的功能可以产生互补，对环境污染有一定缓解作用。

美国采用乳液型热稳定性二硫化碳清蜡剂，在 CS_2 油相外层覆盖一层水膜，

降低 CS_2 的毒性和挥发性。其配方为：四氢萘72.3%、二硫化碳11.5%、二（乙基己基）琥珀酸酯磺酸钠1.3%、水16.2%。或者二硫化碳43.3%、四氢萘43.3%、二辛基琥珀酸酯磺酸钠1.3%、水13.4%。

胜利油田曾采用SAE表面活性剂与甲苯和水配成乳液型清蜡剂，具有清防蜡双重效果。从安全、无毒、高效、清防结合的特点来看，乳液型清蜡剂具有良好的发展前景。但是这种清防蜡剂的缺点在于制备和储存时必须稳定，而到达井底后在井底温度下必须立即破乳，这就对乳化剂的选择和对井底破乳温度有着严格的要求，制备和使用时间条件要求较高，否则就起不到清蜡作用。因此乳液型清蜡剂的稳定性有待提高和改进。

6.3.3.2 化学清蜡剂的清蜡机理

化学清蜡剂的作用过程是将已沉积的蜡溶解或分散开，使其在油井原油中处于溶解或小颗粒悬浮状态而随油井液流流出油井，这涉及渗透、溶解和分散等过程。其作用机理根据不同的清蜡剂类型会有所不同。

（1）油基清蜡剂清蜡机理

油基清蜡剂的作用机理是将对沉积石蜡具有较强溶解和携带能力的溶剂分批或连续反注入油井，将沉积石蜡溶解并携带走。结蜡严重时，可将清蜡剂大剂量加入到油管中循环以达到除蜡的目的。在油基清蜡剂中通常加入表面活性剂，利用表面活性剂的润湿、渗透、分散和洗净作用，帮助有机溶剂沿沉积蜡中的裂缝和蜡与油井管壁的裂缝渗入进去以增加接触面，提高溶解速度，并促进沉积在管壁表面上的蜡与管壁面脱落，使之随油流带出油井。具体来说，油基清蜡剂的清蜡作用机理就是有机溶剂对蜡、胶质、沥青质的溶解作用。

（2）水基清蜡剂清蜡机理

水基清蜡剂是由水和多种表面活性剂组成。表面活性剂的渗透性能和分散性能能帮助清蜡剂渗入松散结构的蜡晶缝隙里，润湿反转，结蜡表面由亲油反转为亲水，使蜡分子之间的结合力减弱，有利于蜡的脱落。同时，表面活性剂的渗透作用可使蜡分子与管壁间的黏附力减弱，从而导致蜡晶拆散而分散于油流中，从而将其从管壁上清除。部分油基清蜡剂加入高分子聚合物的目的是希望聚合物与原油中首先析出的蜡晶形成共晶体。由于所加入的聚合物具有特殊结构，分子中同时具有亲油基团和亲水基团，亲油基团与蜡共晶，而亲水基因则伸展在外，阻碍其后析出的蜡与之结合成三维网状结构，从而达到降凝、降黏的目的，也阻碍蜡的沉积，并起到一定的防蜡效果。具体来说，其清蜡机理是：清蜡剂通过渗透、分散，沿蜡块间或蜡块与井壁间的缝隙渗入，降低蜡块间或蜡块与井壁间的黏附力，从井壁上脱落，随采出液流出油井。

（3）乳液型清蜡剂清蜡机理

乳液型清蜡剂是将油溶型清蜡剂加入水和乳化剂及稳定剂中，将清蜡效率高的芳香烃或混合芳香烃溶剂作为内相，表面活性剂水溶液作为外相配制的水包油型乳状液，这种乳状液加入油井后，选择有适当浊点的非离子型表面活性剂作乳化剂，就可使乳化液在进入结蜡段之前破乳，在井底温度下进行破乳而释放出对蜡具有良好溶解性能的有机溶剂和油溶性表面活性剂，这两种清蜡剂同时起清蜡作用，从而起到清蜡效果。该类清蜡剂既保留了有机溶剂及表面活性剂的清蜡效果，又克服了油基清蜡剂对人体毒害性较大和水基清蜡剂受温度影响较大的缺点。

6.4 油井防蜡技术

虽然油井结蜡后可以通过不同的手段将其清除，但是在清蜡过程中可能会影响油井的正常生产，并且在蜡含量达到一定程度，没有及时清理，还可能存在将管线完全堵死，将抽油杆拉断等风险，为了降低油井的结蜡风险，较好的方法就是采用防蜡技术，减少结蜡风险，提高油井生产效率。现在的防蜡技术可以通过创造不利于油井结蜡的表面和防止蜡形成大块沉积蜡的角度去处理。

6.4.1 油管内衬与涂层防蜡

油管内衬与涂层防蜡的防蜡作用主要是创造不利于石蜡沉积的条件，如提高表面的光滑度，改善表面的润湿性，使其亲水憎油，或提高井筒流体的流速。

（1）玻璃内衬油管

玻璃内衬油管是在油井和管壁衬上一层 SiO_2（74.2%）、Na_2O（14%）、CaO（5.3%）、Al_2O_3（4.5%）和 B_2O_3（1%）等组成的玻璃衬里，衬里亲水憎油、表面光滑，具有防蜡作用，特别是油井含水后油管内壁先被水润湿，油中析出的蜡就不容易附着在管壁上，同时内壁表面光滑，使析出的蜡不易黏附，比较容易被油流冲走，减缓结蜡速度。同时，这种玻璃内衬是热的不良导体，减少了油流的热损失，可缓解蜡晶析出。1993 年，曾佳才等为解决鄯善油田井筒及地面管线结蜡问题，引进了内衬油管防蜡技术，并对其进行了现场应用。结果显示，玻璃内衬油管在自喷井中防蜡效果很好，不仅延长了热洗周期，而且取得了可观的经济效益，充分说明了内衬油管在低密度、低凝固点、低黏度的鄯善油田及其他油田推广中具有广阔的应用前景。2009 年，谢飞、吴明等针对高含水率油田，通过对玻璃内衬管道与普通管道的性能对比分析及实例计算发现，玻璃内衬管道在低温集油中可以降低能耗，减少阻力损失，提高经济效益。玻璃内衬油管具有使用寿命长，减少更换管柱的费用，耐腐蚀的优点。其缺点是不耐冲击，运输条件苛刻，只适宜在自喷井和气举井上使用。

矿场使用时要加强性能检验，一般要做如下四个方面的性能检验。

① 溶蚀量检验。浸泡 48h，40℃恒温下，要求酸失量小于 0.95g/cm^2，碱失量小于 0.002g/cm^2。

② 耐冷热急变性能检验。要求由−40℃立即升温到120℃或由120℃骤冷到−40℃，油管内衬不炸裂。

③ 机械强度检验。拉伸2800N，扭力1176N·m，耐压20MPa，油管内衬不炸裂。

④ 抗冲击检验。油管从距柏油地面1.4m处自由下落，油管内衬不炸裂。

以上检验均合格后，方能下井使用。

（2）涂料油管

涂料油管的防蜡机理与玻璃内衬油管相似，是在井筒和管壁涂一层表面光滑且亲水性强的物质，以提高表面光滑度和亲水性。最早使用的是普通清漆，但由于其在管壁上黏合强度低，效果差而逐渐被淘汰。目前应用最多的是聚氨基甲酸酯。涂料油管有一定的防蜡效果，特别是新油管便于清洗，涂层质量高，防蜡效果较好，使用一段时间后，由于表面蜡清除不净，以及石油中活性物质可使管壁表面性质发生变化而失去防蜡效果。

华北油田一机厂从美国艾克公司（ICO）引进钢管内涂层生产线，已开发出系列涂料，包括液体涂料和粉末涂料，特别是PC-300，PC-400和DPC液体涂料，都获得较好的防蜡效果。吐哈油田原油中由于含高碳蜡，清防蜡措施都比较困难，PC-400曾在吐哈油田都6-5井做过防蜡对比实验，在346～786m下，PC-400的涂料油管停止清蜡6d，起出油管，录取结蜡剖面如图6-8所示。

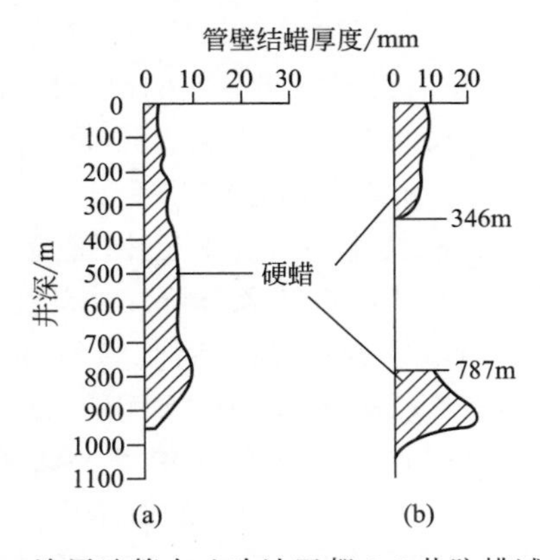

图6-8 PC-400涂层油管在吐哈油田都6-5井防蜡试验结蜡剖面图

图6-8（a）为未下PC-400油管涂料结蜡剖面，图6-8（b）为在346～756m深度下的PC-400涂料油管后结蜡剖面。由此可见，下PC-400涂料油管的部位基本没结蜡，效果比较理想，但是涂料油管不耐磨，不宜在杆泵抽油井和螺杆泵抽油井中使用，主要用于自喷井和气举井防蜡。

兰州化学物理研究所的张学俊等为解决因蜡沉积问题造成的巨大经济损失，从改变管道表面润湿性考虑，在管壁涂一层疏油涂层，使得表面具有疏油性，可使得蜡沉积物与管壁之间的黏附力减小，更易脱落，实现防蜡，并在实验室评价了硅、氟树脂以及丙烯酸树脂等涂层在各大油田的防蜡效果。所用树脂涂层均具有一定的防蜡效果，其中硅树脂的最大防蜡率可达74.7%。

2013年，为解决结蜡问题，李卫平等采用转化涂层防蜡与热处理相结合的方法在碳钢上制得一层具有良好防蜡性能的花瓣状微结构转化涂层，分别对普通碳钢、热处理的碳钢、经热处理的转化涂层碳钢表面进行蜡沉积测试，测试结果为经热处理的转化涂层碳钢表面蜡沉积量很少，表现出良好的防蜡性能。涂料油管不耐磨，同样仅适用于自喷井和连续气举井防蜡。

6.4.2 强磁防蜡技术

永磁技术应用于石油工业防蜡，始于1966年，苏联A. 季霍若夫和B. 米亚格科夫发现磁化处理不仅降低盐类结垢物的生成，而且减少了沥青及石蜡沉积物的生成。Я. 卡甘经过认真研究后确认，电磁场作用于含蜡煤油后，石蜡的析蜡点大幅度下降。由于当时制造磁性材料的水平限制，应用推广较困难，直到1983年第三代稀土永磁材料钕铁硼的出现，磁技术在石油工业领域中的应用才有较快的发展。

我国具有丰富的稀土资源，20世纪80年代中期先后成功研究了系列的强磁防蜡器，通过现场应用试验取得了较好的效果。20世纪90年代初，中国科学院金属研究所、化学研究所、物理研究所以及大庆油田联合攻关，在理论上取得了一些初步的认识。正构烷烃经磁场处理后，黏度降低50%左右，凝固点下降2～7℃，析蜡点下降1～3℃。试验证明，$C_{18}H_{38}$经磁处理后结的蜡孔隙较多，比较松散，油流冲刷易于清除，在常温常压条件下磁效应保持时间约为48h。1992年底在大庆油田已累计在7000多口抽油机井上安装不同参数的磁防蜡器，平均有效率达到90%以上，平均单井热洗周期由原来的30天延长到150天，7年增产原油近40×10^4t。其他油田都有不同程度的效果。唯有吐哈油田几乎没有效果，这是因为磁防蜡技术与原油的特性有密切的关系，磁技术主要是将正构烷烃（$C_{18}H_{38}$）经磁场处理之后，使原油黏度降低，凝固点下降，析蜡点下降。由于大庆原油$C_{30}H_{62}$以下的石蜡占68.6%，$C_{40}H_{82}$以上的石蜡只有2%，而吐哈原油$C_{30}H_{62}$以下的石蜡只有37.4%，$C_{40}H_{82}$以上的石蜡占59%，因此吐哈油田的石蜡属于高碳蜡，磁化处理时需要的磁场强度、磁场梯度更高，磁场分布位型要改善，磁处理时间也需要调整。另外从胶体化学的观点分析，大庆原油中的石蜡质点带有负电荷，带电质点在强磁场中切割磁力线运动时，产生了感应磁场，石蜡质点在感应磁场的作用下，其分子间的力受到干扰，不再按原来的规律排列。抑制了蜡晶的生长，使其不易搭成骨架，破坏了蜡晶间的聚集，因而大庆油田磁防蜡效果最好。

原油磁防蜡技术作为一种清洁高效的防蜡手段，其防蜡增输效果得到了油田的普遍认可。同时，国内外学者也对磁防蜡技术的研究表现出了极大的兴趣，特别是在磁化原油的流变性以及现场应用方面进行了大量的理论和实验研究，提出了多种磁防蜡机理，但是至今仍未能达成共识，现主要的磁防蜡机理有以下几种。

（1）*磁致胶体效应*

原油经过磁化处理后，使本来没有磁矩的反磁性物质——石蜡，在磁场作用下，其分子形成电子环流（即电子的轨道运动状态发生了改变），在环流中产生了感应磁场，即诱导磁矩，干扰和破坏了石蜡分子中瞬间极性的取向，使蜡分子在磁场作用下定向排列，作有序流动，克服了石蜡分子之间的作用力，使其不能按结晶的要求形成石蜡晶体。对于已形成蜡晶的微粒通过磁场后，削弱了石蜡分子结晶时的黏附力，抑制石蜡晶核的生成，阻止了石蜡晶体的生长与聚集，而且析出的蜡粒子细小而松散（粒子的尺寸小到胶体范围）。另外，在有相变趋势的原油中，磁场的作用促进了相变的发生，磁场通过对带电粒子的作用，使纳米至微米尺度内的颗粒，表面形成双电层，使粒子呈亚稳状态，以较稳定的形式存在，不易聚集，并且有“记忆”效应，前述一般不超过48h是指在常温常压条件下。而在井筒条件下，“记忆”效应有可能短得多，据实际资料统计，目前生产的磁防蜡器的有效距离只有300～1000m。

(2) 氢键异变

对于那些能够在分子间或分子内产生氢键的分子而言，氢键很大程度上抑制着其互相作用的大小和性质。凡是具有极性原子的物质对磁场的作用都比较敏感。当磁场强度比较弱时，不足以打断氢键，但它可以使其价电子发生新的取向，造成缔合分子间新的排列组合，这样就产生了改变氢键形态的可能性，使其发生弯曲、扭动，改变其键角或键的强度。因为磁场作用很弱，所以发生扰动的程度与磁场强度、磁场的方向、磁场梯度、磁处理时的流速（即作用时间）等均有密切关系。对不同碳数的石蜡而言，碳数越高要求的磁场强度、磁场方向、磁场梯度越强，磁处理时间越长。

(3)“内晶核”原理

依靠磁场作用改变晶核的形成过程，使晶体凝聚成大而松散的颗粒，易于被液流带走减少蜡的沉积。

(4)“磁致分子取向”机理

磁取向作用能够使油流中的蜡晶颗粒由“自由散布”状态转变为“取向排列”状态。在过饱和条件下析出的蜡晶颗粒在原油中随机取向，且自由分散在油液中。蜡晶颗粒在范德华力的作用下会发生聚集，并交联在一起形成致密的三维空间网络结构。这一结构的存在又是其黏度异常和低温流动性丧失的主要根源，直接导致原油黏度的急剧升高。然而，在磁场的作用下生成的蜡晶颗粒会发生取向，并形成规则排列的蜡晶结构。管输过程中，流经磁场后蜡晶将会沿流场方向取向，有助于形成“有序流动”的油流。研究表明，“有序流动”状态能够降低固态颗粒在流场方向上的线度，还可以使固态颗粒因流场梯度而产生的转矩减少，从而进一步增强蜡晶取向的效果，并削弱油液在管道中的流动阻力，产生降黏效果。

6.4.3 化学防蜡技术

化学防蜡剂使用方便，效果突出，对油井作业无任何影响，除保证油井正常生产外，还可以使油井增产，延长热洗周期并减轻抽油机负荷，可以节约大量电力，所以，化学防蜡剂倍受油田的欢迎，有十分广阔的前景。据油田应用的统计资料表明，每使用1t化学防蜡剂平均可增产原油150t左右，节约电力310度。如果进一步深入研究，效率还可以大幅度提高，其经济效益和社会效益将更加明显。

6.4.3.1 油井防蜡的分类

一般根据防蜡原理，将化学防蜡剂分为四种类型：稠环芳烃、表面活性剂和聚合物、固体防蜡剂。

(1) 稠环芳烃

防蜡用的稠环芳烃主要来自煤焦油中的馏分，都是混合稠环芳烃。下面是一些稠环芳烃的结构：

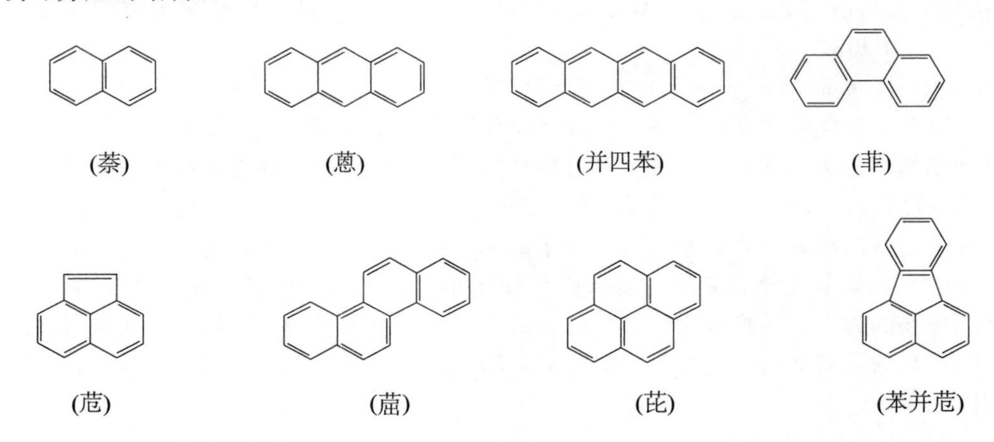

一些稠环芳烃的衍生物也有防蜡作用，如：

稠环芳香烃型防蜡剂通过两个机理起作用：一是作为晶核，即在石蜡的晶核析出之前已大量析出，使石蜡晶体以分散状态悬浮在油流中带走；二是通过吸附作用参与组成晶核，使晶核扭曲，阻止晶核长大，达到防蜡的目的。

(2) 表面活性剂

表面活性剂防蜡剂有两种，即油溶性和水溶性表面活性剂。油溶性表面活性剂是吸附在蜡晶上使之变成极性表面，不利于蜡分子的进一步析出。水溶性表面活性剂是吸附在结蜡表面（如油管、抽油杆和设备表面）并形成一层极性水膜，以阻止蜡在其上沉积。

可作为防蜡剂的油溶性表面活性剂有：

$RArSO_3M$　　　$M=1/2Ca, Na, K, NH_4$

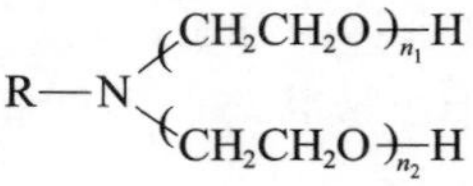

$R-N(CH_2CH_2O)_{n_1}H$ / $(CH_2CH_2O)_{n_2}H$　　　$n_1+n_2=2\sim4$，$R=C_{16}\sim C_{22}$

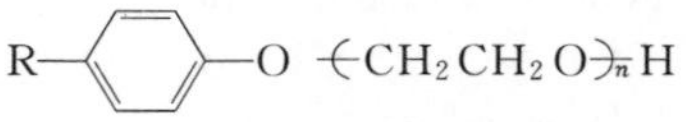

$R-C_6H_4-O-(CH_2CH_2O)_nH$　　　$n=3\sim4$，$R=C_9$ 或 C_{12}

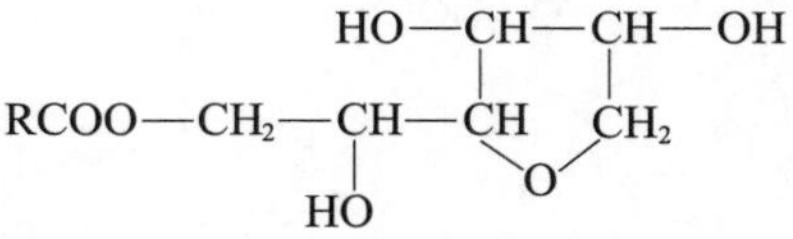

HO—CH—CH—OH
RCOO—CH₂—CH(HO)—CH(—O—)CH₂　　　斯盘-xx

可作为防蜡剂的水溶性表面活性剂有：

RSO_3Na　　　$R=C_{12}\sim C_{18}$

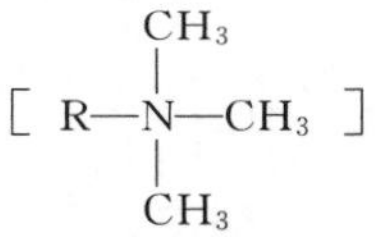

$[R-N(CH_3)_2-CH_3]Cl$　　　$R=C_{12}\sim C_{18}$

$R-O(CH_2CH_2O)_nH$　　　$n>5$，$R=C_{12}\sim C_{18}$

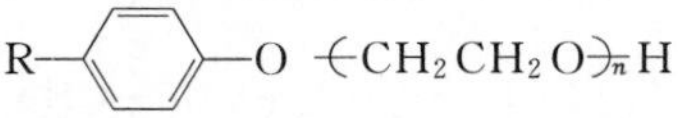

$R-C_6H_4-O-(CH_2CH_2O)_nH$　　　$n>5$，$R=C_9$ 或 C_{12}

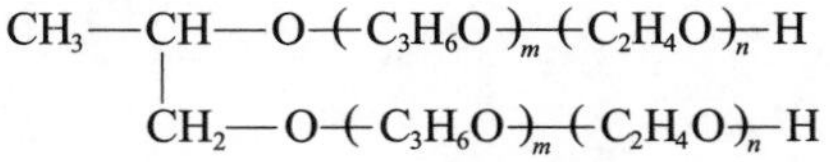

$CH_3-CH-O(C_3H_6O)_m(C_2H_4O)_nH$
$CH_2-O(C_3H_6O)_m(C_2H_4O)_nH$　　　$m=17$，$n=15\sim53$

$R-O(CH_2CH_2O)_nSO_3Na$　　　$n=3\sim5$，$R=C_{12}\sim C_{18}$

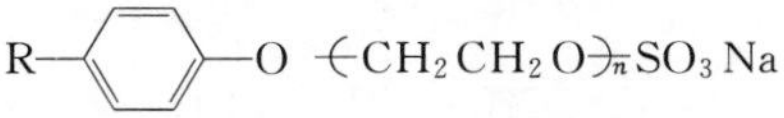

$R-C_6H_4-O-(CH_2CH_2O)_nSO_3Na$　　　$n=3\sim5$，$R=C_8\sim C_{12}$

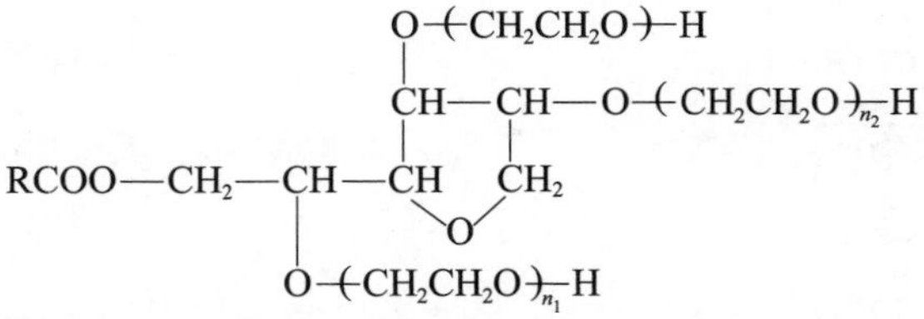

$O(CH_2CH_2O)H$
$CH—CH—O(CH_2CH_2O)_{n_2}H$
$RCOO—CH_2—CH—CH(—O—)CH_2$　　　吐温-xx
$O(CH_2CH_2O)_{n_1}H$

国内的研究中，赵玉华等研制的一种水基防蜡剂，具体组成包含了分散剂、表面活性剂以及其他助剂等，经油田现场试验，延长油井清蜡周期，效果较好。朱好华等研制了一种防冻乳液型防蜡剂，低温稳定效果好，凝固点可下降至－30℃，低温应用条件好。

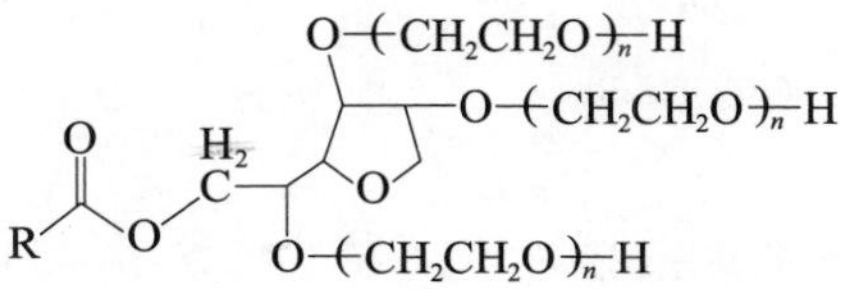

$R-C(=O)-O-CH_2-CH[O(CH_2CH_2O)_nH]$-(四氢呋喃环，环上取代 $O(CH_2CH_2O)_nH$、$O(CH_2CH_2O)_nH$)

（3）聚合物

聚合物防蜡剂都是油溶性的梳状聚合物，分子中有一定长度的侧链，在分子主链或侧链中具有与石蜡分子类似的结构和极性基团。在较低的温度下，它们分子中类似石蜡的结构与石蜡分子形成共晶。由于其分子中还有极性基团，所以形成的晶核扭曲变形，不利于蜡晶继续长大。此外，这些聚合物的分子链较长，可在油中形成遍及整个原油的网络结构，使形成的小晶核处于分散状态，不能相互聚集长大，也不易在油管或抽油杆表面上沉积，而易被油流带走。

下列聚合物可作为防蜡剂：

(直链淀粉脂肪酸酯)

$\text{+}CH_2—CH(COOR)\text{+}_n$

(聚丙烯酸酯)

$\text{+}CH_2—CH(OOCR)\text{+}_n$

(聚羧酸乙烯酯)

$\text{+}CH_2—CH(R)\text{+}_m\text{+}CH_2—CH(C_6H_5)\text{+}_n$

(α-烯-苯乙烯共聚物)

$\text{+}CH_2—CH(R)\text{+}_m\text{+}CH_2—CH(CH_3)\text{+}_n$

(α-烯-丙烯共聚物)

$\text{+}CH_2—CH_2\text{+}_m\text{+}CH_2—CH(COOR)\text{+}_n$

(乙烯-丙烯酸酯共聚物)

$\text{+}CH_2—CH_2\text{+}_m\text{+}CH_2—CH(OOCR)\text{+}_n$

(乙烯-羧酸乙烯酯共聚物)

$\text{+}CH_2—CH_2\text{+}_m\text{+}CH_2—C(CH_3)(COOR)\text{+}_n$

(乙烯-甲基丙烯酸酯共聚物)

$\text{+}CH_2—CH_2\text{+}_m\text{+}CH_2—C(CH_3)(OOCR)\text{+}_n$

(乙烯-羧酸丙烯酯共聚物)

$\text{+}CH_2—CH(C_6H_5)\text{+}_m\text{+}CH(COOR)—CH(COOR)\text{+}_n$

(苯乙烯-顺丁烯二酸酯共聚物)

$\text{+}CH_2—CH(R)\text{+}_m\text{+}CH(COOR)—CH(COOR)\text{+}_n$

(α-烯-顺丁烯二酸酯共聚物)

这些梳状聚合物是效果好、有发展前景的防蜡剂，复配使用时有很好的协同效应。聚合物防蜡剂侧链的长短直接与防蜡效果有关，当侧链平均碳原子数与原油中蜡的峰值碳数相近时，最有利于蜡的析出，可获得最佳防蜡效果。

张玉祥等合成了侧链碳原子数为14～30的聚丙烯酸酯（PA）防蜡剂，通过对防蜡剂进行极性改性后，结果表明：当侧链碳原子数等于26时，PA防蜡剂效果较好，同时引入含氮的极性基团能够增强其防蜡能力，且当x（极性基团）＝25%时，防蜡效果最好。

商红岩等以甲基丙烯酸十八酯（O）、马来酸酐（M）和苯乙烯（S）为共聚反应单体，以过氧化苯甲酰（BPO）为引发剂，甲苯为溶剂，采用溶液聚合的方式合成了三元共聚物OMS。研究结果表明：合成的防蜡剂对新疆油田的原油防蜡率可以达到50%；OMS与OP复配后，防蜡率能达到60%，且具有降黏降凝作用。

李建波等以马来酸酐、丙烯酸甲酯、苯乙烯和十八醇为原料，以甲苯为溶剂，制得了FLJ-1原油防蜡剂。评价结果表明：FLJ-1能有效降低原油的析蜡点，当其使用浓度为600mg/L时，原油的析蜡点降低了14℃，防蜡率达到了66.6%。

（4）固体防蜡剂

固体防蜡剂主要是由高压聚乙烯、稳定剂和蜡晶改进剂组成，部分还添加了一定量的表面活性剂，经模具压制成形后，置于油井一定的温度区域或投入井底，在井下逐步溶解而释放出药剂并溶入油中。随着油温的下降，原油中所溶解的聚乙烯会先析出，作为随后析出的石蜡的结晶中心。在蜡晶析出的过程中，吸附于聚乙烯碳链上的蜡晶，还会受到分支的空间障碍和栏隔作用，降低其与蜡晶改进剂间的黏附力，导致生长与聚集缓慢，获得防蜡的效果。其防蜡效果持久，成本较低；然而选择性太强，对不同性质的原油所选用的配方不同。

周成裕等以一定比例将ZX、斯盘-80、渗透剂J、柴油及添加剂混合后加热熔化，制得淡黄色凝胶状固体防蜡剂，运用自制的实验装置，对该固体防蜡剂的有关性能进行了研究。结果表明：该固体防蜡剂的溶解速度分别为1.094mg/（L·min）（50℃），2.112mg/（L·min）（55℃），4.925mg/（L·min）（60℃），其防蜡效果较好，防蜡率均为50%以上。

何治武等以EVA-1（一种乙烯/乙酸乙烯共聚物）为固体防蜡剂的主剂，低熔点（70℃）的乙烯/A-烯烃共聚物LD-1为溶解控制剂，表面活性剂吐温-80为分散剂，混配成型后制得柱状防蜡剂PY-1。在长庆油田的姬源、自豹油区的10口油井试用该固体防蜡剂后，油井有效生产天数延长了120～150天。

6.4.3.2 油井防蜡的作用机理

防蜡剂是能抑制原油中蜡晶析出、长大、聚集和在固体表面沉积的化学剂，主要作用机理表现在以下几个方面。

（1）成核作用

在高于原油析蜡温度时，防蜡剂从原油中析出，产生大量细小的结晶中心，石蜡烷烃则黏附在防蜡剂的微晶上，蜡晶之间不趋于连接。沥青能有效地降低井壁蜡沉积的机理就是沥青的成核作用。实验证明，大部分沥青原油的蜡晶生长快，因此人们将类似于沥青结构的稠环芳烃用作防蜡剂。

(2) 共结晶理论

原油温度降至析蜡温度时，防蜡剂与石蜡同时析出，生成混合晶体即共结晶。与纯蜡相比，这种晶体的晶形不规则、不完整，分支较多，破坏了纯蜡晶生长的方向性，抑制了蜡晶网状结构的形成。根据这一理论，防蜡剂大分子的支链通常应具有该石油中石蜡类型的链节、链长和基团，以便能与蜡晶同时析出。对于低倾点原油或石蜡分子量较低的含蜡原油多用短支链防蜡剂。例如，聚甲基丙烯酸酯是具有梳形链结构的支链分子，其多个侧链烷基能与石蜡共结晶。图 6-9 (a) 示意性地描述了蜡在原油中结晶析出和在金属表面的沉积过程。

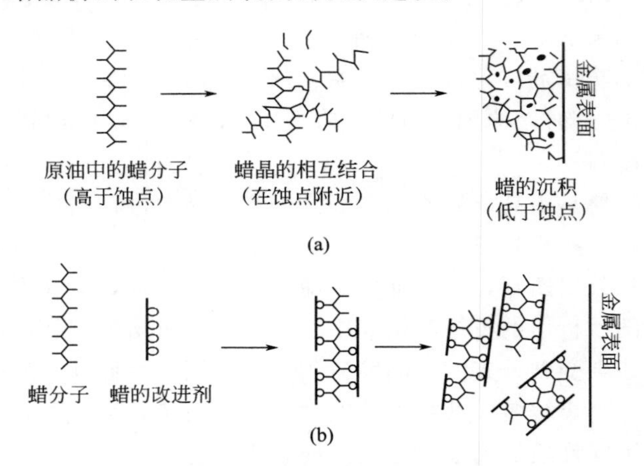

图 6-9 蜡的沉积和蜡晶结构的改造过程

(3) 吸附理论

在原油温度低于析蜡温度之后，防蜡剂被吸附到已形成的蜡晶表面，抑制其生长，阻止蜡晶之间相互连接和聚集。烷基萘之类的芳香型防蜡剂就是通过对蜡晶的吸附作用，促使原油倾点降低。用显微镜观察加入烷基芳香族防蜡剂的油样时发现，蜡不呈片状或针状，而是有分支的星形结晶，使蜡晶处于分散状态。

6.4.4 微生物清防蜡技术

6.4.4.1 微生物清防蜡概况

微生物清防蜡是微生物采油技术的一个分支，其主要目的是对油井油管、抽油杆清除和防止结蜡，同时延长作业周期。1986 年，得克萨斯州的 Austin 白垩地层首次使用微生物清防蜡技术控制结蜡。1988 年 3 月美国的 Attamont/Bluebell 油田进行微生物清蜡和重油降黏的现场试验。残渣（蜡）由 60%降至 48%；轻质油采收率则由 40%提高到 52%。近年来，宗海鹏等报道了在冀东油田 10 口井的现场微生物清防蜡试验，原油黏度平均降低70%。王春光等在孤岛渤3断块高含蜡生产井定期加入微生物菌液取代化学清防蜡剂和热洗，彻底解决了蜡卡现象。李金勇等在华北油田采油三厂饶阳工区加入2～3次微生物清防蜡剂，单井热洗周期从20～60天延长到120天以上，最终达到基本不需要热洗和使用化学清防蜡剂。

河南油田原油为蜡质原油，油层能量低，采用热洗清蜡会污染地层，有效期短且价格昂贵，因此，2005年，吴慧敏等人结合河南油田的蜡样，培育成AD-4微生物菌种，采用AD-4微生物防蜡剂应用于河南油田。结果表明，这种微生物防蜡剂不仅能够降低开采电流、减轻油井负荷，还能延长检泵周期，具有很好的防蜡效果。2006年，王静等人也筛选出N5和BS-6细菌，并将其应用于高蜡井，取得了良好的现场防蜡效果。

6.4.4.2 微生物清防蜡机理

(1) 微生物自身作用

微生物清防蜡剂是由多种厌氧及兼性厌氧菌组成的石油烃降解菌混合菌。石油烃降解菌混合菌分离自高含蜡油井采出液，其以原油中的蜡质成分作为唯一碳源进行新陈代谢。微生物个体微小，细胞壁具有特殊结构，有的表面具有鞭毛，具有很强的黏附性，且生长繁殖快。微生物附着在金属或黏土矿物等润湿物体表面生长繁殖，形成一层薄而致密的亲水疏油的微生物保护膜（如套管内壁、抽油杆表面），具有屏蔽晶核、阻止蜡结晶的作用，进而起到防蜡作用。

(2) 微生物对原油中石蜡的降解作用

微生物清防蜡剂中的微生物能在油井井筒降解原油中的长碳链烃，使之转化为短碳链烃，从而使原油中的长碳链烃含量减少、短碳链烃含量增加，最终使原油的凝固点下降，从而有效防止结蜡的发生。

(3) 微生物代谢产物的作用

原油中正构烷烃在微生物的作用下生成脂肪酸、糖脂、类脂体、二氧化碳、甲烷气体和有机溶剂等。上述代谢产物具有以下作用：脂肪酸、糖脂、类脂体等生物表面活性剂作用于蜡晶，使蜡晶畸化并阻止蜡晶进一步生长，从而有效防止蜡、沥青质、胶质等重质组分的沉积，并对石蜡具有分散乳化作用；有机酸等能促使石蜡溶解，从而提高原油的流动性；二氧化碳、甲烷能降低原油的黏度，也可改善原油的流动性。

6.4.4.3 微生物防蜡特点

到目前为止，热力清蜡和化学清防蜡是油田通常采用的清防蜡方式，但热力清蜡和化学清防蜡有一定的缺点，热力清蜡作业周期短，需要经常停井热洗；化学清防蜡方法需要往地层注入化学剂，而注入地层的化学剂会对地层造成污染，并且会影响油品的质量。微生物清防蜡技术是近年来替代常规的高温热油洗井和清蜡剂溶液洗井的一项新技术，通过近年来国内外微生物清防蜡技术的现场应用，总结出引用微生物清防蜡技术具有的许多突出优点：施工方法简单，操作费用较低，作用周期较长，并且不影响油的品质，对地层不会造成任何污染等。微生物防蜡技术的缺点是微生物在温度较高、重金属离子含量较高、盐度较大的油藏条件下易遭到破坏，而且培养微生物的条件不易控制，微生物防蜡技术的应用范围见表6-2。

表6-2 常见微生物防蜡技术的应用范围

条件	可适应范围	最佳条件范围
井筒稳定/℃	＜90	＜65
井筒压力/MPa	＜50	＜20
矿化度/(mg/L)	＜150000	100000
含蜡量/%	＞3	＞3
地面原油黏度/mPa·s	＜5000	100～3000
油井含水/%	5～80	10～50

6.4.5 其他防蜡方法

随着科学技术日新月异的发展，国内外还研究了一系列其他的清防蜡方法，如超声波防蜡、电场防蜡等高科技新方法。这些方法具有技术性强，效率较高等特点。但就是由于其技术性强，它们的应用和研究受到了一定条件的限制，尤其是现场应用较少，但仍可望有良好的发展前景。

6.5 化学药剂清防蜡的施工方法

化学药剂清防蜡方法，不但要对不同的原油和石蜡性质筛选最优的清防蜡剂配方，而且要保证清防蜡剂不间断地在原油中保持设计的配方和浓度，才能有效地解决石蜡的结晶和沉积问题，达到清防蜡的目的。而且如何正确使用清防蜡剂，充分发挥清防蜡剂的清防蜡效果也是一个很重要的因素。往往发现筛选出的配方、浓度和用量，在室内试验时效果很好，而现场实施效果并不理想，甚至无效，主要是加药方法不当造成的。因此，化学药剂清防蜡必须根据油井状况和结蜡情况，采用合适的加药方法，来保证充分发挥清防蜡剂的清防蜡效果。总的原则是防蜡时要保证防蜡剂始终不间断地与原油和石蜡接触，清蜡时要保证清蜡剂有一定时间与石蜡接触，使石蜡溶解和剥离。为此要根据不同情况采取不同的加药方法。

① 自喷井清防蜡。由于自喷井井口压力比较高，所以一般采用自喷井高压清防蜡装置加药。

清蜡时，先关闭进气阀、连通阀、套管阀，打开放空阀放空后，打开加药阀向高压加药罐内加入足够量的清蜡剂，然后关闭放空阀、加药阀，打开进气阀和连通阀，将清蜡剂压入油管内进行清蜡。

防蜡时，按清蜡的方法将防蜡剂加入高压加药罐内。连续加药，先关闭连通阀、加药阀、放空阀，打开进气阀，用套管阀控制单位时间加药量。断续加药，方法同前，只是套管阀开大，将高压加药罐内的防蜡剂一次加入油套环形空间，但是要注意加药周期，确保油管中始终有足够的防蜡剂，最简单的办法就是用示踪剂测试求得合理的加药周期。

② 抽油井清防蜡。抽油井油管不通，所以只能从套管加药，一般采用抽油井清防蜡装置。加药时先关闭进气阀和连通阀，打开放空阀放空，再打开加药阀加够足量的药，然后关闭加药阀和放空阀，打开进气阀，清蜡时开大连通阀，将清蜡剂一次加入油套环形空间，计算好清蜡剂到达结蜡井段的时间，停机溶蜡。防蜡时与自喷井大同小异。也可用光杆泵进行连续加药。

③ 活动装置加药法是利用专用的加药罐车和车上的加药泵用高压快速接头连接，向井内一次注入清蜡剂或防蜡剂，要求同上。

④ 固体防蜡剂的加药方法，通常是用固体防蜡装置。将固体防蜡剂做成蜂窝煤式样，装入固体防蜡装置内，下到进油设备与深井泵之间，当油流经过时逐步溶解防蜡剂，达到防蜡目的。也有在泵的进油口以下装一个捞篮，将固体防蜡剂制成球状或棒状，由油套环形空间投入，待防蜡剂溶解完了以后再投。

参 考 文 献

[1] 赵福麟．采油化学．东营：华东石油学院出版社，1989.
[2] 赵福麟．采油用剂．东营：华东石油学院出版社，1997.
[3] 高锡兴．中国含油气盆地油田水．北京：石油工业出版社，1995.
[4] L. 吉德利，等著．水力压裂技术新进展．蒋阗，等译．北京：石油工业出版社，1997.
[5] 胡博仲．大庆油田高含水期稳油控水采油工程技术．北京：石油工业出版社，1997.
[6] 陈大钧，等．油气田应用化学．北京：石油工业出版社，2006.
[7] 林传博，贾云鹏，范琳，等．微生物清防蜡技术研究进展．辽宁化工，2013，42（2）：169-170.
[8] 王彪，林晶晶，王志明，等．微生物清防蜡技术研究综述．长江大学学报（自科版），2014，11（16）：112-114.
[9] 邵本东．微生物与生物表活剂在欧31块油井清防蜡中的应用研究．大庆：大庆石油学院，2009.
[10] 方群，张永刚，李明忠．一种乳液型清防蜡剂的研制与现场应用．油气藏评价与开发，2015，5（4）：69-72.
[11] 王毛毛，董颖女，熊青昀，等．油井清防蜡剂的国内研究进展．石油化工应用，2014，33（12）：6-8.
[12] 刘竟成．油井井筒结蜡机理及清防蜡技术研究．重庆：重庆大学，2012.
[13] 雷宇．油田清防蜡技术现状．化学工程与装备，2016（12）：223-225.
[14] 邢敦通，张金元．原油结蜡规律及清防蜡工艺的研究．石化技术，2017（2）：15-15.
[15] 张仁锋．蒸汽车热洗清防蜡的应用与实践．中国石油和化工标准与质量，2014（5）：235-235.
[16] 赵宏伟．电加热油管工艺技术应用．石油石化节能，2012，2（8）：27-28.
[17] 刘芳．高含蜡油井石蜡防治研究技术．当代化工，2016，45（8）：1842-1844.
[18] 苑新红．化学清防蜡技术研究与应用．化学工程与装备，2014（4）：174-175.
[19] 李明锐．机采井清防蜡工艺探索与应用．化学工程与装备，2016（6）：105-106.
[20] 张伟伟，段玥晨，李霞，等．基于蜡晶磁取向的原油磁防蜡机理研究．油气田地面工程，2016，35

(10)：19-21.

[21] 武博，路涛，赵梦苏，等．空心抽油杆热洗技术在镇原油田应用效果分析．石化技术，2017，24（3）：66-66.

[22] 李云．清防蜡工艺技术的研究及应用．化工设计通讯，2017，43（5）：98-98.

[23] 杨红静，杨树章，马廷丽，等．清防蜡技术的研究及应用．表面技术，2017，46（3）：130-137.

[24] 程建华．沈阳油田油井冷采清防蜡剂的研究应用．大庆：东北石油大学，2012.

[25] 谷艳娇．水基清防蜡剂的研制与应用．石家庄：河北科技大学，2011.

第7章

化学驱油

根据石油开采及油田开发的投资过程，可将采油分为三个阶段：一次采油、二次采油和三次采油。一次采油是指利用油藏天然能量开采的过程，利用地层能量（溶解气、边水、底水、弹性能）进行开采。由于该次采油过程是通过地层能量来达到开采效果，所以随着开采的不断进行，能量不断衰竭，最后失去采油效果。因此，一般来说，一次采油率低于15%。

二次采油是指采用外部补充地层能量（如注水、注气），以保持地层能量为目的的提高采收率的采油方法。以前，二次采油是指油藏能量衰竭时采用的提高采收率的方法。现在，一些油藏一开发就进入了注水的二次采油过程。这样可以使注水后的采收率提高。二次采油的采收率可达45%。

三次采油是指通过注入其他流体，采用物理、化学、热量、生物等方法改变油藏岩石及流体性质，提高水驱后油藏采收率。化学驱油、气体混相驱油、热法采油和微生物采油等都是提高采收率（enhanced oil recovery，EOR）的方法。在三次采油过程中，要投入大量的资金，建设注入化学剂、载热流体、混向气体的注入设备，注入流体也需要大量的资金。由于三次采油的规模较大，三次采油的采收率提高幅度较大，获利较大，因此三次采油具有很大的风险性，油藏经历三次采油后，采收率可达50%～90%。EOR方法的分类见图7-1。三次采油的方法非常多，本章主要介绍聚合物驱油、表面活性剂驱油、碱驱油和复合驱油的相关内容。

化学驱油已成为中、高渗油田大幅度提高采收率的重要手段。2015年，中国化学驱油产油量超过1700×10^4t，其中中国石油天然气集团公司化学驱油产油量近1500×10^4t，截至2015年年底，中国石油天然气集团公司聚合物驱油累计动用储量约为1.0×10^8t，提高采收率20%以上。2015年，中国石油天然气集团公司三元复合驱油年产油量已超过300×10^4t，具备替代聚合物驱油成为三次采油主体技术的条件。近年来，随着新型高效表面活性剂的研制取得突破性进展，聚合物/表面活性剂二元驱油体系在无碱条件下仍能使油-水界面张力达到超低，促使二元复合驱技术取得了较快发展。目前在胜利、大庆、辽河、大港、新疆和长庆等油田开展了矿场试验，辽河油田和新疆油田二元驱试验预计提高采收率约18%。

化学驱油在中国陆上油田具有广阔的应用前景。中国第二次提高采收率潜力评价结果表明，适合聚合物驱油的地质储量为29.10×10^8t，可提高采收率9.7%，增加可采储量2.81×10^8t，适合三元复合驱的地质储量为31.30×10^8t，可提高采收率19.2%，增加可采储量6.00×10^8t。

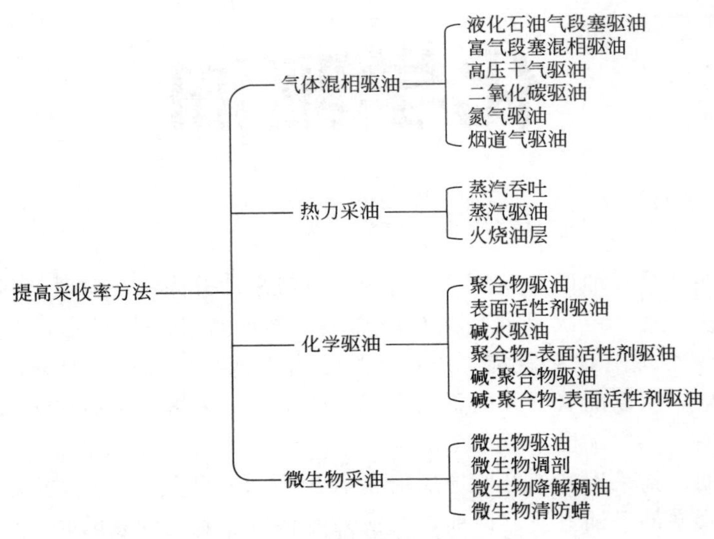

图7-1　提高采收率方法的分类

7.1　采收率与影响采收率的因素

7.1.1　采收率

油气的采收率是指累积采油（气）量占原始地质储量的百分率。采收率不仅与油藏地质条件有关，而且与现有的油田开发方式、油藏管理技术及采油工艺水平等有关，它是衡量油田开发效果和开发水平的最重要综合指标。采收率可以表示为：

$$E_R=\frac{N_R}{N} \tag{7-1}$$

式中　E_R——采收率，无量纲；

N_R——采出储量，t；

N——地质储量，t。

对水驱油，由于：

$$N_R=A_Vh_V\phi S_{oi}-A_Vh_V\phi S_{or} \tag{7-2}$$

$$N=A_0h_0\phi S_{oi} \tag{7-3}$$

因此：

$$E_R=\frac{A_Vh_V\phi S_{oi}-A_Vh_V\phi S_{or}}{A_0h_0\phi S_{oi}}=\frac{A_Vh_V}{A_0h_0}\frac{S_{oi}-S_{or}}{S_{oi}}=E_DE_V \tag{7-4}$$

式中 A_0、h_0——油层原始面积和厚度，km^2、km；

A_V、h_V——水波及油层的面积和厚度，km^2、km；

ϕ——油层的孔隙度，无量纲；

S_{oi}、S_{or}——原始含油饱和度和剩余油饱和度，无量纲；

E_V——波及系数，无量纲；

E_D——驱油效率，无量纲。

从式（7-4）可以看出，对水驱油（包括其他驱油剂驱油），采收率与波及系数和驱油效率有如下关系：

$$采收率=驱油效率\times波及系数 \tag{7-5}$$

7.1.2 影响采收率的因素

由式（7-5）可知，采收率是注入工作剂的体积波及系数与洗油效率的乘积。因此，提高原油采收率就必须要提高驱油效率 E_D 和波及系数 E_V。

7.1.2.1 驱油效率

驱油效率是指由天然的或人工注入的驱替剂波及的油藏采出的油量占该油藏储量的百分率。提高驱油效率就是要改变岩石的表面性能，如改变润湿性，降低油水、油岩界面张力，减少毛管力的不利影响。其主要影响因素有：岩石的润湿性、孔隙结构、流体性质、毛细管数。

（1）*岩石的润湿性*

对于亲水岩石，毛管力是驱油动力，驱油效率高。当压差较大时，浮油残留于小孔道内。对于亲油岩石，毛管力是驱油的阻力，驱油效率低。地层表面的润湿性可分为水湿、油湿和中性润湿。地层表面的润湿性可用润湿角法判断：当用平衡润湿角判断时，水对地层表面润湿角小于90°为水湿，大于90°为油湿，90°为中性润湿。当用前进润湿角判断时，水对地层表面润湿角小于90°为水湿，大于140°为油湿，90°～140°为中性润湿。当用后退润湿角判断时，水对地层表面润湿角小于60°为水湿，大于100°为油湿，60°～100°为中性润湿。

（2）*岩石的孔隙结构*

孔隙结构是影响驱油效率的主要因素，由于孔隙结构的复杂性，目前尚不能定性描述。常用的描述参数是渗透率，它只是一个衡量孔隙介质允许流体通过能力的宏观平均值，它不能描述微观孔道通过流体的能力。实际上，渗透率相同的孔隙介质，其微观孔隙结构和尺寸可能有很大区别。描述微观孔隙结构的参数如孔隙大小分布、孔喉比（孔隙直径与孔喉直径之比）等很难精确测定，所以，孔隙结构对驱油效率的影响主要是通过定性分析。无论构成油层岩石的颗粒大小多么均一，形状多么规则，在微观上它们仍是不均质的。但是，颗粒的均一性愈好，岩石的微观结构便愈好，岩石的微观结构便愈均质，孔隙大小更趋一致，孔喉比小，渗透率大，这种岩层的驱油效率高。

(3) 流体性质

流体性质是指驱替剂的特性，由于原油本身具有一定的黏度，而驱替剂也具有一定的黏度，由于驱替剂与原油黏度差异大，所以渗流速度不同，会产生微观指进现象，从而影响驱油效率。

(4) 毛细管数

毛细管数 N_C（capillary number）是影响残余油饱和度的主要因素。毛细管数定义是黏滞力与毛细管力的比值，是一个无量纲数，由下式定义：

$$N_C=\frac{\mu_d v_d}{\sigma}=\frac{\text{黏滞力}}{\text{阻力}} \tag{7-6}$$

式中 N_C——毛细管数，无量纲；

μ_d——驱动流体的黏度，mPa·s；

v_d——驱动流体的驱动速度，m/s；

σ——油与驱动流体之间的界面张力，mN/m。

要增大毛细管数，有如下途径：①减小 σ；②增加 μ_d；③提高 v_d。

7.1.2.2 波及系数

波及系数的主要影响因素：流度比、油层岩石宏观非均质性的影响和注采井网等。

(1) 流度比

流度是一种流体通过孔隙介质能力的量度。它的数值等于流体的有效渗透率除以黏度，以 λ 表示。流度比是指驱油时驱动液流度与被驱液流度的比值，以 M 表示。

若驱动液是水，被驱动液是油，则水油流度比可表示为：

$$M_{wo}=\frac{\lambda_w}{\lambda_o}=\frac{k_w/\mu_w}{k_o/\mu_o}=\frac{k_w\mu_o}{k_o\mu_w}=\frac{K_{rw}\mu_o}{K_{ro}\mu_w} \tag{7-7}$$

式中 M_{wo}——水油流度比，无量纲；

λ_w、λ_o——水和油的流度，无量纲；

k_w、k_o——水和油的有效渗透率，μm^2；

K_{rw}、K_{ro}——水和油的相对渗透率，无量纲；

μ_w、μ_o——水和油的黏度，mPa·s。

从式（7-7）可以看出，要减小水油流度比，有如下途径：①减小 K_{rw}；②增加 K_{ro}；③减小 μ_o；④增加 μ_w。

(2) 油层岩石宏观非均质性的影响

注水的纵向波及系数主要取决于油藏内部渗透率的垂向分布，同时也取决于流度比。由于渗透率非均质性影响，任何注入流体都将以不规则的前缘通过油藏。顺水流方向与垂直水流方向的渗透率必然有差异，在渗透性好的地区注入水将快速移动，而在低渗透性地区移动得要慢些。

(3) 注采井网

不同的布井方式有不同的波及系数。在相同的布井方式中，不同的井距也有不同的波及系数。在布井方式相同时，井距越小，波及系数越大，因此采收率越高。

7.2 聚合物驱油

聚合物驱油兴起于20世纪50年代末，继美国于1964年率先开展了聚驱矿场试验后，加拿大、法国、英国、苏联等国家也陆续于20世纪70年代相继开展矿场试验，并且在80年代达到高峰，其中美国的矿场试验就高达183次。1972年，我国在大庆油田首次成功开展小井距聚合物驱油试验，经过近50年的发展，我国的聚合物驱油也得到巨大发展。现如今我国聚合物驱油已经形成完整的配套技术，并且在大庆、胜利、新疆等油田得到进一步的推广及应用，聚合物驱油已经成为我国提高采收率的重要手段之一。

聚合物驱油是指用聚合物水溶液作驱油剂，提高采收率的方法，实际上是一种把水溶性聚合物注入水中以增加水相黏度、改善流度比、稳定驱替前沿的方法，故又称作稠化水驱或增黏水驱。所用的水溶性高分子化合物又称为流（动）度控制剂，即通过增加液体的黏度或减小孔隙介质渗透率而达到控制流度的化学剂。其中能明显提高液体黏度的化学剂是稠化剂。

聚合物驱油以提高波及系数为主，因此它更加适用于非均质的重质或较重质的油藏。模拟计算表明，地层非均质性对聚合物驱油的效果有较大的影响。当渗透率变异系数$V_k<0.72$时，驱油效果随V_k增大而变好。当$V_k>0.72$以后，随着变异系数的增大，集合物的驱油效果急剧下降。因此，适合聚合物驱油的油藏，其渗透率变异系数取值范围为0.6～0.8。当聚合物驱油与交联聚合物调剖技术相结合时，也可以用于那些具有高渗透率通道或微小裂缝的油藏。

油层的深度和温度对聚合物驱油的效果也有影响。对于浅油层，注入压力有一个限度，尤其是遇到低渗透的浅油层，因为这些油层内水的温度和矿化度高，易造成聚合物降解和黏度下降，达不到驱油效果。

原油黏度和聚合物驱油效果之间也存在着明显关系。在相同的地层条件下，原油黏度越低，水驱采收率越高，聚合物驱油提高采收率的幅度越小。模拟结果表明，采用分子量为10^7左右的聚合物，注入质量浓度为1g/L的聚合物段塞，当原油黏度为10～100mPa·s时，采收率提高幅度较大。此外，油层中的含油饱和度越高，聚合物驱油效果越好。在进行聚合物驱油之前，还应对聚合物的用量等进行优选，以达到最佳的驱油效果。聚合物驱油藏原油黏度一般不超过100mPa·s，原油黏度增加，要达到合适的流度控制就需要更高的聚合物浓度，从而增加成本，降低经济效益。

聚合物的分子量与地层的渗透率密切相关。渗透率高，可以使用更高分子量的聚合物而不堵塞地层，从而降低聚合物用量。当渗透率低于 $20\times10^{-3}\mu m^2$ 时，只能使用低分子量的聚合物。要达到所需黏度，必须使用高浓度聚合物溶液，将导致经济效益降低。用于油层的聚合物有特定的要求：有好的增黏性能、热稳定性高、化学稳定性好、耐剪切、在油层吸附量不大等。好的聚合物结构中，主链应为碳链（热稳定性好），有一定量的负离子基团（增黏效果好）和一定量的非离子亲水基团（化学稳定性好）。

聚合物有两大类：天然聚合物和人工合成聚合物。天然聚合物是从自然界的植物及其种子中主要通过微生物发酵而得到的，如纤维素、生物聚合物黄胞胶等。人工合成聚合物是用化学原料经工厂生产而合成的，如聚丙烯酰胺（简称 PAM）和部分水解的聚丙烯酰胺（简称 HPAM）等。目前广泛使用的聚合物有人工合成的化学品——部分水解聚丙烯酰胺和微生物发酵产品——黄原胶。早期曾经使用过羧甲基纤维素和羟乙基纤维素等。部分水解聚丙烯酰胺不仅可以提高水相黏度，还可以降低水相的有效渗透率，从而有效改善流度比、扩大注入水波及体积。

部分水解聚丙烯酰胺存在盐敏效应、化学降解、剪切降解问题，尤其对二价离子特别敏感。为了使聚丙烯酰胺具有较高的增黏效果，地层水含盐度不要超过100000mg/L，注入水要求为淡水，因此在油藏周围应有丰富的淡水水源。聚合物化学降解随温度升高急剧加快，目前，广泛使用的部分水解聚丙烯酰胺，要求其油藏温度低于93℃。当温度高于70℃时，要求体系严格除氧；并且温度越高，盐效应的影响越大，甚至会发生沉淀，阻塞油层。因此油藏深度不要超过3000m。

生物聚合物——黄原胶对盐不十分敏感，适合地层水含盐度较高的油藏。它的主要缺点是生物稳定性差。聚丙烯酰胺虽然也受细菌侵害，但不严重；而细菌对生物聚合物的伤害是主要问题，在应用中必须严格杀菌。这种聚合物的热稳定性也较差，其使用温度一般不超过75℃。生物聚合物在其发酵过程中残留许多细胞残骸，极易阻塞地层；油藏注入前要严格进行过滤，再加上生物聚合物的价格也较昂贵，因此，一般只使用于含盐度比较高的地层，其使用范围不如聚丙烯酰胺广泛。聚合物驱油段塞见图7-2。

7.2.1 聚合物驱油机理

聚合物水溶液的黏度比水大得多，增加注入剂的黏度，降低了水相渗透率，因此可减少水油流度比，减少水指进现象，提高驱油剂的波及系数，因而提高采收率。

聚合物溶液流过多孔介质流动度会降低，也就是说其渗透率会降低。流动度降

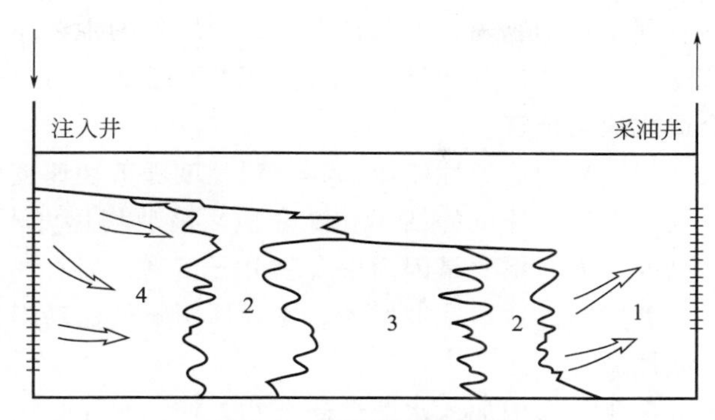

图 7-2 聚合物驱油段塞

1—剩余油；2—淡水；3—聚合物溶液；4—水

低可用阻力系数表示，即表示聚合物溶液流动阻力的大小，也就是水的流动度与聚合物流动度之比。

聚合物溶液流过多孔介质使渗透率降低，可用残余阻力系数表示，形成残余阻力的原因是聚合物在孔隙介质中的滞留（retention），滞留在多孔介质中有四种方式：吸附、机械捕集、水力学捕集和物理堵塞。

① 吸附（adsorption）：吸附是聚合物在岩石表面的浓集现象，实验证明吸附为单分子层，主要通过色散力、多氢键和静电力作用而吸附。

动态吸附量比静态吸附量小，是由于吸附过程为动态平衡，在高流速下较易脱附，还由于多孔介质中存在不可进入孔隙体积（IPV）造成，不可进入孔隙体积就是小于聚合物分子拉伸变形后的水力学直径的所有空隙。不可进入孔隙体积中如存在原油，也不能被驱出。

② 机械捕集（entrapment）：这是一种大分子在小孔隙孔喉处流动受到限制的现象。一旦大分子在孔喉处受阻，聚合物分子便开始缠结，有效直径变大，大分子被冲出孔隙空间的机会就大为减少，最终留在孔隙空间，其结果使驱替相的流通能力下降，而对油等被驱替相的流通影响不大。一般认为，对于低渗透油层，其滞留主要是捕集所做的贡献，而对于高渗透地层，则以吸附作用为主。

③ 水力学捕集：水力学捕集多发生在孔隙直径大于分子尺寸的洞穴部位。它与流体性质和大分子在孔隙中被拉伸的状态有密切的关系。水力学捕集过程具有可逆性，即当聚合物在正向驱替压力作用下，在空穴处被截留使滞留区的渗透率下降。而当流动方向改变，流速降低时，由于没有水动力拖拽，捕集分子伸展或分散于孔隙空间发生大分子运移，此时流出液浓度可以高于进口浓度。一般水力学捕集多在大于黏弹效应临界流速情况下发生，发生的主要原因为油层流速梯度不均匀而造成大分子运移，大分子伸展构象和蜷曲构象之间的结构熵差。

④ 物理堵塞（physical plugging）：物理堵塞是指高分子溶液（或冻胶）中的各种水不溶物或高分子溶液与地层或地层中的流体发生化学反应生成沉淀物引起的堵塞，该滞留是不可逆的。

滞留量适当，有利于化学驱油，因其是阻力系数增加的主要原因，滞留量太大会使聚合物不能流动到预期的位置，显著影响体积波及系数，对化学驱油不利。同时，滞留量太大会造成地层损害。

一般来说，聚合物溶液为假塑性流体，其表观黏度随剪切速度增加而降低，但在注水井附近（特别是在低渗透率的细小孔隙介质）高剪切速度下表现出胀流性，即剪切速度增大，黏度增大。主要是因为聚合物分子量高、岩石渗透率低时，对聚合物的黏弹性产生显著影响。剪切速度增大，黏弹性影响使流动阻力增大，因而表现出黏度增加的胀流性。

聚合物驱油通过在驱替液中加入水溶性聚合物，增加水相黏度，降低油水流度比，进而降低水相渗透率，提高原油采收率。另外，聚合物溶液具有优异的黏弹性，利于开采常规水驱无法驱替的剩余油，提高洗油效率，提高原油采收率。

（1）聚合物宏观驱油机理

二次采油常规水驱过程中，由于水的黏度较低，所以水相流速明显高于地层内原油流速，水驱前缘会迅速突进，易导致采油过程中过早达到极限含水率，但其实际驱油效率远小于极限驱油效率。当在水中加入聚合物后，由于聚合物溶液注入地层后，增加了驱替相黏度，油藏地层水油流度比降低，并且可改善流动相在非均质地层中的黏性指进现象，提高了聚合物溶液的平面波及系数。另外，当聚合物溶液进入高渗透地层，可降低水相渗透率，进而使聚合物溶液能够发生绕流而进入中低渗透层，提高聚合物驱油过程中溶液的纵向波及系数。后续水驱过程中，聚合物的吸附以及黏滞作用使得高渗地层中水相的流动阻力增加，水流更容易进入中低渗透层，从而有效改善了吸水剖面，最终明显提高油藏的整体驱油效率。

（2）聚合物微观驱油机理

驱油过程中聚合物的黏度有三种表现形式：本体黏度、界面黏度以及拉伸黏度。本体黏度能够改善水油流度比和水驱前缘，从而可以驱替出水驱未波及残余油。界面黏度有利于增加聚合物溶液在多孔介质中的黏滞能力，使得聚合物溶液在岩石孔道中的流速梯度和流场分布与水相比表现出截然不同的现象，相同流速条件下，水与地层内原油的界面流速远远小于聚合物溶液与地层内原油的界面流速，并且聚合物溶液与原油的相互作用也远远大于水与原油的相互作用，因此聚合物驱油相较于水驱油更有利于提高原油采收率。聚合物溶液属于非牛顿黏弹性流体，柔性的聚合物分子链在作用过程中会产生变形，其弹性行为在聚合物流经孔道时表现为拉伸流动，所以聚合物溶液的拉伸黏度是聚合物能够有效驱替出地层盲端孔隙中残余油的主要原因。

7.2.2 聚合物驱油剂

现在的聚合物驱油剂有人工合成的聚合物和天然聚合物，而现在人工合成聚合物占主要地位，在人工合成聚合物中，主要以聚丙烯酰胺及其衍生物为主。

7.2.2.1 聚丙烯酰胺

聚丙烯酰胺（polyacrylamide，PAM）结构式：

$$\mathrm{-\!\!\left(CH_2-\underset{\substack{|\\ CONH_2}}{CH}\right)\!\!-_n}$$

聚丙烯酰胺是丙烯酰胺（简称 AM）及其衍生物的均聚物和共聚物的统称。PAM 无毒，无臭，密度为 1.302g/cm^3（23℃），临界界面张力为 35～40mN/m，玻璃化温度为 188℃，软化温度为 210℃。除溶于乙酸、氯乙酸、乙二醇、甘油熔融尿素和甲酰胺少数极性溶剂外，一般不溶于有机溶剂。水是 PAM 最好的溶剂，PAM 的溶解能力与产品形式、大分子结构、溶解方法、搅拌、温度及 pH 值等因素有关。粉粒产品若能防止结团，则比水溶液胶体产品易溶。乳胶产品溶解性最好。提高温度能促进溶解，但一般不宜超过 50℃，以防止降解及产生其他反应。粉粒产品在制造时适量添加一些无机盐（如硫酸钠）、尿素和表面活性剂等，能减弱 PAM 大分子间的氢键缔合，防止结团，有助于溶解。

PAM 的热稳定性优于其他电解质，但长期在高温下受热发生分解。PAM 在 210℃以下因脱水有轻微失重；在氮气中加热到 210～300℃时，相邻酰氨基分解失水且有酰亚氨基生成，放出氮气；温度升到 500℃，变成黑色粉末；若经充分干燥，则温度高达 280℃时仍保持稳定。

PAM 水溶液为均匀清澈的液体，水溶液黏度随聚合物分子量的增加明显升高，并与聚合物的浓度变化呈对数增减。聚丙烯酰胺溶液对电解质有良好的容忍性，如对氯化铵、硫酸钙、硫酸铜、碳酸钠、硼酸钠、硝酸钠、硫酸钠、氯化锌等都不敏感，与表面活性剂也能相溶。PAM 和其他衍生物可以广泛应用于水处理、石油、造纸、煤炭、矿冶、地质、轻纺、建筑等工业部门的絮凝、增稠、减阻、凝胶、黏结、阻垢等过程。

PAM 由单体丙烯酰胺（AM）聚合而得到高分子量化合物。因 AM 存在双重官能团——双键和酰氨基，因此具有不饱和烯烃和酰胺的特性。

7.2.2.2 部分水解聚丙烯酰胺

聚丙烯酰胺（PAM）与碱反应即生成部分水解聚丙烯酰胺（HPAM），结构如下：

$$\mathrm{-\!\!\left(CH_2-\underset{\substack{|\\ CONH_2}}{CH}\right)\!\!-_n \xrightarrow[OH^-]{H_2O} -\!\!\left(CH_2-\underset{\substack{|\\ CONH_2}}{CH}\right)\!\!-_x\!\!\left(CH_2-\underset{\substack{|\\ COO^-}}{CH}\right)\!\!-_{n-x}}$$

部分水解聚丙烯酰胺在水中发生解离，产生—COO$^-$，使整个分子带负电荷，所以部分水解聚丙烯酰胺为阴离子型聚合物。由于部分水解聚丙烯酰胺分子链上有—COO$^-$，链节上有静电斥力，在水中分子链较伸展，故增黏性好。它在带负电的砂岩表面上吸附量较少，因此，是目前最适合流度控制的聚合物。

地层水的矿化度影响增黏效果，矿化度高，钠离子多，可中和羧酸根基团电性，减少 HPAM 链节间的静电斥力，使高分子卷曲程度增加，黏度下降；钙离子、镁离子多，会使 HPAM 产生沉淀，失去增黏能力。pH 值低，则会抑制—COOH 解离，同样减少了链节间的静电斥力，因而黏度下降。

随着油藏温度升高、矿化度增大，低分子量的聚丙烯酰胺无法在严苛的油藏条件下有效提高驱替相黏度。通过提高 HPAM 分子量，可以增大分子水动力学体积，提高聚合物溶液黏度，聚合物耐温抗盐性能在一定程度上得到改善。国内外通常采用光引发后水解和前加碱共水解低温引发均聚技术，均聚后水解工艺、丙烯酰胺和丙烯酸共聚工艺以及乳液聚合工艺生产高分子量 HPAM，其中光引发后水解工艺可制备粉状阴离子型 HPAM，分子量为 1700 万左右，但产品水解不均匀、溶解耗时长。匡洞庭等在 0.5×mg/kg 氧化剂和 0.9mg/kg 还原剂，pH 值为 9.5，单体浓度为 45%条件下制备了水解度为 26.3%，分子量为 2014 万的 HPAM；王贵江等制备了分子量为 3300 万的 HPAM，其过滤因子小于 1.3，综合性能等同于日本三菱公司生产的 MO4000 型 HPAM。

7.2.2.3 含耐温抗盐单体的聚合物

由于地层条件下的温度，矿化度较高，在高温高矿化度的情况下，部分水解聚丙烯酰胺容易水解，分子链易卷曲，且与 Ca^{2+}、Mg^{2+} 反应发生沉淀现象，从而影响聚合物的驱油效果。为了提升聚合物的驱油效果，可在聚丙烯酰胺链上引入具有抑制水解、络合高价阳离子、提高大分子链刚性等作用的功能性结构单元，提高聚合物的耐温抗盐效果。能抑制酰氨基水解的单体有 *N*-乙烯基吡咯烷酮，它可抑制酰氨基水解、增加链刚性。张玉平等在聚合物分子链上引入 NVP 并与丙烯酰胺、双丙酮丙烯酰胺共聚，合成三元耐温抗盐共聚物，其具有较好的热稳定性，且该聚合物在不同的盐溶液中黏度变化不大，具有良好的抗盐性能。

具有抗 Ca^{2+}、Mg^{2+} 性质的单体主要含有磺酸基团的功能单体。Sabhapondit 等人利用 *N*,*N*-二甲基丙烯酰胺（NNDAM）与 2-丙烯酰氨基-2-甲基丙磺酸钠（NaAMPS）共聚合成水溶化聚合物，并考查其性能：在 120℃下老化一个月，表现出良好的耐温性能；采用岩芯驱替实验，与未改性的 HPAM 相比，采收率明显提高。

SSS 中含有磺酸根阴离子，磺酸基具有抗金属离子干扰的作用，并且有着很强的水化作用，而刚性的苯环又可以提高聚合物的热稳定性。因此，SSS 可以作为一种提高聚合物耐温抗盐性的单体。但是，由于 AM 的竞聚率（2.21）比 SSS 的竞聚率（0.27）高将近 10 倍，导致 SSS 难以与 AM 共聚得到较高分子量的聚合物，达不到提高聚合物增黏性的要求，所以要想用该单体，还得想办法得到更高分子量的聚合物才行。

7.2.2.4 两性离子聚合物

两性聚合物是一种在聚合物分子链上同时含有阴离子基团和阳离子基团的共聚

物，阴离子基团可以是羧酸基、磺酸基，阳离子基团一般是季铵盐。由于聚合物分子链上含有阴阳离子，两者所带电荷相异，产生静电吸引作用，使得聚合物产生分子链内或者分子链间相互作用。整个聚合物分子结构紧凑，溶液流体力学体积相对较小，导致聚合物在清水中的黏度降低；当在盐水溶液中，由于盐可以屏蔽或者减弱聚合物分子链上阴阳离子间的静电吸引作用，聚合物分子链舒展，溶液黏度增大，表现出一定的盐增黏效应，使聚合物表现出良好的抗盐性能，达到驱油的效果。

美国C. L. McCormick课题组以2-丙烯酰胺-2-甲基丙烷二甲基氯化铵、对乙烯基苯磺酸钠及丙烯酰胺为单体，合成出一种两性离子共聚物。研究发现，该两性离子聚合物展现出聚电解质和反聚电解质的行为，且这些行为随溶液pH值、共聚物构成、所加入低分子电解质等的不同而产生。结果表明，当两性聚合物溶液中正负电荷处于等电位点时而产生“反聚电解质效应”，聚合物表现出良好的盐增黏效应。

丁艳等以丙烯酰胺（AM）、丙烯酸（AA）、二甲基二烯丙基氯化铵（DMDAAC）、*N*-十八烷基丙烯酰胺（OAM）合成出两性共聚物AM/AA/DMDAAC/OAM，通过对该两性共聚物流变性进行评价，发现该共聚物具有较好的耐温抗盐能力，可作为性能良好的水溶性聚合物驱油剂使用。

7.2.2.5 疏水缔合聚合物

疏水缔合聚合物的概念是Evani和Rose于20世纪80年代提出的，并采用微乳液聚合的方法合成了疏水缔合聚合物。由于疏水缔合聚合物中含有疏水基团，长链疏水基团在水溶液中会相互缔合，通过缔合作用表现出与常规聚合物不同的性能，如通过缔合形成了空间网状结构，增大了流体力学体积，表现出很好的增黏性；在盐溶液中，由于溶液极性的增大，使得疏水缔合作用增强，并且在一定矿化度范围内，能够表现出明显的盐增稠效应，起到很好的抗盐作用；它的高黏性是通过缔合作用表现出来的，并且其聚合的分子量较低（一般为几百万不等），剪切时，分子链不易断裂，具有优良的抗剪切性能。上述的这些性能可以很好地满足三次采油的驱油剂的要求，因此，疏水缔合聚合物越来越广泛地被用于三次采油驱油剂中。

美国南密西西比大学Charles L. McCormick课题组以AM、二甲基十二烷基(2-丙烯酰氨基乙基）溴化铵（DAMAB）合成了一系列不同阳离子度的疏水缔合聚合物AM/DAMAB，疏水基团分子间作用力随着疏水基团量的增大明显增强，并且通过荧光探针证明了疏水微区的存在。西南石油大学罗平亚院士科研团队从油气藏开采实际应用出发，深入研究，提出多种油田用水溶性聚合物溶液结构，研制出大量具有工程实际应用性的疏水缔合聚合物，并在油田实际应用中对HMPAM性能进行探索，取得了优良的现场施工使用成果。

吴松艳等以AA/AM/C_{18}DMAAC三元共聚前水解方法反应制得一种梳状疏水缔合聚合物，该产物同时兼有亲水和疏水两种基团，该聚合产物具有较强的抗盐、耐温性能，且疏水缔合聚合物具有低浓高黏的特性。

冯茹森等以辛基酚聚氧乙烯醚（OP-10）为乳化剂，丙烯酰胺（AM）、丙烯酸（AA）和二十二烷基聚氧乙烯醚甲基丙烯酸酯（BEM）为原料合成了碱溶性三元共聚物P（AM/AA/BEM），耐温达90℃，抗盐达20g/L，在增黏、耐温、抗盐和剪切稀释性方面均好于部分水解聚丙烯酰胺（HPAM）。

7.2.2.6 生物聚合物驱油

黄胞胶（别名：汉生胶、黄杆菌胶、黄单孢杆菌多糖；英文名：xanthan gum）是一种由假黄单孢菌属（xanthomonas campestris）发酵产生的单孢多糖，是一种性能优良的水溶性多功能生物高分子聚合物，分子量一般在（200～600）×10^4。其结构式为：

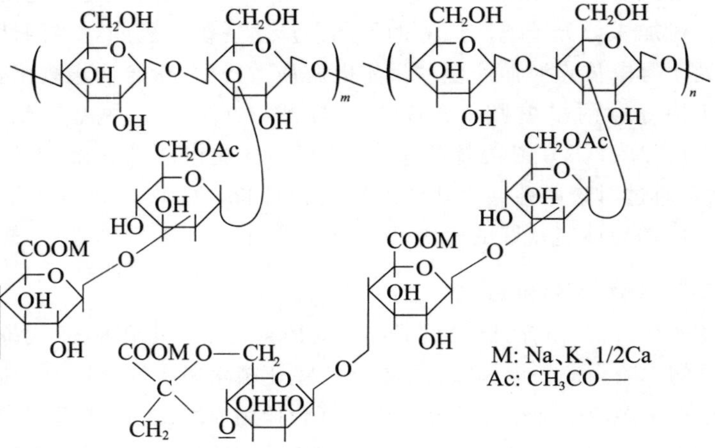

M: Na、K、1/2Ca
Ac: CH_3CO—

黄胞胶为浅黄色至淡棕色粉末，稍带臭味，易溶于冷、热水中，溶液为中性。黄胞胶遇水分散，乳化变成稳定的亲水性黏稠液体，低浓度溶液的黏度也很高。浓度为1000mg/L的水溶液，其黏度为40～50mPa·s。黄胞胶水溶液有假塑性和很好的流变性能，在高剪切速度下，其聚结体结构解聚为无规则的线团结构，使黏度迅速降低；而当剪切解除时，又恢复至原先的双螺旋网状聚结状态，使溶液黏度瞬间升高。因其分子内有醚键，热稳定性不高，生物降解严重，必须使用杀菌剂。与PAM相比，黄胞胶有两个显著的优点：抗盐和抗剪切降解。

7.2.3 聚合物驱油的研究进展

目前，我国强化采油主要依靠化学驱油，而其中聚合物驱油所占比例较高。与国外海相沉积油田的油藏条件不同，我国油田大多数是陆相沉积油田，油藏的非均质性较大，水驱流度比较高，适合化学驱油。在众多的化学驱油中，聚合物驱油以其操作方便，原料易得，成本较低，并可与调整油水剖面相结合，在化学驱油中技术比较成熟，效果优异而备受青睐。为了解决油藏高温、高盐阻碍聚合物驱油技术应用的问题，近年来国内外科学工作者在提高聚合物耐温抗盐性能上展开了大量的研究，一是以非缔合型丙烯酰胺类聚合物为基体，引入具有抑制水解、络合高价阳离子，增加高分子链的刚性、强水化能力等功能性结构单元，提高驱油剂的耐温抗盐性能；二是合成具有特殊相互作用的聚合物驱油剂。

随着油田驱油技术的发展，对驱油用化学剂的要求也越来越高，研制出适合不同油藏类型的驱油用聚合物和表面活性剂仍是一项复杂而艰巨的工作，迫切需要有关科研人员对驱油化学剂从分子设计及合成应用方面进行更深入的研究。耐温抗盐多元共聚物、具有网状结构的交联聚合物以及具有超分子自组装行为的增黏性化学剂可能是今后耐温抗盐驱油聚合物主攻方向；阴阳两性型、阴非两性型以及孪连型表面活性剂也可能是今后耐温抗盐驱油表面活性剂的主攻方向。

7.3 表面活性剂驱油

表面活性剂驱油是以表面活性剂作为驱油剂的一种提高原油采收率的方法。目前在国外的化学驱油中，研究和应用最为广泛的是胶束/聚合物驱油。它可分为两种：一种是表面活性剂浓度较低（2%）、注入段塞大（15%～60%孔隙体积）的稀体系法；另一种是表面活性剂浓度较高（5%～8%）、注入段塞较小（3%～20%孔隙体积）的浓体系法。前者是通过降低油水界面张力到超低程度（小于 10^{-2}mN/m），使残余油流动的方法，所以又叫作低界面张力采油法；后者又可分为水外相胶束驱、油外相胶束驱及中相微乳液驱，它是通过混溶、增溶油和水形成中相微乳液，它与油、水都形成超低界面张力，而使残余油流动。表面活性剂溶液以段塞形式注入，为保护此段塞的完整性，后继以聚合物段塞，因此统称为胶束/聚合物驱油。

从技术上讲，表面活性剂驱油最适合三次采油，是注水开发的合理继续，基本上不受含水率的限制，可获得很高的水驱残余油采收率。但由于表面活性剂的价格昂贵、投资高、风险大，因而其使用范围受到很大限制。从技术角度来看，目前，只是温度和含盐度还有一定的限制，其他限制都属于经济问题。随着技术的提高，成本降低，其使用范围将会大大拓宽。

从经济角度来看，能否进行表面活性剂驱油应考虑如下几个因素：

① 渗透率及其变异系数。这两个参数对该方法成功与否具有极大的影响，渗透率的高低在很大程度上控制着流体的注入速度，因而决定着井距、寿命，影响其经济效果，渗透率小于 $40\times10^{-3}\mu m^2$ 的油藏目前暂不考虑，渗透率变异系数决定着注入流体与被驱替油接触的多少，直接影响着活性剂的驱油效果。在加拿大的筛选标准中规定渗透率变异系数应小于0.6。在美国的标准中虽然未明确规定变异系数允许的范围，但规定了水扫及效率应大于50%。其他非均质性如裂缝、砂岩、泥质灰岩等都对表面活性剂驱油不利，在选择储层时都应予以考虑。

② 流体饱和度及其分布。它对表面活性剂驱油效果十分敏感。一般规定残余

油饱和度不能低于25%。

③ 油的黏度最好小于40mPa·s，以便实现合适的流度控制。

④ 此方法目前只适合相对均质的砂岩油藏。对于碳酸岩油藏不仅其非均质性比较严重，含有发育的裂缝系统，而且其地层水含有较多的二价阳离子。对于砂岩油藏，其岩石的矿物组成、黏土含量、类型及产状都对表面活性剂驱油有较大影响。

表面活性剂主要吸附在黏土表面上，高的黏土含量会造成大量的吸附损失。目前普遍认为泥质含量要低于10%。石膏是水溶性矿物，钙的溶解性会引起石油磺酸盐沉淀。蒙脱石的离子交换也会影响水中钙离子的含量，因此，应用X衍射及扫描电镜来分析黏土矿物的成分、类型和产状，综合评定表面活性剂驱油的可行性。

7.3.1 表面活性剂驱油机理

通过考察表面活性剂分子在油水界面的作用特征、水驱后残余油的受力情况以及表面活性剂对残余油受力状况的影响，认为表面活性剂驱油主要通过以下几种机理提高原油采收率。

7.3.1.1 降低油水界面张力机理

在石油开采过程中，影响石油采收率的众多决定性因素中，波及系数和洗油效率是最主要的因素。提高洗油效率一般通过增加毛细管数实现，而降低油水界面张力则是增加毛细管数的主要途径。因为毛细管数与界面张力的关系式为：

$$Nc = v\mu_{w}/\delta_{wo} \tag{7-8}$$

式中 Nc——毛细管数；

v——驱替速度，m/s；

μ_{w}——驱替液黏度，mPa·s；

δ_{wo}——油和驱替液间的界面张力，mN/m。

Nc越大，残余油饱和度越小，驱油效率越高。增加μ_{w}和v，降低δ_{wo}可提高Nc。其中，降低界面张力δ_{wo}是表面活性剂驱油的基本依据。油田开采过程中，含水达到经济极限后（含水率一般在98%以上），Nc一般在10^{-7}～10^{-6}，Nc增加将显著提高原油采收率，理想状态下Nc增至10^{-2}时，原油采收率可达100%。通过降低油水界面张力，可使Nc有2～3个数量级的变化。油水界面张力通常为20～30mN/m，理想的表面活性剂可使界面张力降至10^{-4}～10^{-3}mN/m，从而大大降低或消除地层的毛细管作用，减少了剥离原油所需的黏附功，提高了洗油效率。

目前，应用化学驱油技术大幅度提高采收率的同时，生产成本也不断增加。因此，结合油田化学驱油实际效果，通过室内试验对比研究，确定适合某些地层化学驱油的界面张力的技术和经济界限，在提高驱油效率的同时不增加成本，这对于化学驱油（包括表面活性剂驱油）技术的推广应用具有重要意义。室内宏观驱油物理模拟试验结果表明，在油水界面张力最低的情况下，驱油效率并非最高，这也表明油水界面张力存在最佳值，此时驱油效率最高。目前国内已经有人研究在油水界面张力并非超低的情况下，通过改变润湿性提高驱油效率的方法。

在表面活性剂驱油室内实验及先导试验中，应准确掌握表面活性剂降低油水界面张力的合理尺度，即表面活性剂用于驱油时，特定条件下存在降低油水界面张力的最佳数值范围应满足以下条件：

① 表面活性剂作用于油藏地层中的油水后，其有效时间应稍大于油水乳状液运移至地面的时间；

② 采出液油水乳状液易于破乳，不需做特别处理，不为原油脱水、运输、炼制增加任何特殊负担。

7.3.1.2 乳化机理

乳化是两种不同的液体体系互不相溶的一种现象，乳状液可分为水包油和油包水两种，如果没有表面活性剂的加入，水和油二者形成不了稳定的乳状液。加入不同的表面活性剂则形成不同性质的溶液。由于表面活性剂体系对原油具有较强的乳化能力，在水油两相流动剪切的条件下，能迅速将岩石表面的原油分散、剥离，形成水包油（O/W）型乳状液，从而改善油水两相的流度比，提高波及系数。另外，由于表面活性剂在油滴表面吸附而使油滴带有电荷，增加了油滴间或油滴与岩石颗粒间的静电排斥力，使得油滴不易再重新粘贴到岩石颗粒表面，从而在表面活性剂驱油体系液的夹带下，沿水流方向流向采油井，提高注入体系的洗油效率，提高采收率。

7.3.1.3 聚并形成油带机理

在地层运移过程中，若岩石表面驱替的分散油滴数量越来越大，其在运动时相互接触碰撞，当相互之间静电斥力产生的能量不足以抵抗碰撞的能量时，就会发生聚并现象。聚并使小的油滴聚集成大的油滴，大的油滴汇聚成油带。油带又与更多的油珠合并，促使残余油向生产井进一步驱替。注入表面活性剂期间，油珠将聚并形成油带。

注入表面活性剂期间油珠聚并形成油带以及油带的运动情况见图7-3和图7-4。

图7-3 驱油过程中被驱替油滴的聚并

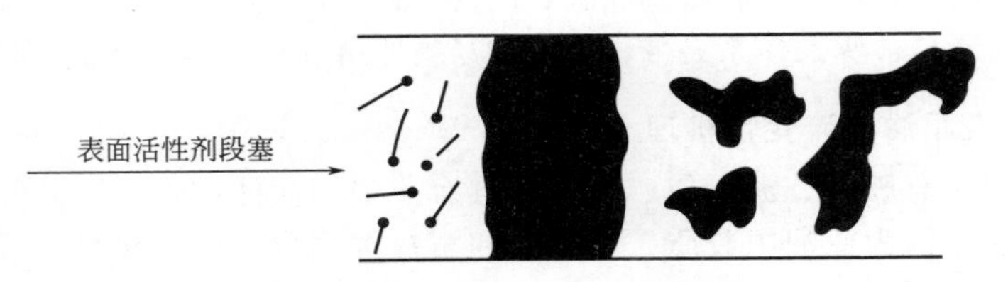

图7-4 驱油过程中油带的不断扩大

7.3.1.4 改变岩石表面的润湿性（润湿反转机理）

许多学者在表面活性剂驱油研究中发现，驱油效率的高低与岩石表面的亲水亲油性有直接关系。岩石如果是油湿，则岩石孔道中产生的毛细管力为驱油的阻力，而水湿岩石孔道中的毛细管力是驱油的动力。因此，选择合适的表面活性剂，可以改变原油与岩石间的润湿接触角，改变岩石表面的润湿性，达到降低油滴在岩石表面的黏附功，提高洗油效率，最终提高原油的采收率。表面活性剂润湿性转变的过程演示，如图 7-5 所示。表面活性剂分子与原油、岩石表面的相互作用的微观示意图如图 7-6 所示。

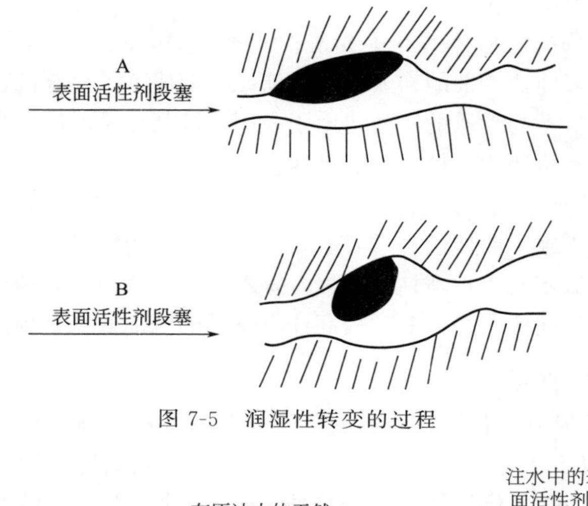

图 7-5 润湿性转变的过程

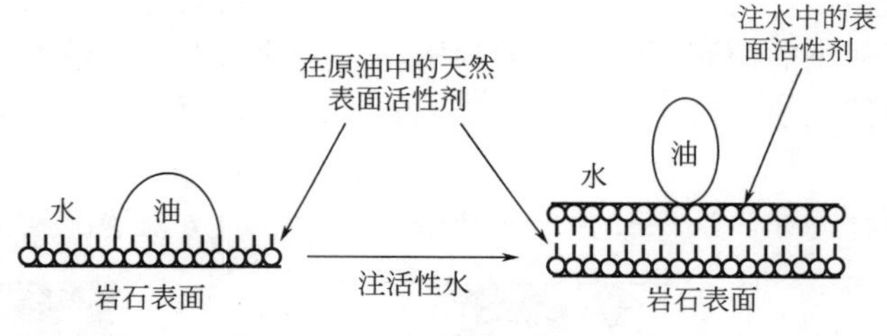

图 7-6 表面活性剂分子相互作用的微观示意图

7.3.1.5 提高表面电荷密度机理

当驱油表面活性剂为阴离子（或非离子-阴离子型）表面活性剂时，它们吸附在油滴和岩石表面上，可提高岩石或油滴表面的电荷密度，增加油滴与岩石表面间的静电斥力，使油滴易被驱油体系夹带，使油滴易被驱替介质带走，提高了洗油效率。

7.3.1.6 改变原油的流变性机理

原油中因含有胶质、沥青质、石蜡等具有非牛顿流体的性质，其黏度随剪切应力而变化。这是因为原油中胶质、沥青质和石蜡类高分子化合物易形成空间网状结构，在原油流动时这种结构部分破坏，破坏程度与流动速度有关。当原油静止时，恢复网状结构；重新流动时，黏度就很大。原油的这种非牛顿性质直接影响驱油效率和波及系数，使原油的采收率很低。提高这类油田的采收率需改善原油的流变性，降低其黏度和极限动剪切应力。而用表面活性剂水溶液驱油时，由于表面活性剂具有两亲结构，因此，一部分表面活性剂能溶于油中，吸附在沥青质点上，可以增强其溶剂化外壳的牢固性，减弱沥青质点间的相互作用，削弱原油中大分子的网状结构，从而降低原油的极限动剪切应力，提高采收率。

7.3.2 表面活性剂驱油技术

表面活性剂驱油方法主要有：活性水（表面活性剂浓度小于临界胶束浓度的体系）、胶束溶液（表面活性剂浓度大于临界胶束浓度，但小于2%的体系）、微乳液（表面活性剂浓度大于4%的体系）、乳液体系、泡沫体系等。

7.3.2.1 活性水驱油

活性水驱油是以浓度小于临界胶束浓度的表面活性剂水溶液作为驱替液的驱油方法。该方法是从肥皂洗油污的思路发展起来的，20世纪40年代开始应用，可提高采收率5%～15%，一般为7%。目前所使用的表面活性剂主要是以钠盐为主的阴离子型烷基磺酸盐、烷基苯磺酸盐、过烷基萘酸盐、各种羧酸盐、硫酸盐、磷酸盐及非离子表面活性剂。

7.3.2.2 胶束溶液驱油

以胶束溶液作为驱油剂的驱油法叫胶束溶液驱油。胶束溶液为浓度大于临界胶束浓度的表面活性剂溶液，它是介于活性水驱油和微乳驱油之间的一种表面活性剂驱油。在一定条件下，胶束溶液与油之间可产生10^{-3}mN/m的超低界面张力。与活性水相比，胶束溶液有两个特点：一个是表面活性剂浓度超过临界胶束浓度，因此溶液中有胶束存在；另一个是胶束溶液中除表面活性剂外，还有醇和盐等助剂的加入，由于醇和盐等助剂的加入，对水相和油相的极性进行了一定的调整，均衡了表面活性剂亲水性以及亲油性两个方面，助剂尽可能附着于油水界面上，进而生成超低界面张力，从而在胶束溶液驱油的低界面张力机理上进行了一定的强化。同时，由于胶束溶液具有增溶的能力，因此提高了胶束溶液的洗油效率，提高了驱替液的驱油替效果。胶束溶液驱油不仅具有水驱油的全部特点，而且还可加入不同的盐和醇进行改性，虽然成本较水驱油相对提高，但其潜力也是巨大的。

7.3.2.3 微乳液驱油

微乳液是指表面活性剂质量分数大于2%，水的体积分数大于10%的体系，由油、水、盐、表面活性剂和助表面活性剂等组成，其中合适的盐度可对采收率的提高进行优化。它有2种基本类型和1种过渡类型，即水外相微乳液、油外相微乳液和过渡相微乳液。微乳液驱的驱油机理比较复杂，与活性水驱油有所不同，因为被驱替的水和油进入微乳液中使微乳液产生了相应的相态变化。例如，若驱油剂为水外相微乳液，当微乳液与油层接触时，其外相的水与水混溶，而其胶束可增溶油，即也可与油混溶。因此水外相微乳液与油层刚接触时是混相驱油，微乳液与水和油都没有界面，没有界面张力的存在，所以其波及系数很高；由于与油完全混溶，所以洗油效率也很高。当油在微乳液的胶束中增溶达到饱和时，微乳液与被驱替液间产生界面，转变为非混相微乳液驱油，此时驱油机理与活性水相同，但因其表面活性剂浓度仍较高，所以驱油效果优于活性水驱油。当进入胶束中的被驱替油进一步增加时，原来的胶束转化为油珠，水外相的微乳液转变为水包油型乳状液，微乳液驱油机理同泡沫驱油相同。所以微乳液驱油机理具有低界面张力机理、润湿反转机理、乳化机理、增溶机理、提高表面电荷密度机理、聚并形成油带机理。

微乳液的最佳驱油状态与多种变量有关，如最佳含盐度、相态和表面活性剂在油水相的分配等。微乳液在含油多孔介质中的岩性、原油性质及饱和度、地层盐水矿化度、化学段塞和驱替水的原始组成都对微乳液的相态产生影响。从目前的研究结果看主要有以下几种现象：

① 表面活性剂在油水相中的分配。微乳液体系在接触岩心中的油水之后，会产生重新分配的现象，由于油水比例发生变化，表面活性剂分子会扩散到新的油水之中，使微乳液的组成及表面活性剂在油水相中的分配系数发生变化。如果使用的表面活性剂为混合物，烷基链较长的表面活性剂倾向于扩散到油相之中，烷基链较短的表面活性剂倾向溶于水相之中，发生所谓的色谱分离现象，使微乳液体系偏离最佳状态，并使表面活性剂产生损失。

② 表面活性剂的吸附损失。微乳液体系中的表面活性剂与岩心中的黏土发生作用，产生物理及化学吸附，减少微乳液体系中的表面活性剂，导致油水界面张力发生变化及对油水增溶量降低。

③ 最佳含盐度的改变。微乳液体系对体系的含盐量十分敏感，当注入的微乳液与岩心中的束缚水混合时，会使盐度发生很大的变化，使微乳液体系偏离最佳含盐度状态，从而降低驱油效果。

如果能连续注入微乳液体系驱油，便能够消除上述一些因素的影响，并获得最大的驱油效率，但由于经济上的限制，微乳液驱油必须使用有限体积的化学剂段塞，通常为10%PV。在此条件下，注入段塞有三个重要区域：前混合带、高浓度化学剂段塞和后混合带，由于段塞体积很小，当体系运移到油藏之中时，前后混合带很快重叠在一起了，因此，在油藏或岩心之中存在最佳状态的微乳液体系。

7.3.2.4 泡沫驱油

1958年，美国Bond、Houbrook两人提出用表面活性剂和气体混合物（实为泡沫）注入地层，发现泡沫的黏度比水高，驱油效率比水高，逐渐得到世界各国的重视。泡沫是指在起泡剂作用下，氮气、空气、CO_2 等气体在液相中形成的一种分散体系。泡沫驱油是指人们用泡沫作为表面活性剂驱油体系来提高原油采收率的方法，主要成分是水、气和起泡剂。其原理在于通过Jamin效应的叠加，提高驱动介质的波及系数；同时驱油泡沫中的气泡，可依孔道的形状而变形，能有效地将波及到孔隙中的油驱出，提高洗油效率。

泡沫的稳定性将会影响泡沫驱油的驱油效果，由于泡沫的稳定性主要取决于液膜的厚度和表面膜强度，主要影响因素有：液体的表面黏度、界面张力、界面张力修复作用、表面电荷、表面活性剂分子结构及分子量等。因此，起泡剂表面活性剂的效果将直接影响泡沫的稳定性。

选择起泡剂的条件是发泡量高、稳泡性强，即泡沫寿命长、吸附量少、洗油能力强、能抗硬水、不产生沉淀堵塞地层、货源广、价格低廉。因此配制泡沫的起泡剂应有一定的分子链长，最好没有分支，亲水基在一端，有利于非极性端的横向结合，稳泡性强。配制泡沫用的起泡剂主要是表面活性剂，如烷基磺酸盐、烷基苯磺酸盐、聚氧乙烯烷基醇醚-15、聚氧乙烯烷基苯酚醚-10、聚氧乙烯烷基醇醚硫酸酯盐、聚氧乙烯烷基醇醚羧酸盐等。在起泡剂中还可加入适量的聚合物提高水的黏度，从而提高泡沫的稳定性。

泡沫驱油的施工方式可以采用层内发泡和层外发泡两种方式。层外发泡即用泡沫发生器在地表产生泡沫后再注入地层；层内发泡是指将气体与起泡剂、稳泡剂水溶液分别由油管和套管环形空间注入，使其在射孔眼混合成泡沫注入。层外发泡泡沫黏度大，摩阻大，泵压大，动力消耗大，层内发泡注入压力低，现场施工方便。

7.3.3 化学驱油用表面活性剂研究进展

由于地层岩石表面一般带负电荷，因此阳离子型表面活性剂基本被排除在驱油用表面活性剂之外，目前驱油用表面活性剂主要是阴离子型、非离子型和两性型单独或复合使用。其中，阴离子型表面活性剂的耐温性好，但抗盐性差；非离子型表面活性剂抗盐性好，但在地层中的稳定性差、吸附损耗量大，且不耐高温；两性型表面活性剂活性高，但在地层中吸附损耗大。

(1) 阴-非离子两性表面活性剂

针对非离子型表面活性剂和阴离子型表面活性剂，在高温、高矿化度油藏条件下都不能满足驱油的要求，研究出一类新的、适合高温、高矿化度条件下使用的非离子-阴离子两性表面活性剂，这类表面活性剂将非离子基团的氧乙烯和阴离子基团设计在同一个表面活性剂分子中，具有非离子、阴离子型表面活性剂的优点，是一类性能优良的表面活性剂。该类表面活性剂比磺酸盐和羧酸盐表面活性剂抗盐能力强，且地层吸附量小，性能优良。

(2) 孪连表面活性剂

孪连（Gemini）表面活性剂是一类带有两个疏水链、两个离子亲水基团和一个桥联基团的化合物，类似于两个普通表面活性剂分子通过一个桥梁联结在一起，Gemini表面活性剂头基间的化学键力在聚集过程中得到抑制，极大地提高了表面活性。Gemini表面活性剂比单链表面活性剂表面活性高的原因也基于此。这类表面活性剂具有以下物理化学性能：容易吸附在气液表面，能够大幅度降低界面张力；临界胶束浓度比传统表面活性剂低2～3个数量级；易于溶解；具有良好的润湿性；与非离子型表面活性剂复配产生极大的协同效应，降低体系的表面/界面张力；具有奇特的流变性，黏度随浓度的增加而增大。

（3）高分子表面活性剂

高分子表面活性剂可分为天然的、天然物质改性的和合成的三类。高分子表面活性剂一般具有以下特征：可以显著地提高表面活性剂的耐温抗盐性能，但是其降低界面张力的能力不如小分子表面活性剂，且多数不形成胶团；可以改进体系的黏度，并且能够吸附在岩石表面，改变岩石的润湿性，增强水流阻力，起到良好的封堵作用，进一步扩大波及体积；能有效地分散和乳化原油，起到降黏作用，提高洗油效率，从而更大幅度地提高采收率；多数低毒。

（4）生物表面活性剂

生物表面活性剂是人们比较关注的一种天然表面活性剂，它是由细菌、酵母和真菌等多种微生物产生的具有表面活性剂特征的化合物。与化学合成表面活性剂相比，生物表面活性剂具有水溶性好、固体吸附量小、乳化分散原油能力强、反应的产物均一、无毒、能够被生物完全降解、不对环境造成污染等特点，是新一代开发的很有潜力的驱油方法。

7.4 碱驱油

碱水驱油法是指对于含有机酸的原油，通过注碱性溶液，与油藏中各种有机酸如环烷酸进行化学反应，产生表面活性剂，改变了油藏岩石表面润湿性，降低了界面张力或形成乳状液，将剩余油采出，从而提高原油采收率的方法。碱驱油用碱包括氢氧化钠、正硅酸钠、硅酸钠、氨、碳酸钠等。碱驱油用的碱水溶液最有效的pH值在11～13的范围，克服了活性剂在岩石被吸附及用量大、价格贵等缺点。

碱驱油可以改变“原油-水-岩石”体系的界面性质，改善水驱油条件。降低界面张力、对原油的乳化作用，改变岩石的润湿性是提高采收率的基本因素。原油中的酸性组分与碱反应形成表面活性物质，同时还存在界面上的吸附-解吸作用以及作用产物向水相和油相的物质传递。每一因素在驱油机理上所起的作用都是由碱与具体油田的地层液体和岩石相互作用的动力学、油田开发的条件、产层的特点所决定的。

适合碱驱油的原油要求有一定的酸值。酸值是指中和1g原油的酸性成分所消耗的氢氧化钾的质量（毫克），单位是mgKOH/g油。一般要求原油的酸值大于0.2mgKOH/g油，若酸值达到0.5mgKOH/g油，则使用该方法成功的可能性较大。由统计结果知，原油的酸值越大，相对密度越大，黏度越高，因而流度比也越高。因此，碱驱油对原油的酸值和黏度的要求是不一致的。考虑到这两个相反要求，固定原油的黏度应小于90mPa·s，酸值应大于0.2mgKOH/g油。

7.4.1 碱驱油的作用机理

7.4.1.1 降低油水界面张力

碱水能与原油中的环烷酸反应，生成环烷酸类表面活性剂，使油水界面张力降低，有利于提高驱油效率。例如，2,2,6-三甲基环乙酸与苛性碱反应生成环烷酸钠皂，就能降低油水界面张力。

7.4.1.2 乳化机理

碱驱油时既可以形成水包油型乳状液，也可以形成油包水型乳状液，由于碱与石油酸作用，生成表面活性剂，可以使油水形成乳状液。碱对原油的乳化作用对于提高原油采收率有两种机理：①乳化作用与携带驱替（简称乳化携带，emulsentrain）。携带驱替过程是残余油被乳化，并带入流动的碱溶液中，油是以一种细微的乳状液被产出的。②乳化作用与捕集驱替（简称乳化捕集，emulsentrap）。捕集驱替是乳状液原油在多孔介质中滞留（再次被捕集），造成了液阻效应，影响了水的流度，迫使水进入尚未驱替的孔隙中，因此，捕集驱替过程改善了平面和体积扫油效率，因而提高了波及系数。

7.4.1.3 改变岩石的润湿性

高的碱浓度和低的盐浓度下，碱与吸附在岩石表面原油的酸性物质反应，生成溶解度较大的羧酸盐，使岩石表面恢复为亲水性，岩石表面由油润湿反转为水润湿，提高了洗油效率，从而提高了采收率。

7.4.1.4 水润湿反转为油润湿机理

对于残余油饱和度较高而原油不易流动的油层，注入高浓度的碱液，在盐浓度较高的条件下，生成的表面活性剂是油溶性的，吸附到岩石表面使其由亲水变为亲油。这样，油就可以在岩石表面上吸附形成一连续相，为被捕集的原油提供流动通道。与此同时，在连续的油润湿相中，低界面张力将导致油包水型乳状液的形成。乳状液滴将堵塞流通孔道，使注入压力提高。高的注入压力将迫使油沿连续油相的通道流动，从而降低残余油饱和度。

7.4.1.5 溶解硬质界面膜

在水驱油中，油水界面会形成硬质薄膜，原油中的沥青质、树脂难溶于油，会堵塞小孔道而影响驱油效果。原油中的卟啉金属络合物、醛、酮、酸、氮化物等都有形成薄膜的可能，氢氧化钠可溶于这些薄膜，而使被堵塞的小孔解堵，提高了波及系数，因而提高了采收率。

7.4.2 碱驱油的适用条件

一般来说，酸值大于0.5、相对密度在0.934左右（因为高密度原油往往含有足够的有机酸）、黏度低于200mPa·s的原油，都适合碱驱。

碱性物质与黏土、矿物质或硅石一起发生化学反应引起碱耗，在高温下这种碱耗很高，因此，要求最高温度不超过 93℃。高岭石和石膏的碱耗最大，蒙脱石、伊利石和白云石的碱耗中等偏高，长石、绿泥石和细粒石英的碱耗中等偏低，石英砂的碱耗最小，方解石的碱耗则十分轻微。在某些情况下，在碱溶液中加入可溶性硅酸盐可使石英砂溶解降至最小。

7.4.3 碱驱油的现场试验

美国 Wittier 油田于 1966 年开始进行注 NaOH 碱驱油的现场试验。为了进行试验，在油田中部选择了一个试验区，该油田的第二产层和第三产层已经注入。预先进行的实验室研究表明，这个油田使用氢氧化钠溶液驱替重油与注普通水相比有很大的优越性。当注氢氧化钠溶液时，可以把第二产层和第三产层的原油界面张力降低到 0.01mN/m，因而使原油在地下乳化。在地层中形成乳状液，使水的流动能力降低，从而可以增加驱替的波及体积。第二产层和第三产层的埋藏深度分别为 457m 和 640m。油层有效厚度分别 11.3m 和 30.5m。两层的渗透率相应为 $0.495\mu m^2$ 和 $0.32\mu m^2$。两个产层的孔隙度约为 30%。油田构造南倾，倾角在 25°～45°之间。横穿纬度方向成为试验区块的天然边界。

这两个产层在地层条件（温度 49℃，压力 2.55MPa）下的原油密度为 $0.934g/cm^3$，黏度为 40mPa·s。

试验区面积为 $25.5\times10^4m^2$，每口井所占据的面积为 $0.4\times10^4\sim0.8\times10^4m^2$。试验开始时，试验区内有 4 口注入井和 45 口采油井。除了 3 口采油井外的所有井都开采两层。后来有 1 口油井转为了注入井。在注水前含油饱和度大约为 51%，含水饱和度为 35%。1964 年，试验区开始注水，日产液量从 $135m^3$ 增加到 $195m^3$。此后当含水连续上升时产液量开始下降。

根据实验室试验资料，注入氢氧化钠的浓度为 0.2%时，这个浓度足以使它与原油的界面张力降到超低水平。实验室试验同样证明，注入 2%孔隙体积这一浓度的段塞在保持采油量不变的情况下可以急剧地降低产出液的含水率。

制备碱溶液用的水进行了软化处理，使钙镁离子的浓度低于 0.0001mg/L，以防止在地层内部产生沉淀，减少碱耗量。

在 10 个月内总共注入了大约 $254000m^3$ 的碱溶液，然后注水。在整个试验区内注碱溶液都收到了很好的效果，不但急剧地降低了含水率，而且还增加了产油量。直接位于注入井前面的油井反应特别强烈。1972 年年底，由注入氢氧化钠已增产了 $56000\sim75000m^3$ 原油。

7.5 三元复合驱油

复合驱油是以聚合物、碱、表面活性剂、水蒸气等两种或两种以上物质的复合体系做驱油剂的驱油法。如碱＋聚合物叫稠化碱驱油或碱强化聚合物驱油；表面活性剂＋聚合物叫稠化表面活性剂驱油或表面活性剂强化聚合物驱油；碱＋表面活性剂＋聚合物叫 ASP 三元复合驱油。

碱/聚合物复合驱油的注入方法有两种，一种是分别注入碱水、聚合物溶液段塞，然后再用清水驱替；另一种是将聚合物与碱驱油配合而制，同时注入地层。碱的浓度要适当，过高不利于界面张力的降低，也会使聚合物溶液黏度降低，驱油效率下降。聚合物的浓度也要适宜，因为高的聚合物浓度固然会增加溶液黏度，但是却减慢了溶液中碱与原油反应生成的表面活性剂的扩散速度，因而界面张力上升。

碱/表面活性剂/聚合物注入方式有三种：一是混合配制后注入碱/表面活性剂/聚合物段塞；二是先注入碱/表面活性剂段塞，再注入聚合物段塞；三是先注入表面活性剂段塞，再注入碱/聚合物段塞。它们的驱油机理相同，都是用碱性化学物质作牺牲剂，用来降低含盐溶液中的硬离子含量，减少表面活性剂在地层的吸附和滞留，为表面活性剂段塞提供最佳含盐浓度；利用碱及适当浓度氯化钠的表面活性剂稀溶液段塞，提供最小的界面张力；用聚合物进行流度控制，提高波及系数，从而协同提高原油采收率。

碱/表面活性剂/聚合物三元组分复合驱油（ASP 复合驱油）提高石油采收率是在碱驱油、表面活性剂/聚合物驱油和聚合物驱油基础上发展起来的。碱/表面活性剂/聚合物（ASP）三元复合驱油技术是在 20 世纪 80 年代初迅速发展的。三元复合驱油技术最先由 Dome 等几个石油公司开始研究，他们开发的碱/表面活性剂聚合物复合驱油体系一出现便受到了广泛的关注。该体系在低表面活性剂浓度溶液中［浓度低于 0.5%(质量分数)］加入适宜浓度的碱溶液，并添以合适浓度的聚合物以保持体系足够的黏度。采用这种驱油体系几乎能得到与聚合物/表面活性剂二元驱油相同的采收率增幅，而各化学试剂的用量能降低至原来的 1/10。我国在 20 世纪 80 年代后期才明确提出了三元复合驱油的概念，并进行了较系统、深入的研究工作。在“八五”“九五”期间，大庆油田进行了三元复合驱油的机理研究及矿场试验，并取得较好的成效，大庆原油基本无酸值的情况下，中区西部先导试验区、杏五先导试验区取得比水驱油最终采收率提高 20%以上的效果，高出聚合物驱油采收率一倍左右。

7.5.1 三元复合驱油的作用机理

碱/表面活性剂/聚合物驱油技术是一项在水驱油基础上发展的强化采油技术，主要是注入一种液体，通过改变相对渗透率、岩心润湿性及驱替相的黏度来提高石油采收率，注入流体既能进行流度控制又能降低界面张力，从而使驱油效率 E_D 和波及系数 E_V 增加，而提高了原油采收率。

碱和表面活性剂的组合改变了相对渗透率性质，使 E_D 最大化。碱和表面活性剂改变相对渗透率曲线主要通过三方面的作用：降低界面张力、增加原油的溶解性及改变润湿性能。

7.5.1.1 降低界面张力

三元复合驱油体系跟原油进行接触后，能有效地降低油水界面张力，通过实验研究分析，三元复合驱油体系能降低油水界面张力至 10^{-3} mN/m 以下，由于界面张力的降低，可以改变毛细管数，从而提高驱油效率，但是三元复合驱油体系降低界面张力的速度较表面活性剂或者碱的速度要慢。当聚合物浓度一定时，三元复合驱油体系降低油水界面张力明显优于二元复合驱油体系。其主要原因在于聚合物体系能有效地抑制表面活性剂体系与油藏注入水中的二价离子的作用，驱替液在储层中的运移时，岩石能有效地吸附该体系，体系在岩石表层形成吸附层，有效降低油水界面张力。而碱的存在，促使表面活性剂能迅速扩张，保证体系界面张力驱替的有效性和时效性，从而更进一步提高驱油效率。

7.5.1.2 聚合物控制流度比

由于原油的黏度较大，因此，在驱替过程中，驱替流体跟原油之间会形成油墙，油墙的存在会提高流体的波及效率，在三元复合驱油体系的整个驱替中，由于流体具有较大的黏度，从而能提高驱油效率。同时，三元复合驱油体系中，表面表活剂和碱都能有效抑制聚合物跟油藏注入水中二价离子的作用，降低聚合物黏度降低的效果，保证了体系的黏度，所以能提高驱油效率。

7.5.1.3 降低化学剂的损失

与其他的二元驱替相比，ASP 驱油能明显地降低化学剂的吸附滞留损失，从而使复配体系发挥出更充分的驱油作用。

① 三元体系的碱耗。碱驱油矿场失败的一个主要的原因是碱耗。引起碱耗的因素无外乎碱剂与地层矿物反应、与地层盐水反应、与原油的酸性组分反应。但是，ASP 体系中，表面活性剂的加入避免了应用硅酸钠、氢氧化钠等强碱带来的严重碱耗问题。使用具有中等 pH 值的缓冲碱体系，可有效地降低碱离子浓度，达到表面活性剂可以容忍的程度，并可减小化学反应的驱动力，因而碱耗、结垢都很少。

② 聚合物、活性剂的吸附滞留损失。在 ASP 驱油中，价格较低的碱剂主要作用是改变岩石表面的电荷性质，以减少价格较高的表面活性剂和聚合物的吸附、滞留损失，保证这类三元体系在经济上可行。因为有碱存在时，溶液 pH 值较高，岩石表面的负电荷量较多，可减少带负电荷的表面活性剂、石油酸皂的吸附，并能有效地排斥带负电荷的聚合物，减少其吸附。

为了克服聚合物驱油提高、采收率低、表面活性剂/聚合物驱油经济效益不佳及碱驱油实用效果差的缺陷，多年来人们进行了大量的探索、研究发现，将较廉价的碱与聚合物复合驱油替与单独碱驱油或聚合物驱油相比，驱油效果大为改善；将碱与表面活性剂/聚合物复合驱替，则可在保持相近的驱油效果下，使昂贵的表面活性剂的用量降低很多。因而复合驱油方法可望在油田得到应用，并取得较好的驱油效果和经济效益。

7.5.1.4 改变岩石润湿性

三元复合体系中，各个体系之间通过协同作用能够有效地降低油水界面张力，同时随着注入量的不断增加，体系能够有效地降低岩石吸附量，从而改善岩石表层的润湿性，致使岩石表层由亲油性转为亲水性，有效地提高原油采收率。

7.5.1.5 产生乳化作用

由于三元复合驱油体系中的表面活性剂以及碱能够有效地溶解于水中，而这些物质可以使油水产生乳化作用，形成大量的水包油乳状液。同时，聚合物的存在也会增加乳状液的稳定性，这些乳状液不易被岩石吸附，随着注入量的不断增加，原油采收率提高。乳化过程中，乳状液能有效地改善储层调剖性能，乳化剂具有降低界面张力、改善原油流动性的作用。乳状液的调剖机理主要为驱替过程中形成的乳状液能够进入高渗层，对高渗层具有一定的封堵性能，从而有效地调节高低渗透层，进而提高驱油效率，缓解层间矛盾。

7.5.2 影响复合驱油的因素

影响碱/表面活性剂/聚合物驱油的一些重要的因素主要是界面效应的理化现象，包括油/水界面张力、界面层的组成、界面层的化学性质（包括界面吸附、扩散、传质）、界面黏度、界面电荷、乳状液的类型和稳定性等。此外，体系中的碱对岩石的作用诸如对岩石的溶解、结垢等也是很重要的因素，这些同碱驱油有基本类似之处。ASP 主要用于砂岩油藏。碳酸盐岩地层由于含有大量可消耗碱剂的硬石膏或石膏，碱性物质也会与黏土等矿物质起化学反应，黏土含量高时还会增加表面活性剂的吸附，使驱油效率下降。另外，ASP 驱油的驱油效果还与原油的化学组成、地层水的矿化度及 pH 值等因素有关。

ASP 三元复合驱油虽然可显著提高原油采收率，但是它也存在一些问题。例如：如何优化驱替剂的配方，使三种驱替剂达到最佳的协同效应，以及对采出来的原油进行破乳、脱水并脱去其中的化学剂；化学品的使用量大，运输和存储成本高，碱垢导致严重的油层伤害，产液量下降，检泵周期急剧缩短等。

三元复合驱油技术是一种极具前景的驱油技术，该技术能大大提高驱油效率，有望在能源日益紧缺的未来得到大规模的利用。目前，中国应用该技术进行了大量的油田规模上的试验研究，并取得了一系列的进展。因此，开发低成本的表面活性剂，适用于弱碱体系的聚合物以及降低碱药剂对油藏岩层的腐蚀将成为未来国内外研究的热点。

参 考 文 献

[1] 王德明．强化采油方面的一些新进展．大庆石油学院学报，2010，34（5）：1-4.

[2] 张冬玉，姜婷，王秋雨，等．提高采收率技术的应用及其发展趋势．中国石化集团胜利油田分公司地质科学研究院，2010.

[3] 付美龙，唐善法，黄俊英．油田应用化学．武汉：武汉大学出版社，2005.

[4] 梁国琦．表面活性剂驱机理及发展趋势．石化技术，2016，23（12）：43-43.

[5] 王选奎．空气泡沫/表面活性剂复合驱提高采收率技术．精细石油化工进展，2017，18（2）：12-14.

[6] 王瑞和，李明忠．石油工程概论．东营：中国石油大学出版社，2001.
[7] 李娟，郭杰，田野．驱油用聚氧乙烯醚表面活性剂的研究进展．油田化学，2016，33（4）：756-760.
[8] 国景星，等．中国石油大学出版社．东营：中国石油大学出版社，2008.
[9] 任豪．驱油用黏弹性表面活性剂溶液性能研究．成都：西南石油大学，2015.
[10] 刘玉章．聚合物驱提高采收率技术．北京：石油工业出版社，2006.
[11] 罗慎超，余子敬，牛阁，等．三次采油用耐温耐盐表面活性剂 BHJ-2 的研究．精细化工，2016，33（1）：98-104.
[12] 陈大钧，陈馥．油气田应用化学．北京：石油工业出版社，2006.
[13] 李沼萱，潘一，双春，等．表面活性驱油剂的研究进展．现代化工，2015（10）：35-39.
[14] 李天民．生物酶与表面活性剂复合驱油体系研究．大庆：东北石油大学，2016.
[15] 乔孟占，赵娜，赵英杰，等．双阴离子型表面活性剂的合成与驱油效果．油田化学，2017，34（1）：113-118.
[16] 孙玉丽，钱晓琳，吴文辉．聚合物驱油技术的研究进展．精细石油化工进展，2006，7（2）：1-4.
[17] 姜峰．耐温抗盐疏水缔合聚合物的合成及驱油性能评价．成都：西南石油大学，2015.
[18] 季俣汐，季锦涛，赵佳，等．EOR 技术进展及发展趋势．化工管理，2016（9）：70-70.
[19] 王佳玮，徐守余．化学驱提高油气采收率方法综述．当代化工，2016，45（5）：911-913.
[20] 蒋文超．包结缔合型驱油聚合物的制备及其主客体相互作用研究．成都：西南石油大学，2016.
[21] 张慧．聚合物驱后提高采收率技术研究综述与展望．中外能源，2016，21（2）：24-29.
[22] 吴松艳，夏鹏辉，李玉波．驱油用疏水缔合聚合物的制备及性能分析．当代化工，2017，46（5）：821-823.
[23] 冯茹森，薛松松，陈俊华，等．碱溶性三元疏水缔合聚合物 P（AM/AA/BEM）的合成及溶液性能．油田化学，2017，34（1）：165-170.
[24] 廖广志，王强，王红庄，等．化学驱开发现状与前景展望．石油学报，2017，38（2）：196-207.
[25] 赵方园，姚峰，王晓春，等．新型表面活性聚合物驱油剂室内性能研究．石油化工，2017（8）：1043-1048.
[26] 李星蓉，佟乐，王璐，等．聚合物驱油技术综述．当代化工，2017，46（6）：1228-1230.
[27] 金亚杰．国外聚合物驱油技术研究及应用现状．非常规油气，2017，4（1）：116-122.
[28] 徐燕．三次采油用聚丙烯酰胺类聚合物的研究进展．常州大学学报（自然科学版），2015，27（4）：69-73.
[29] 韩玉贵．耐盐抗盐驱油用化学剂研究进展．西南石油大学学报：自然科学版，2011，33（3）：1-4.
[30] 吕江艳．三元复合体系界面特性及其在驱油中的作用．大庆：东北石油大学，2014.
[31] 毕只初，俞稼镛．改变固/液界面润湿性提高原油采收率的实验室研究．科学通报，200，45（16）：1721-1727.
[32] 李宁，王海成，李建忠．驱油用表面活性剂研究现状与发展趋势．广东化工，2012（2）：1-3.
[33] 马涛，张晓风，等．驱油用表面活性剂的研究进展．精细石油化工，2008，25（4）：1-5.
[34] 叶仲斌，等．提高采收率原理．北京：石油工业出版社，2007.
[35] 韩冬，沈平平．表面活性剂驱油原理及应用．北京：石油工业出版社，2001.
[36] 张琦．S 区块三元复合驱油机理及应用研究．大庆：东北石油大学，2017.
[37] 杨双春，张传盈，潘一，等．国内外三元复合驱各“元”驱油效果的研究进展．现代化工，2017（1）：28-32.
[38] 何清秀．碱-表面活性剂-聚合物（ASP）三元驱油技术的研究进展．广州化工，2015（16）：49-51.
[39] 王立军，李淑娟，张倍铭，等．三元复合驱驱油机理及国内外研究现状．化学工程师，2017（10）：51-53.
[40] 程杰成，吴军政，胡俊卿．三元复合驱提高原油采收率关键理论与技术．石油学报，2014，35（2）：

310-318.
[41] 徐子健，王彀，王云，等．三元复合驱油机理实验研究．当代化工，2015（1）：24-26.
[42] 侯健．三元复合驱中表面活性剂的应用与发展．化学工程与装备，2016，（2）：262-263.
[43] 魏云云，罗莉涛，刘先贵，等．三元复合驱中碱提高采收率作用机理．科学技术与工程，2017，17（5）：47-54.